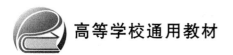 高等学校通用教材

测试性试验与评价

石君友 编著

北京航空航天大学出版社

内 容 简 介

测试性试验与评价是测试性工程应用中的重要工作内容,其目的是识别测试性设计缺陷、评价测试性设计工作有效性、确认是否达到规定的测试性要求,为测试性设计改进和装备定型提供依据。本书全面介绍了测试性试验与评价的有关理论和技术方法,内容包括:EDA 建模仿真核查方法、状态图建模仿真核查方法、相关性建模评估核查方法、加权评分核查方法、考虑风险的样本量确定与测试性参数评估方法、基于覆盖充分性的样本选择方法、故障注入方法、测试性研制与鉴定试验、测试性信息收集与评价等。

本书可供工程技术人员和管理人员在开展测试性试验与评价时学习和参考,也可作为培训教材使用,还可供测试性专业人员、大专院校本科生和研究生学习和参考。

图书在版编目(CIP)数据

测试性试验与评价 / 石君友编著. -- 北京 :北京
航空航天大学出版社,2021.5
ISBN 978 - 7 - 5124 - 3269 - 7

Ⅰ. ①测… Ⅱ. ①石… Ⅲ. ①可靠性试验－评价
Ⅳ. ①TB114.37

中国版本图书馆 CIP 数据核字(2020)第 021021 号

测试性试验与评价

石君友 编著

策划编辑 胡晓柏 责任编辑 刘晓明 胡玉娟

*

北京航空航天大学出版社出版发行

北京市海淀区学院路 37 号(邮编 100191) http://www.buaapress.com.cn
发行部电话:(010)82317024 传真:(010)82328026
读者信箱: emsbook@buaacm.com.cn 邮购电话:(010)82316936
北京九州迅驰传媒文化有限公司印装 各地书店经销

*

开本:710×1 000 1/16 印张:18.5 字数:394 千字
2021 年 6 月第 1 版 2021 年 6 月第 1 次印刷 印数:1 000 册
ISBN 978 - 7 - 5124 - 3269 - 7 定价:59.00 元

前　言

测试性是装备的一种便于测试和诊断的重要设计特性,它对现代武器装备、各种复杂系统、特别是电子系统和设备的维修性、可靠性和可用性有很大影响。良好的测试性设计,可以提供及时、快速的故障检测与隔离,减少维修时间,提高任务可靠性与安全性,进而提升装备的可用性,降低系统使用保障费用。

测试性试验与评价是测试性工程应用中的重要工作内容,其目的是识别测试性设计缺陷、评价测试性设计工作有效性、确认是否符合规定的测试性要求,为测试性设计改进和装备定型提供依据。由于测试性试验与评价具有极强的专业技术特点和难点,一度成为测试性研制工作的瓶颈技术。当前,测试性技术应用已经从航空装备扩展到航天装备、航海装备和地面装备,因此测试性试验与评价的技术研究和应用具有极大的紧迫性和必要性。

2017 年,我国颁布了由作者主持制定的国家军用标准 GJB 8895《装备测试性试验与评价》,为开展测试性试验与评价工作提供了重要依据。该标准确定的测试性试验与评价工作项目包括测试性设计核查、测试性研制试验、测试性验证试验、测试性分析评价、使用期间测试性信息收集与评价等。虽然该标准给出了各项工作的实施程序与要求,但还远不能满足测试性试验与评价工程人员对详实背景技术的需求。编写本书的出发点是为 GJB 8895 提供一本全面的背景技术介绍和工作参考书,为从事测试性试验与评价技术研究和应用的工程技术人员提供帮助,促进国内相关行业对测试性试验与评价工作的了解、重视和推广。本书也可以作为大学本科生和研究生的参考书,希望能在推进我国测试性试验与评价技术进步方面做些有益的工作。

本书是作者在十余年的测试性验证技术研究、工程应用和教学经验基础上总结提炼而成的,全面阐述了 EDA 建模仿真核查方法、状态图建模仿真核查方法、相关性建模评估核查方法、加权评分核查方法、考虑风险的样本量确定与测试性参数评估方法、基于覆盖充分性的样本选择方法、故障注入技术、测试性试验、测试性评估等背景技术和工程应用方法。

本书共分 10 章,全部由石君友编写。在该书编写过程中,单位领导和同事们给予了热情的支持、指导和帮助;田仲审阅了本书主要章节,提出了宝贵意见。在此一并表示衷心的感谢。

测试性试验与评价技术处在不断的扩展应用与发展中,鉴于作者水平有限,书中错误和疏漏之处,恳请读者谅解和指正。

作　者
2020 年 10 月

目　　录

第1章 绪 论

1.1 测试性基本概念

1.1.1 测试性含义

任何人造系统、设备或产品，即使在设计时赋予的可靠性再高，也不能保证其可以永远正常工作，因此使用者和维修者要知道其健康状况，确定是否有故障或何处发生了故障，这就需要对其健康状态进行监测。我们希望系统和设备本身能为此提供方便，这种系统和设备本身所具有的便于监控其健康状况、易于进行故障诊断测试的特性，就是系统和设备的测试性。

GJB 2547 给出的测试性定义如下：测试性是指产品能及时准确地确定其状态（可工作、不可工作或性能下降）并隔离其内部故障的一种设计特性。

根据该定义可以知道，测试性具有如下的特点：

(1) 关注健康状态和故障测试

产品中各种需要测试的量值或者属性，都存在着是否容易测试的问题。例如，要知道产品的可靠性水平，需要进行可靠性测试（即可靠性试验）；要知道软件是否存在设计缺陷，需要进行软件测试。产品的设计和测试手段设计都会改变这些测试的难易程度，因此存在广义的测试性，即产品的设计是否方便测试其某种属性的量值或者状况。而这里所说的测试性，是专门针对产品是否健康、是否发生故障的测试方便性的描述，或者说这里的测试只关注设备的健康状态测试、故障测试，可以理解为一种狭义的测试性。

(2) 泛指对象

测试性定义为产品的一种设计特性，但没有对产品的类型进行限定。因此，各类产品，如电子产品、机电产品、机械产品、软件产品以及它们的组合体等，都存在着测试性问题。目前，由于电子产品应用多，功能结构相对复杂，故障模式数量庞大，对测试性的需求最为迫切，因此大量的测试性研究和应用都是针对电子产品开展的。但这不代表其他类型产品不需要测试性,软件产品的测试性设计越来越受重视,机电与机械产品的健康监测设计也越来越受到重视。

（3）状态检查与故障定位

测试性要求具有状态检查能力,确定产品当前的状态是正常的（可工作）、故障的（不可工作）还是亚健康的（性能下降）,这可以看作是产品状态的分类问题,其中性能下降的程度识别可以看作是状态的回归识别问题;测试性还要求在发现问题后,确定问题的位置,即实现故障定位,这里是要求定位到可更换单元上,也称为故障隔离。

（4）快速测试与诊断

测试性要求能够及时地完成测试和诊断,有些周期测试要求在十几毫秒内运行完毕并给出结论,因此对测试与诊断算法的执行速度要求相对苛刻,导致很多复杂算法只能在及时性要求不强的场合应用。

1.1.2　测试与测试性的差异

测试是指对给定的产品、材料、设备、系统、物理现象或过程,按照规定的程序确定一种或多种特性的技术操作。

测试与测试性的区别在于:测试是确定产品某种特性的技术操作过程,测试性是产品为故障诊断提供方便的设计特性。

测试与测试性的联系在于:一个设计上容易测试的产品,其测试性一般也会比较好;测试所用的技术和方法,很多都可用于测试性中的信号测试。

1.1.3　故障诊断与测试性的差异

故障诊断是指检测故障和隔离故障的过程或方法。

故障诊断与测试性的区别在于:

① 故障诊断一般是针对已有产品,不改变产品设计,利用已有传感器或接口获取数据,在外部实施诊断,效果受制于产品;测试性是针对新研制产品,允许修改产品设计,以增加测试点和增强内外部的测试能力;

② 故障诊断算法通常都很复杂,计算量大,不强调实时性,难以嵌入式应用;测试性具有高实时性要求,算法追求简单,多为嵌入式应用;

③ 故障诊断只关注诊断,测试性还关注状态监测;

④ 故障诊断没有系统工程体系,测试性有系统工程体系,有明确要求和设计方法。

故障诊断与测试性的联系在于：测试性设计好的产品，实施故障诊断也方便；故障诊断算法是测试性中诊断算法的来源，测试性中诊断算法是故障诊断算法的子集。

1.1.4　健康管理与测试性的差异

健康管理泛指与系统状态监测、故障诊断/预测、故障处理、综合评价和维修保障决策等相关的过程或者功能系统。

健康管理与测试性的区别在于：健康管理是综合诊断思想的延伸，更强调信息综合；健康管理并入了故障处理、维修决策等功能；健康管理引入了故障预测和远程诊断；健康管理还没有形成系统工程体系，不同类型的应用差异明显。

健康管理与测试性的联系在于：测试性设计是健康管理设计的基础和重要内容，健康管理是测试性设计的扩展版，新增面向健康状态监测的传感器，在机内测试（BIT）数据基础上新增健康监测数据、存储、传输以及综合数据库，系统级 BIT 扩展为嵌入式健康管理器、地面测试系统扩展为地面健康管理系统。

1.1.5　通用质量特性与测试性的关系

通用质量特性通常包括可靠性、安全性、测试性、维修性和保障性等，如图 1-1 所示。因此测试性是通用质量特性之一，与其他质量特性和产品性能设计存在着交互关系。

测试性与其他通用质量特性之间的交互关系如图 1-2 所示。可靠性设计为测试性设计提供故障模式和故障率的输入数据，测试性设计支持余度通道测试和切换，会提高任务可靠性，同时测试性设计增加系统的复杂度，也会降低基本可靠性；安全性设计为测试性设计提供关键故障诊断需求，测试性设计可以通过实现关键故障诊断来提高安全性；保障性设计为测试性设

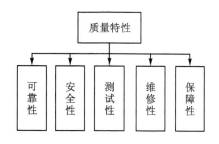

图 1-1　测试性的专业框架

计提供外部测试设备与资源的约束，测试性设计为外部测试设备提供最优测试程序；维修性设计为测试性设计提供维修策略约束，测试性设计快速检测和定位故障，可以提高维修效率。

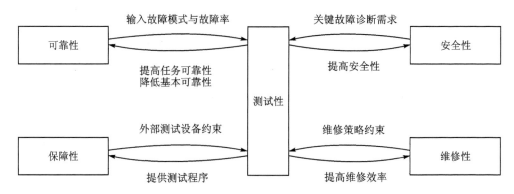

图 1-2 测试性与其他通用质量特性的交互关系

1.2 测试性核心参数与要求

1.2.1 测试性核心参数

测试性的度量参数包括故障检测率、关键故障检测率、故障覆盖率、平均故障检测时间、故障隔离率、平均故障隔离时间、虚警率、平均虚警间隔时间、误拆率、不能复现率、重测合格率、平均 BIT 运行时间和测试有效性等。其中,在当前工程型号中经常使用的核心参数包括:故障检测率、关键故障检测率、故障覆盖率、故障隔离率、虚警率和平均虚警间隔时间等。

(1) 故障检测率

故障检测率(FDR)定义为在规定的时间内,用规定的方法正确检测到的故障数与被测单元发生的故障总数之比,用百分数表示。其数学模型可表示为

$$\gamma_{FD} = \frac{N_D}{N_T} \times 100\% \tag{1-1}$$

式中:N_T——故障总数,或在工作时间 T 内发生的实际故障数;

N_D——正确检测到的故障数。

当用于系统及设备的分析及预计时,故障检测率的数学模型可表示为

$$\gamma_{FD} = \frac{\lambda_D}{\lambda} \times 100\% = \frac{\sum \lambda_{Di}}{\sum \lambda_i} \times 100\% \tag{1-2}$$

式中:λ_D——被检测出的故障模式的总故障率;

λ——所有故障模式的总故障率;

λ_i——第 i 个故障模式的故障率;

$\lambda_{\mathrm{D}i}$——第 i 个被检测出故障模式的故障率。

这里需要注意的是,故障检测率针对的是故障,不是一般的质量事件,如电子设备的紧固螺钉松动,很多情况下是不影响正常工作的,通常作为质量事件处理,不作为故障处理。因此,在故障数量统计时,应按可靠性规定确定是否属于故障,在故障率统计时,应根据可靠性中的故障模式影响与危害性分析(FMECA)数据来确定。

(2) 关键故障检测率

关键故障检测率(CFDR)定义为在规定的时间内,用规定的方法,正确检测到的关键故障数与被测单元发生的关键故障总数之比,用百分数表示。其数学模型可表示为

$$\gamma_{\mathrm{CFD}} = \frac{N_{\mathrm{CD}}}{N_{\mathrm{CT}}} \times 100\% \tag{1-3}$$

当用于系统及设备的分析及预计时,关键故障检测率的数学模型可表示为

$$\gamma_{\mathrm{CFD}} = \frac{\sum \lambda_{\mathrm{CD}i}}{\sum \lambda_{\mathrm{C}i}} \times 100\% \tag{1-4}$$

式中: N_{CD}——在规定的工作时间 T 内,用规定的方法正确检测到的关键故障数;

N_{CT}——在工作时间 T 内,发生的关键故障总数;

$\lambda_{\mathrm{CD}i}$——第 i 个可检测到的关键故障模式的故障率;

$\lambda_{\mathrm{C}i}$——第 i 个可能发生的关键故障模式的故障率。

(3) 故障覆盖率

故障覆盖率(FCR)定义为用规定的方法正确检测出的故障模式数与故障模式总数之比,用百分数表示。其数学模型可表示为

$$\gamma_{\mathrm{FC}} = \frac{N_{\mathrm{FMD}}}{N_{\mathrm{FM}}} \times 100\% \tag{1-5}$$

式中: N_{FM}——故障模式总数;

N_{FMD}——正确检测出的故障模式数。

故障覆盖率与故障检测率具有正相关关系:当故障覆盖率为 100% 时,故障检测率也是 100%;故障覆盖率为 0 时,故障检测率也是 0;当故障覆盖率不是 100% 时,由于不同故障模式的故障率存在差异,其数值并不一定与故障检测率数值相同。对于没有故障率数据的对象,可以用故障覆盖率数值作为故障检测率的数值。

(4) 故障隔离率

故障隔离率(FIR)定义为在规定的时间内,用规定的方法正确隔离到不大于规定的可更换单元数的故障数与同一时间内检测到的故障数之比,用百分数表示。其数学模型可表示为

$$\gamma_{\mathrm{FI}} = \frac{N_L}{N_{\mathrm{D}}} \times 100\% \tag{1-6}$$

式中: N_L——在规定条件下用规定方法正确隔离到小于或等于 L 个可更换单元的

故障数;

N_D——在规定条件下用规定方法正确检测到的故障数。

当用于系统及设备的分析及预计时,故障隔离率的数学模型可表示为

$$\gamma_{FI} = \frac{\lambda_L}{\lambda_D} \times 100\% = \frac{\sum \lambda_{Li}}{\lambda_D} \times 100\% \qquad (1-7)$$

式中:λ_D——被检测出的所有故障模式的故障率之和;

λ_L——可隔离到小于或等于 L 个可更换单元的故障模式的故障率之和;

λ_{Li}——可隔离到小于或等于 L 个可更换单元的故障中,第 i 个故障模式的故障率;

L——隔离组内的可更换单元数,也称故障隔离的模糊度。

这里需要注意的是,故障隔离率的定义是把故障定位到单个可更换单元,如外场可更换单元(LRU),或者多个可更换单元的组合上,以便于实现快速更换维修或者余度切换,而不需要定位到根原因故障位置。

(5) 虚警率

虚警率(FAR)定义为在规定的工作时间,发生的虚警数与同一时间内的故障指示总数之比,用百分数表示。FAR 的数学模型可表示为

$$\gamma_{FA} = \frac{N_{FA}}{N} \times 100\% = \frac{N_{FA}}{N_F + N_{FA}} \times 100\% \qquad (1-8)$$

式中:N_{FA}——虚警次数;

N_F——真实故障指示次数;

N——指示(报警)总次数。

这里需要注意的是,虚警率的数值会受到系统可靠性量值的影响。在虚警次数未变的情况下,可靠性越高,真实报警数量越少,相应的虚警率会变高;相反,可靠性越低,真实报警数量越多,相应的虚警率会越低。因此,在可靠性与虚警抑制能力同时改进的情况下,会出现虚警率不降反升的情况,因此国外在新的型号中已经不再使用虚警率。

(6) 平均虚警间隔时间

平均虚警间隔时间(MTBFA)定义为在规定工作时间内产品运行总时间与虚警总次数之比。其数学模型可表示为

$$T_{BFA} = \frac{T}{N_{FA}} \qquad (1-9)$$

式中:T——产品运行总时间、运行总次数或者运行总里程;

N_{FA}——虚警总次数。

平均虚警间隔时间由于不受可靠性影响,在新型号研制中开始使用,以代替虚警率。由于平均虚警间隔时间需要统计时间数据,因此在应用中需要选择一种具体

的容易统计的时间度量。例如,在军用飞机中,平均虚警间隔时间常常具体为平均虚警间隔飞行小时,以飞行小时的统计值作为时间的度量。

平均虚警间隔时间的倒数,称为平均虚警数或者虚警频率(某些文献中也称为虚警率),如以 24 小时作为时间单位进行虚警频率的统计。

1.2.2 测试性要求的组成要素与示例

由于测试性是与产品设计和维护使用紧密结合的设计特性,因此测试性要求也与可靠性、维修性等要求在形式上有很大差别,是多种要素组合在一起形成的综合性要求。这种测试性要求应能够明确测试性技术的应用时机、应用对象、测试手段以及具体的量值要求。

以飞机为例,常见的测试性要求组成要素见图 1-3。

由于在飞机的飞行前、飞行中、飞行后、中继级维修和基地级维修都可能需要进行诊断测试,因此需要明确测试性要求对应的时机。由于飞机内各系统的重要性和差异性不同,因此不是针对整个飞机提出测试性要求,而是针对具体的系统,如飞控系统、航电系统、机电系统等,提出相应的测试性要求,飞机的发动机系统(推进系统)在发动机研制中也提出自己的测试性要求。由于测试性所用的测试手段并不唯一,因此需要明确采用的测试手段,如机内测试(BIT)、外部自动测试(ATE)、远程测试和人工测试等。其中,机内测试有时还会细化到上电 BIT、周期 BIT 等具体手段,有的装备还提出专用测试的定性要求。描述测试性能力的可选参数有多个,所以也要指定具体的参数,如故障检测率、故障隔离率和虚警率等。在量值方面,有的装备只提出一套量值要求,有的装备还提出两套量值要求,分别对应成熟期的目标值(规定值)以及交付时能达到的门限值(最低可接受值)。

其中,针对应用时机、应用对象和测试手段的相关要求称为测试性定性要求,针对参数和量值的相关要求称为测试性定量要求。

(1) 测试性定性要求示例

国外某战斗机的测试性定性要求中的部分要求如下:

● 电子器件应选择具有 BIST(Built-In Self-Test)的,用来执行测试向量生成和响应分析;

● 应该设计有 BIT,用来检测、诊断和隔离模块的故障;

● 应有一个 BIT 控制器(本地或远程),其中包含对该模块测试进行管理的诊断代码,包括对该模块内每个元件的 BIST 的启动;

● 应该采用 IEEE 1149.1 的边界扫描体系来检测元件之间互连故障;

● BIST 设计需参考 IEEE 1149.1 标准,用以给新的复杂集成电路中提供边界扫描能力,这些集成电路包括:微处理器、现场可编程门阵列、总线接口、内存等;

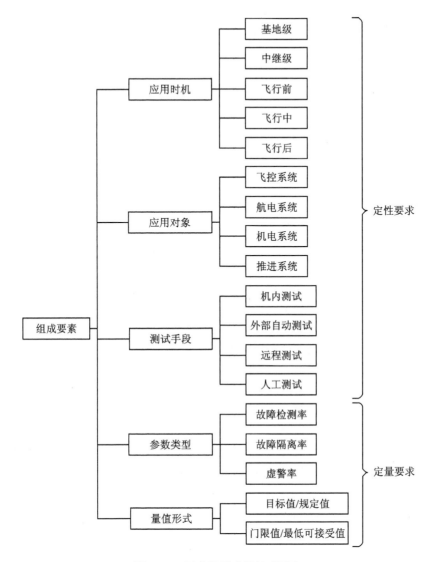

图 1-3 测试性要求的组成要素

- 模块的 BIT 控制器应该提供硬件测试能力,包括:对集成电路的边界扫描、对内存内容的模式测试,以及验证数据总线是可工作的等;
- 要达到高 BIT 故障检测要求;
- 要进行测试性驱动的设计划分;
- 要将 BIST 设计到所有门阵列器件中;
- 要进行维修控制器的自测试。

(2)测试性定量要求示例

国外某飞机的测试性定量要求如表 1-1 所列。

表 1-1 测试性定量要求示例

测试性参数	测试性量值
关键故障检测率	98%～99%
故障检测率(自动检测机载设备)	≥95%
故障隔离率(电子设备,隔离到单个 LRU)	≥90%
故障隔离率(非电子设备,隔离到单个 LRU)	≥70%
故障隔离率(非电子设备,隔离到 3 个 LRU 以内)	≥90%
推进系统单元体故障隔离率(隔离到单个单元体)	≥90%
平均虚警间隔时间	≥50(使用小时或飞行小时)
飞行安全非常关键设备的平均虚警间隔时间	≥450(使用小时或飞行小时)

(3) 系统测试性综合要求示例

某系统的测试性综合要求如下:

系统采用嵌入式诊断,具有性能监测、故障检测、故障隔离、增强诊断、资源管理、重构支持和信息管理功能。性能监测要求采用 BIT 监测系统的主要性能参数,故障检测要求采用 BIT 完成系统的故障检测,故障隔离要求采用 BIT 将故障隔离到外场可更换模块上,增强诊断要求采用嵌入式推理算法完成增强故障检测、隔离和虚警抑制,资源管理要求完成系统内资源配置和状态的跟踪管理,重构支持需要提供系统重构所需的诊断测试和故障隔离能力,信息管理要求完成对性能监测数据、BIT 数据和资源配置数据的采集、传输和记录管理。

在飞行中,系统采用周期 BIT 和连续 BIT 进行故障检测和隔离,指标要求为:FDR 目标值是 0.97,门限值是 0.95;隔离到单个外场可更换模块的 FIR 目标值是 0.95,门限值是 0.90;平均虚警间隔飞行小时的目标值是 500 小时,门限值是 400 小时。

在地面维修中,系统采用加电 BIT、周期 BIT、连续 BIT、维修 BIT 进行故障检测和隔离,指标要求为:FDR 目标值是 0.98,门限值是 0.96;隔离到单个外场可更换模块的 FIR 目标值是 0.96,门限值是 0.92;平均虚警间隔飞行小时的目标值是 500 小时,门限值是 400 小时。

(4) 设备测试性综合要求示例

某设备的测试性综合要求如下:

设备应按照总体要求文件开展测试性设计与分析,设备的 BIT 应具有加电 BIT、飞行前 BIT、周期 BIT、维修 BIT 功能,全部 BIT 的 FDR 不低于 98%,隔离到 1 个模块的 FIR 不低于 90%,隔离到 2 个模块的 FIR 不低于 95%,隔离到 3 个模块的 FIR 为 100%,FAR 不高于 2%。

1.3 测试性试验与评价工作概述

1.3.1 发展过程

测试性试验与评价的目的是识别出产品的测试性设计缺陷,评价产品的测试性设计效果,确认是否满足规定的测试性要求,为产品定型和测试性设计与改进提供依据。

测试性试验与评价工作是随着测试性技术发展和工程需求不断细化和壮大的,到目前为止经历了三个阶段的显著变化。

（1）早期阶段

早期阶段是以 GJB 2547—95《装备测试性大纲》为主导顶层标准的阶段。在此阶段,装备的测试性工作是以借鉴和参考国外的测试性设计分析与验证经验为主开展的。

在该标准中,对测试性试验与评价工作只规定了一个工作项目"测试性验证",目的是确认研制的产品是否满足规定的测试性要求,并评价测试性预计的有效性。规定的工作内容是制定测试性验证计划以及实施故障注入试验等,并要求和维修性验证结合进行。

由于国外航空装备的故障注入试验结果与外场评估结果有较大差异,试验结果明显高于外场统计值。例如,F-16雷达 BIT 故障检测率的故障注入试验结果为94%,而外场统计结果为24%~40%。因此,该标准认为,采用故障注入试验是不能够有效地发现测试性设计缺陷的,仅可以作为评价测试性预计有效性的一种方法。

（2）中期阶段

中期阶段是以 GJB 2547A—2012《装备测试性工作通用要求》为主导顶层标准的阶段。在此阶段,国内的装备测试性技术应用经验相对成熟,对装备测试性设计的验证需求更为明显。

在该标准中,将测试性试验与评价工作扩充为三个工作项目:测试性核查、测试性验证试验和测试性分析评价。测试性核查的目的是识别测试性设计缺陷,并采取纠正措施,实现测试性的持续改进与增长;测试性验证试验的目的是验证产品的测试性是否符合规定的要求;测试性分析评价的目的是综合利用产品的各种有关信息,评价产品是否满足规定的测试性要求。

在该阶段,国内开展了多项测试性试验与验证的技术研究和典型案例应用工作,初步形成了测试性试验与评价工作的技术储备,但尚未在工程型号中全面应用。

通过技术研究,认识到测试性试验的特殊性,不再强调必须与维修性试验一起开展。

（3）当前阶段

近期阶段是 GJB 8895—2017《装备测试性试验与评价》专用标准制定和实施的阶段。在此阶段,由于预测与健康管理（PHM）的引入需求,暴露出装备存在测试性设计严重不足的问题,必须采取有效措施发现测试性设计缺陷,改进测试性设计。

在该标准中,将测试性试验与评价工作扩充为 5 类工作项目:测试性设计核查、测试性研制试验、测试性验证试验、测试性分析评价、使用期间测试性信息收集与评价。测试性设计核查的目的是识别出测试性设计缺陷,采取必要的设计改进措施;测试性研制试验的目的是确认测试性设计特性和设计效果,发现测试性设计缺陷,以便采取必要的设计改进措施;测试性验证试验的目的是考核是否符合规定的测试性定性要求和定量要求,并发现测试性设计缺陷,包括测试性鉴定试验和测试性验收试验;测试性分析评价的目的是利用研制阶段的测试性信息进行综合分析评价,确定产品是否满足规定的测试性要求;使用期间测试性信息收集与评价是收集装备使用期间内的测试性信息,进行综合分析评价。

在该阶段,国内在航空装备研制方面已经全面开展了测试性试验工作,积累了丰富的工程实践经验,试验结果也与相似装备的外场统计结果持平,表明国内装备的测试性技术已经进入了测试性试验全面成熟应用的阶段。

（4）未来发展阶段

围绕着国家对装备试验鉴定工作要求的新变化,原有测试性试验与评价工作项目也在进行新一轮的调整和补充。

1.3.2　工作项目组成

根据当前的发展现状和趋势,在装备全寿命期内开展的测试性试验与评价工作项目组成和关系如图 1-4 所示,包括测试性核查、测试性研制试验、测试性鉴定试验和测试性评估。具体说明如下。

（1）测试性核查

测试性核查是指在方案阶段、初步设计阶段和详细设计阶段,采用设计资料审查、模型检查和仿真分析等技术方法,检查各项测试性工作的有效性,发现设计缺陷,并采取纠正措施。

在 GJB 8895—2017 中,测试性核查被称为测试性设计核查。测试性核查通常由科研订货系统和承制方联合组织开展。

（2）测试性研制试验

测试性研制试验是在初步设计阶段、详细设计阶段,在半实物模型、样机或试验件上开展的故障注入与模拟试验,以确认测试性设计特性,暴露测试性设计缺陷,评估和验证测试性能力水平。

测试性研制试验由科研订货系统和承制方联合组织开展,通常由委托的承试方实施,在新的试验鉴定体系中,测试性研制试验属于设计验证试验。

(3)测试性鉴定试验

测试性鉴定试验是在性能试验阶段的后期,在实物或试验件上开展的测试性鉴定试验,以确定测试性设计是否满足规定要求,并发现存在的测试性设计缺陷,为状态鉴定提供依据。

在 GJB 8895—2017 中,测试性鉴定试验属于测试性验证试验的一种。在新的试验鉴定体系下,测试性鉴定试验单独列出,并属于状态鉴定试验。测试性鉴定试验由试验鉴定系统和承制方联合组织开展,通常由委托的承试方实施。

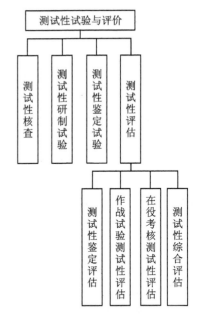

图 1-4　测试性试验与评价的工作项目组成

(4)测试性评估

测试性评估包括测试性鉴定评估、作战试验测试性评估、在役考核测试性评估以及测试性综合评估等工作。

在性能试验阶段的后期,对于难以开展鉴定试验的情况,需要开展测试性鉴定评估,综合利用各种有关的测试性信息评价测试性设计是否满足规定的要求。在 GJB 8895—2017 中,测试性鉴定评估被称为测试性分析评价,在新的试验鉴定体系中,归属于状态鉴定,特指基于装备运行试验的测试性评估。测试性鉴定评估由试验鉴定系统和承制方联合组织开展,成立测试性鉴定评估工作组负责实施。

在作战试验期间,需要开展作战试验测试性评估工作,收集装备在作战试验的使用与维修过程中形成的测试性信息,评价装备在作战试验状态下达到的测试性水平,确定是否满足规定的测试性要求,并发现测试性设计缺陷。作战试验测试性评估工作应由试验鉴定系统结合装备作战试验组织开展,由依托部队或者装备试验单位等实施。

在装备作战试验结束后,根据需要开展测试性综合评估工作,汇总测试性鉴定试验、测试性鉴定评估、作战试验测试性评估的数据和结果,综合评估测试性水平,确定是否满足规定的测试性要求,为装备列装定型提供依据。

在装备在役考核期间,同样需要开展在役考核测试性评估工作,同步收集测试性信息,评估在役考核状态下达到的测试性水平,确定是否满足规定的测试性要求。

1.3.3 衔接关系

测试性试验与评价是确定测试性设计是否符合要求,并发现缺陷和落实改进的过程,也是实现测试性增长的过程。测试性试验与评价各项工作之间的衔接关系见图1-5,其中相关的项目采用了简称。

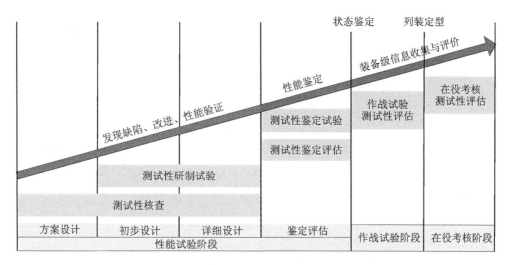

图1-5 测试性试验与评价各项工作的衔接关系

在研制阶段开展测试性核查、测试性研制试验,以发现缺陷和改进设计,并对测试性能力进行验证;在状态鉴定节点之前,开展测试性鉴定试验和测试性鉴定评估,对测试性能力进行鉴定;在作战试验和在役考核阶段开展装备级的测试性评估,确认测试性的能力效果。

测试性核查可以从设计上预计获得测试性的能力水平和设计缺陷,促进测试能力的提升;测试性研制试验可以从实物上获得测试性的能力水平和设计缺陷,促进测试能力的提升;测试性鉴定试验与鉴定评估可获得定型状态下的测试性能力水平和设计缺陷,作战试验测试性评估可以获得实战条件下的装备测试性能力水平和设计缺陷,在役考核测试性评估可获得实际部队使用条件下的装备测试性能力水平。从测试性核查到作战试验测试性评估,构成了测试性增长的全过程。

1.3.4 技术方法

测试性试验与评价工作项目涉及到多种相关的技术方法,如图1-6所示。
测试性核查可以采用多种技术方法来完成,包括电子设计自动化(EDA)建模仿真方法、状态图建模仿真方法、相关性建模仿真方法和评分核查方法等,其中数值计

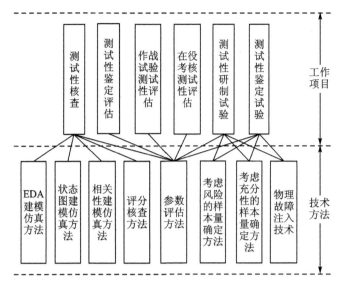

图 1-6 测试性试验与评价各项工作的技术方法

算还涉及到参数评估方法。测试性研制试验和测试性鉴定试验涉及到故障样本量确定方法、物理故障注入技术、参数评估方法等。测试性鉴定评估、作战试验测试性评估、在役考核测试性评估需要使用参数评估方法。

上述这些技术方法是实施测试性试验与评价各项工作的重要基础和支撑手段，将在后续章节中进行详细论述。

第 2 章　EDA 建模仿真核查方法

2.1　EDA 建模仿真核查原理

2.1.1　EDA 建模仿真基本概念

电子设计自动化(EDA)是包括了以计算机为平台,以 EDA 软件工具为开发环境,以硬件描述语言为设计语言,以电子系统设计为应用方向的电子产品自动化设计过程。其主要特征是:硬件工具采用工作站或计算机,软件采用 EDA 软件工具。实现功能包括:原理图输入、硬件描述语言输入、波形输入、仿真设计、可测试设计、逻辑综合、形式验证和时序分析等方面,结果组成如图 2-1 所示。设计方法采用自顶向下的方法,设计工作从高层开始,使用标准化的硬件描述语言描述电路行为,自顶向下跨过各个层次,完成整个电子系统的设计。

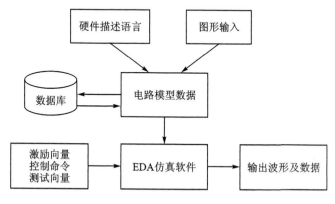

图 2-1　EDA 仿真的组成

EDA 建模仿真是在建立电路的元器件级原理图基础上,进行数值仿真计算,得到工作状态下的电路各节点的电压数据、各回路的电流数据,以支持电路工作性能和设计参数的调整与优化。EDA 建模仿真的原理如图 2-2 所示。

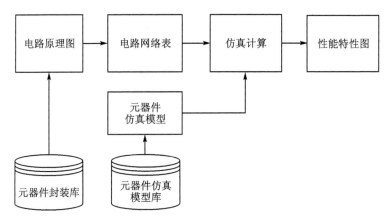

图 2 – 2   EDA 建模仿真的原理

在 EDA 环境下,建模人员利用元器件的封装库,建立电路的原理图并设置仿真参数,EDA 环境自动调用元器件的仿真模型组成电路仿真模型,并完成仿真计算,最后给出响应的仿真输出。

目前,可用于 EDA 仿真的工具软件有 OrCAD 软件、Multisim 软件等,其建立电路仿真模型的过程和原理基本相同。受到 EDA 仿真建模工具的能力限制,目前建模的适用对象主要是电路,还无法对整个设备进行建模仿真。

2.1.2   测试性设计核查原理

测试性设计核查是在 EDA 建模仿真的基础上完成的,其原理如图 2 – 3 所示。

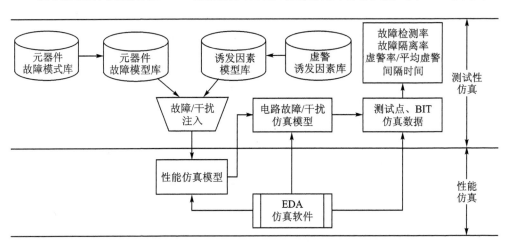

图 2 – 3   测试性设计核查原理

对包含测试点或者 BIT 的电路模型,增加元器件的故障模型和虚警诱发因素模型,模拟电路的典型故障行为与干扰影响,仿真计算得到测试点或者 BIT 的输出结果,判断是否能够检测到故障、隔离出故障或者发生虚警,并根据大量的仿真结果统计故障检测率、故障隔离率和虚警率,确认是否满足规定要求,并发现设计缺陷。

在实际应用中,需要预先建立元器件故障模型、虚警诱发因素模型,然后对选中的元器件故障模型或者因素模型人工或者开发辅助自动添加的电路的仿真模型中,形成综合的电路仿真模型,再进行仿真。

该方法可以通过 EDA 仿真实现对故障检测能力和虚警抑制能力的核查,评估故障检测率和虚警率。

2.2　故障检测与隔离能力仿真

2.2.1　元器件故障的量化

元器件级故障模式是对元器件发生故障的表现形式的一种定性语言描述,例如元件短路、断路等故障模式。一类元器件会有哪些故障模式,是通过对大量的元器件故障数据进行统计分析而得出的。典型元器件的常见故障模式见表 2-1。

表 2-1　典型元器件故障模式

类　型	子类型	故障模式		
		开　路	短　路	参数漂移
半导体集成电路	双极型电路	√	√	
	MOS 型数字电路	√	√	
	双极与 MOS 型模拟电路	√	√	
电位器	普通线绕电位器	√	√	
	微波线绕电位器	√	√	
	有机实心电位器	√	√	
	合成碳膜电位器	√	√	

类 型	子类型	故障模式		
		开 路	短 路	参数漂移
半导体分离器件	双极型晶体管	√	√	
	硅场效应晶体管	√	√	
	单结晶体管	√	√	
	闸流晶体管	√	√	
	普通二极管	√	√	
	电压调整及电压基准二极管	√	√	
	微波二极管	√	√	
	变容、阶跃、隧道、PW、体效应二极管	√	√	
	光电子器件	√	√	
	磁控管	√	√	
电阻器	金属膜电阻器	√	√	√
	碳膜电阻器	√	√	√
	精密线绕电阻器	√	√	√
	功率线绕电阻器	√	√	√
电容器	纸和薄膜电容器	√	√	
	玻璃釉电容器	√	√	
	云母电容器	√	√	
	二类磁介电容器	√	√	
	一类磁介电容器	√	√	
	固体电解电容		√	
	铝电解电容	√	√	
变压器		√	√	
线 圈		√	√	

从表 2-1 中可以看出,元器件的故障模式描述是非常概括的,例如晶体管的断路模式,仅从故障模式的名称并不能确定一个晶体管在发生这种故障模式时,到底是哪一个或哪几个管脚断路,以及断路时的电参数。

这种故障模式描述不能直接用于仿真计算。在进行数字仿真时,一切概念都必须有量的规定。由于存在这个矛盾,在实现元器件的故障仿真模型之前,要对元器件故障模式的定性描述进行量化,并保证量化后的结果能够反映故障模式的内涵且符合客观实际,量化数据参见表 2-2。

表 2-2　故障模式的 EDA 仿真量化方法

类　型	故障模式	量化方式
阻抗类元器件	短路	等效于管脚之间采用导线直接连接,可以取短接点之间的电阻值为 0
	开路	设置为阻抗值足够大
	参数漂移	故障量化值可以用表达式 $Z(1 \pm T\%)$ 来计算
晶体管(三极管)	短路	取短接点之间的电阻值为 0
	开路	设置为阻抗值足够大
	参数漂移	指明晶体管产生漂移的参数,然后采用 $Z(1 \pm T\%)$ 表达式处理
继电器类元器件	触点断开	触点间电阻值为足够大
	触点粘接	触点间电阻为 0
	线圈短路	线圈阻值为 0
	线圈断路	线圈阻值为足够大
	参数漂移	按 $Z(1 \pm T\%)$ 进行处理
模拟集成器件	短路	管脚间电阻值为 0
	开路	管脚电阻为足够大

阻抗类元器件的故障模式有 3 种:短路、开路和参数漂移。短路故障的含义是元器件的管脚之间存在电气短接的故障现象。在电路分析中,短路等效于管脚之间采用导线直接连接,管脚之间的电阻值极小,接近于 0。理想情况下,可以取短接点之间的电阻值为 0。开路故障的含义是元器件所连的通路断开,从电路分析角度讲,开路时通路的阻抗值为无穷大。在数字仿真中,元器件的参数值是不可能取无穷大的,因此设置断路故障模式为阻抗值足够大。对于参数漂移模式,其故障量化值可以用表达式 $Z(1 \pm T\%)$ 来计算,这里的 T 为产生的漂移量,Z 为标称值。

晶体管(三极管)在工作中有 2 种应用方式:放大工作方式和开关工作方式。对开关工作方式的晶体管,其放大倍数的参数漂移对开关工作基本没有影响,因此在这种工作方式下,仅考虑其开路故障和短路故障。在放大工作方式下,晶体管的放大倍数参数漂移对放大效果会产生不良影响,此时故障模式要额外考虑参数漂移故障。晶体管短路和开路故障模式的量化规则与阻抗类一样,即晶体管短路是指短路接线端之间的电阻值为 0;晶体管开路则是开路接线端线路电阻为足够大。对晶体管的参数漂移故障,则先要指明晶体管产生漂移的参数,然后采用 $Z(1 \pm T\%)$ 表达式处理。

继电器类元器件的故障模式较多,主要有触点断开、触点粘接、线圈短路、线圈断路和参数漂移 5 种故障。触点断开即相当于阻抗元器件的开路故障模式,可以量化为触点间电阻值为足够大。触点粘接相当于阻抗元器件的短路故障模式,可以量化为触点间电阻为 0。线圈短路和线圈断路模式的处理也相仿,可设置为线圈阻值为 0 和足够大。继电器的参数漂移模式要修改继电器的参数值,继电器的参数有:

触点闭合时间、触点断开时间、线圈电阻值和线圈电感值等。可以分别设置它们的漂移量。按 $Z(1 \pm T\%)$ 进行处理。

模拟集成器件的输入输出信号都是模拟信号,这里仅考虑2种故障模式:短路和开路。最常用的模拟集成器件是运算放大器,其开路故障主要是指集成电路输出端和输入端上的开路,可以量化为输出端和输入端的管脚电阻为足够大;短路模式时,相当于集成电路的输出端和输入端之间短路,可设置其间电阻值为0欧。

2.2.2 元器件故障的静态模型

元器件的故障仿真静态模型有3种实现方法:附加开关法、附加电阻法和参数改变法。

2.2.2.1 附加开关法

附加开关法适用于建立各类元器件的开路故障和短路故障仿真模型。

(1)双管脚元器件的开关式故障仿真模型

双管脚元器件包括电阻器、电容器、电感器、灯和二极管等,其开路和短路的开关式故障仿真模型如图2-4所示。

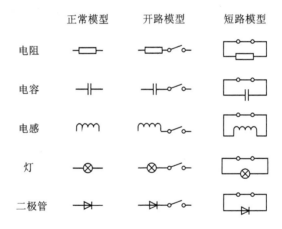

图2-4 双管脚元器件的开关式故障仿真模型

对于开路故障,只需在元器件的一侧,串接处于断开状态的开关即可实现。开路故障对应的开路阻抗值由配置的开关自动赋予,无需另外指定。对于短路故障,只需在元器件的两侧,并接处于闭合状态的开关即可实现。短路故障对应的短路阻抗值由配置的开关自动赋予,无需另外指定。

其他种类的双管脚元器件可以参考实现相应的故障仿真模型。

（2）多管脚元器件的开关式故障仿真模型

多管脚元器件包括三极管、变压器和模拟集成电路等。以三极管为例，其开路和短路的开关式故障仿真模型如图 2－5 所示。

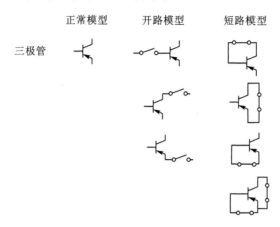

图 2－5　三极管的开关式故障仿真模型

三极管的开路故障是通过在相应的管脚上串接处于断开状态的开关实现的，共有基极开路、集电极开路和发射极开路 3 种开路故障表现。开路故障对应的开路阻抗值由配置的开关自动赋予，无需另外指定。三极管的短路故障是通过在相应的两个管脚之间串接处于闭合状态的开关实现的，共有基极-集电极短路、集电极-发射极短路、基极-发射极短路、基极-集电极-发射极短路等 4 种短路故障表现。短路故障对应的短路阻抗值由配置的开关自动赋予，无需另外指定。

其他种类的多管脚元器件可以参考实现相应的故障仿真模型。器件管脚越多，其可能的开路和短路故障模式具体表现情况也越多。

2.2.2.2　附加电阻法

附加电阻法适用于建立各类元器件的开路故障、短路故障和阻值漂移故障的仿真模型。

（1）双管脚元器件的电阻式故障仿真模型

双管脚元器件包括电阻器、电容器、电感器、灯和二极管等，其开路、短路和阻值漂移的电阻式故障仿真模型如图 2－6 所示。

对于开路故障，只需在元器件的一侧，串接一电阻即可实现。开路故障对应的开路阻抗取值为：10^{12} Ω。对于短路故障，只需在元器件的两侧，并接一电阻即可实现。短路故障对应的短路阻抗取值为：10^{-6} Ω。对于阻值漂移类故障，根据阻值偏大还是偏小，通过选用相应的串接、并接电阻方法实现。外接阻抗取值根据实际漂移量设置。

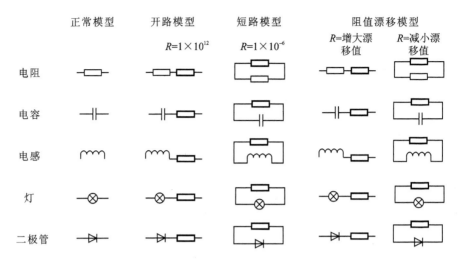

图 2-6 双管脚元器件的电阻式故障仿真模型

（2）多管脚元器件的电阻式故障仿真模型

多管脚元器件包括三极管、变压器和模拟集成电路等。以三极管为例，其开路和短路的电阻式故障仿真模型如图 2-7 所示。

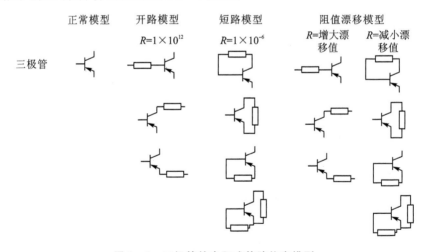

图 2-7 三极管的电阻式故障仿真模型

三极管的开路故障是在相应的管脚上串接一电阻实现的，共有基极开路、集电极开路和发射极开路 3 种开路故障表现。开路故障对应的开路阻抗取值为 10^{12} 欧姆。

三极管的短路故障是通过在相应的两个管脚之间串接一电阻实现的，共有基极-集电极短路、集电极-发射极短路、基极-发射极短路、基极-集电极-发射极短路等 4 种短路故障表现。短路故障对应的短路阻抗取值为 10^{-6} Ω。

对于阻值漂移类故障,根据阻值偏大还是偏小,选用相应的串接、并接电阻方法实现。外接阻抗取值根据实际漂移量设置。

其他种类的多管脚元器件可以参考实现相应的故障仿真模型。器件管脚越多,其可能的开路和短路故障模式具体表现情况也越多。

2.2.2.3　参数改变法

参数改变法是通过改变元器件性能仿真模型中的参数值,来实现元器件的故障仿真模型。

采用参数改变法的前提条件是对各类元器件的性能参数及其参数关系,以及元器件性能仿真模型数据、EDA 软件提供的操作工具等具有非常全面的理解和掌握。

不同类型的元器件,其性能仿真模型并不相同,对应的参数类型也不相同,因此在应用参数改变法建立元器件的故障仿真模型时,需要根据元器件的具体类别进行不同的参数改变,没有一致的方法。

下面结合 PSPICE 软件提供的两种处理方法对此进行说明。

(1) 直接修改模型参数法

在 PSPICE 软件的元器件性能仿真模型库中,采用两类模型定义方式:

● .MODEL 语句:将模型定义为参数序列;

● .SUBCKT 语句:将模型定义为子电路的网络列表。

下面对这两种模型定义进行简要说明。

① .MODEL 模型

定义器件模型参数的通用格式是:

.MODEL ＜模型名＞［AKO:＜参考模型名＞]＜模型类型＞＋([＜参数名＞＝＜值＞　［容差设置]]［温度设置……])

该类模型定义中的各参数说明如下:

＜模型名＞:用来作为对该模型的引用。

＜模型类型＞:指器件类型,PSPICE 软件提供了默认的器件类型及其仿真处理中对应的模型类型,部分数据如表 2-3 所列。

表 2-3　器件类型与模型类型

器件类型	器件实例标识(电路中)	模型类型
电容	Cxxx(即 C1、C2、C999 之类)	CAP
电阻	Rxxx	RES
电感	Lxxx	IND
二极管	Dxxx	D
非线性变压器	Kxxx	CORE

续表 2 - 3

器件类型	器件实例标识（电路中）	模型类型
N-沟道 GaAsMESFET	Bxxx	GASFET
有损耗传输线	Txxx	TRN
电流控制开关	Wxxx	ISWITDH
横向 PNP 双极晶体管	Qxxx	LPNP
N-沟道 IGBT	Zxxx	NIGBT
N-沟道结型 FET	Jxxx	NJF
N-沟道 MOSFET	Mxxx	NMOS
NPN 双极晶体管	Qxxx	NPN
P-沟道结型 FET	Jxxx	PJF
P-沟道 MOSFET	Mxxx	PMOS
PNP 双极晶体管	Qxxx	PNP
多位 A/D 转换器	Uxxx	UADC
多位 D/A 转换器	Uxxx	UDAC
数字延迟线	Uxxx	UDLY
边缘触发型触发器	Uxxx	UEFF
标准门	Uxxx	UGATE
门触发器	Uxxx	UGFF
数字 I/O 模型	Uxxx	UIO
三态门	Uxxx	UTGATE
数字输入器件	Nxxx	DINPUT
数字输出器件	Oxxx	DOUTPUT
电压控制开关	Sxxx	VSWITCH

[AKO：<参考模型名>]：表示当前定义模型和参考模型是一类器件，其器件类型相同。当前模型的所有参数中，一部分重新定义，另一部分引用参考模型中的定义。

例如：MODEL QDR2 AKO：QDRIV NPN （BF＝50 IKF＝50m）

该语句说明 QDR2 和 QDRIV 的器件类型是 NPN，而当前器件模型 QDR2 只定义了 2 个器件参数，其余的参数引用了器件模型 QDRIV 的参数定义。

<参数名>＝<值>：指参数和参数值列表，参数可以是所有、部分或不分配数值。

[容差设置]：可以附在每个参数的后面，指定 DEV 和 LOT 参数值容差。其中 LOT 容差要求所有引用相同模型的器件都使用同样的调整；DEV 容差是独立的，每个器件独立变化。用户可以指定器件偏离的分布类型为均匀分布、正态分布或自定

义分布。

　　［温度设置］：指定器件的相关温度参数。

　　② .SUBCKT 模型

　　.SUBCKT 语句用于定义子电路模型,..SUBCKT 语句的格式如下：

　　.SUBCKT　＜名称＞［节点］

　　　　　　＋［OPTIONAL：＜＜接口节点＞＝＜缺省数值＞＞］

　　　　　　＋［PARAMS：＜＜名称＞＝＜数值＞＞］

　　　　　　＋［TEXT：＜＜名称＞＝＜文本数值＞＞］

　　.ENDS

　　其中：

　　＜名称＞：元器件被该子电路调用时的名称。

　　［节点］：可以选择的形参节点(管脚)列表。

　　OPTIONAL：该关键字允许在子电路定义中指定一个或更多的可选节点。该可选节点要成对声明,包括接口节点和它的缺省值(节点名称)。

　　PARAMS：允许数值以参数的形式传入子电路,并用在子电路内表达式中。

　　TEXT：允许文本以参数的形式传入子电路,并用在子电路内表达式中。

　　对于.MODEL 模型和.SUBCKT 模型,可采用 PSPICE 软件提供的模型编辑工具进行调整和设置。

　　例如,通过模型编辑工具对二极管 D1N3064 - X 的性能仿真模型参数进行编辑的界面如图 2 - 8 所示。

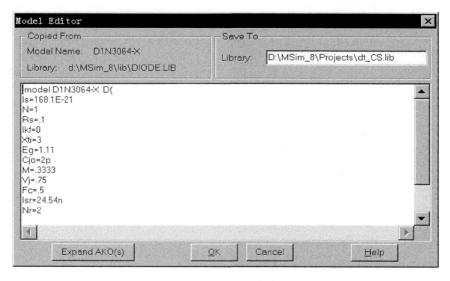

图 2 - 8　模型编辑器

　　从图 2 - 8 可知,模型中的所有参数都可以设置为需要的数值,据此即可建立元器件的开路、短路和参数漂移的故障仿真模型。

（2）特性模拟法

除了前面的直接修改模型参数方法之外，还可采用 PSPICE 软件提供的元器件性能模拟分析工具，间接建立元器件的故障仿真模型。该工具支持有限的元器件类型，如表 2-4 所列。

表 2-4　支持的器件类型

器件类型	定义方式	标识字母
二极管	. MODEL	D
双极晶体管	. MODEL	Q
IGBT	. MODEL	Z
JFET	. MODEL	J
功率 MOSFET	. MODEL	M
运算放大器	. SUBCKT	X
电压比较器	. SUBCKT	X
非线性磁芯	. MODEL	K
电压调节器	. SUBCKT	X
电压参考	. SUBCKT	X

当使用该工具建立元器件的故障仿真模型时，首先要有元器件故障后的特性曲线数据，然后通过工具输入这些曲线数据后，该工具自动调整模型参数后计算特性曲线数据进行对比，据此确定出符合故障后特性曲线的一组参数值，这种方法能建立比短路、开路更复杂的故障模式。

例如，对于二极管，采用该工具分析的界面如图 2-9 所示，图中左侧是二极管的工作特性，右侧是性能仿真模型的参数及其参数值。

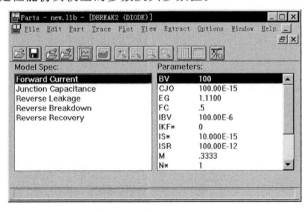

图 2-9　编辑二极管模型

在建立元器件故障仿真模型时,只需输入元器件故障后的各工作特性曲线数据,如图 2-10 所示,工具会自动拟合出元器件的新模型参数值。

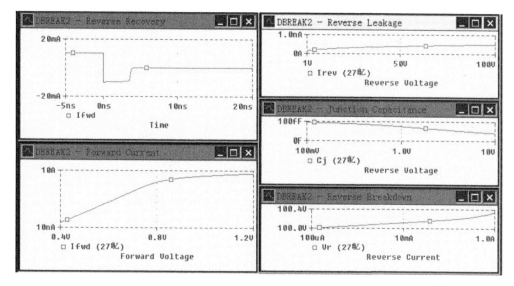

图 2-10　模型的特性曲线

2.2.3　元器件故障的动态模型

元器件故障的动态模型是指其故障模式的发生时间可以随意指定的故障仿真模型,在该时刻前,元器件是正常的;在该时刻后,元器件是故障的。为了实现元器件故障仿真动态模型,需要采用时控开关来辅助实现。

2.2.3.1　开路短路故障的动态模型

(1) 双管脚元器件

双管脚元器件包括电阻器、电容器、电感器、灯和二极管等,其开路和短路故障的动态模型如图 2-11 所示。

对于开路故障,在元器件的一侧串接处于闭合状态的时控开关即可实现,开路故障对应的发生时刻由配置参数指定。对于短路故障,只需在元器件的两侧,并接处于开路状态的时控开关即可实现,短路故障对应的发生时刻由配置参数指定。

其他种类的双管脚元器件可以参考实现相应的故障仿真动态模型。

(2) 多管脚元器件

以三极管为例,其开路和短路的故障仿真动态模型如图 2-12 所示。

三极管的开路故障是通过在相应的管脚上串接处于闭合状态的时控开关实现的,

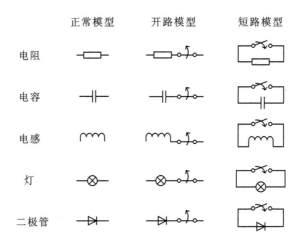

图 2 - 11 双管脚元器件的开路短路故障动态模型

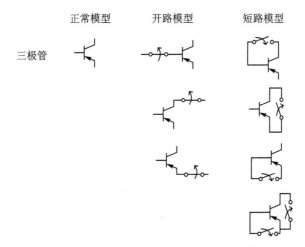

图 2 - 12 三极管的开路短路故障动态模型

开路故障对应的发生时刻由配置参数指定。三极管的短路故障是通过在相应的两个管脚之间串接处于断开状态的时控开关实现的,对应的发生时刻由配置参数指定。

其他种类的多管脚元器件可以参考实现相应的故障仿真动态模型。

2.2.3.2 参漂故障的动态模型

不同类型元器件的参数漂移故障可以采用统一的方法实现,即采用参数改变法和附加时控开关法相结合的故障件切换法实现。

以三极管为例,其参数漂移故障仿真的动态模型如图 2 - 13 所示。采用一个已经通过参数修改法完成故障设置的故障器件与正常器件通过时控开关进行并联,通过对时控开关的控制实现由正常器件到故障器件的切换。对于三极管,实现这种切换需要用到 6 个时控开关。

在实际应用中,可以通过合理设置,以采用更少的时控开关。例如,对三极管,可以采用 4 个时控开关实现相同的功能。

对于一些简单元器件,其参数漂移故障的动态仿真模型可以采用更简单的方法实现,如图 2 - 14 所示,这种方法所需的时控开关数量大大减小。

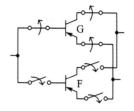

图 2 - 13　三极管的参数
漂移故障动态模型

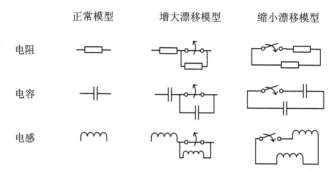

图 2 - 14　简单元器件的参数漂移故障仿真动态模型

2.2.4　元器件故障的仿真注入

2.2.4.1　注入原理

当元器件的故障模型是采用 2.2.2 节方法建立的静态模型时,为了符合单故障发生的前提条件,则需要对电路中的每种故障模式都建立一个对应的电路故障仿真模型,这种电路故障仿真模型从一开始就处于故障状态,没用动态的注入和撤销,因此只需要知道故障注入的位置即可,然后在位置上构建出相应的元器件故障模式。

当元器件的故障模型是采用 2.2.3 节方法建立的动态模型时,可以建立一个包括所有故障模式的电路故障仿真模型,在仿真过程中采用注入控制技术实现所需的故障模式的注入和撤销。这种情况需要知道注入的位置、接口电路和控制时间。开路和短路故障的动态仿真注入控制的示例见图 2 - 15。

在上述的注入控制中:

① 位置控制:是元器件的管脚(开路故障使用元器件的一个管脚节点,短路故障使用元器件的两个管脚节点);

② 接口控制:是两个时控开关 K1 和 K2 组成的电路,开路故障采用两个时控开关的并联电路,短路故障采用两个时控开关的串联电路;

③ 时间控制:开路故障在 t_0 时刻打开 K2,在 t_1 时刻闭合 K1,实现开路故障注入

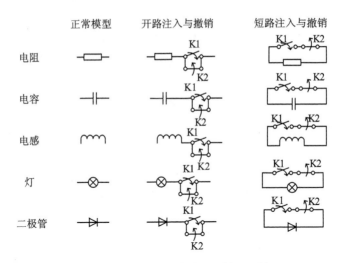

图 2-15　开路短路故障注入控制示例

和撤销;短路故障在 t_0 时刻闭合 K1,在 t_1 时刻打开 K2,实现短路故障注入和撤销。

2.2.4.2　原理图注入方法

原理图注入法是指利用原理图编辑器,直接在电路性能仿真的原理图上修改电路,完成元器件故障仿真模型的注入。原理图注入法的基本原理如图 2-16所示。

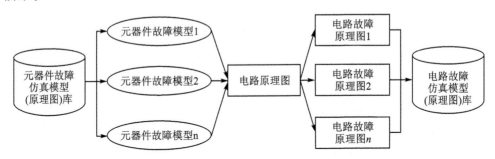

图 2-16　原理图注入法原理

原理图注入方法首先需要具有元器件故障仿真模型的原理图库,然后在电路原理图中,选择相应的元器件故障仿真模型图,放置到原理图的适当位置,并代替相应的元器件即可。形成的电路故障仿真模型(电路故障原理图),可以保存到电路故障仿真模型库中,以备后续的直接访问和调用。

原理图注入法具有如下的特点:

● 便于人工操作实现;

● 具有直观性,不容易出现注入错误,即使出错也很容易发现和改正;

● 在仿真结束后,可以直接从电路故障原理图上控制不同测试点信号的显示,信息查阅具有直观性和整体性。

原理图注入法操作流程与绘制原理图的操作流程基本相似,详细过程不再叙述。

2.2.5　电路案例应用示例

某信号调理电路的原理图如图 2 - 17 所示,该电路分为 4 个子模块和 2 个 BIT 子电路,BIT 用于检测调理电路中的 2 个关键信号是否正常。

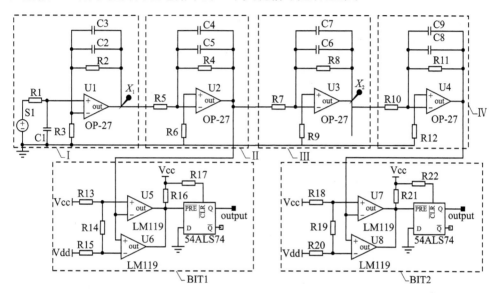

图 2 - 17　信号调理电路的原理图

采用原理图注入方法,进行故障注入仿真,得到 BIT 的输出结果,从而统计出故障检测率和故障隔离率。注入的 28 个元器件故障模式以及 2 个 BIT 的输出结果见表 2 - 5。

表 2 - 5　故障仿真注入后的 BIT 测试结果

子模块	故障模式	BIT1 输出	BIT2 输出	检测隔离判定结果		
				可检测	隔离结果	正确隔离
I	R1 开路	1	1	√	I、II	√
	R1 短路	0	0	×	—	—
	R3 短路	1	1	√	I、II	√
	R3 开路	0	1	√	III、IV	×
	C2 开路	0	1	√	III、IV	×
	C3 开路	0	1	√	III、IV	×
	R2 短路	0	1	√	III、IV	×
	R2 开路	1	1	√	I、II	√

子模块	故障模式	BIT1 输出	BIT2 输出	检测隔离判定结果		
				可检测	隔离结果	正确隔离
II	R5 开路	1	1	√	I、II	√
	R5 短路	1	1	√	I、II	√
	C4 开路	0	1	√	III、IV	×
	C5 开路	0	1	√	III、IV	×
	R4 短路	0	1	√	III、IV	×
	R4 开路	1	1	√	I、II	√
	R6 开路	1	1	√	I、II	√
	R6 短路	0	0	×	—	—
III	R7 开路	0	1	√	III、IV	√
	R7 短路	0	1	√	III、IV	√
	C6 开路	0	1	√	III、IV	√
	C7 开路	0	1	√	III、IV	√
	R8 短路	0	1	√	III、IV	√
	R8 开路	0	1	√	III、IV	√
IV	R10 开路	0	1	√	III、IV	√
	R10 短路	0	1	√	III、IV	√
	C8 开路	0	1	√	III、IV	√
	C9 开路	0	1	√	III、IV	√
	R11 短路	0	1	√	III、IV	√
	R11 开路	0	1	√	III、IV	√

根据 BIT 数据，可检测故障有 26 个，判定达到的故障检测率为 92.86%；正确隔离到 2 个子模块的故障是 19 个，故障隔离率为 73.08%。

2.2.6 辅助处理工具设计

基于 EDA 的故障检测与故障隔离能力仿真评估的关键问题是故障模式的仿真注入，虽然可以采用 2.2.4 节的方法进行手工操作注入，但手工修改模型容易引入错误，因此对自动化方式的注入设计存在着较大需求。

自动化方式的故障注入需要在模型文件直接进行增补注入，下面详细介绍一下设计原理。

2.2.6.1　EDA 仿真的文件组成

以 OrCAD PSPICE 软件为例进行说明。OrCAD PSPICE 软件在完成电路性能仿真的过程中,采用了多种文件对仿真模型数据进行保存,如图 2-18 所示。

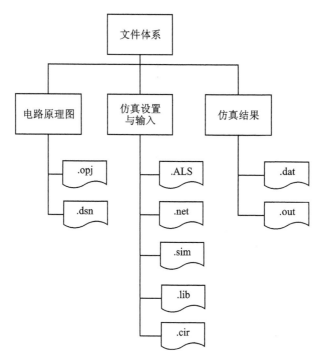

图 2-18　PSPICE 软件仿真文件体系

其中,电路原理图的信息主要保存在.opj 文件和.dsn 文件中。仿真设置和输入文件主要保存在.ALS 文件、.net 文件、.sim 文件、.cir 文件、.lib 文件中。仿真的结果文件保存在.dat 文件和.out 文件中。

下面对这些文件的具体内容作简要说明。

(1).opj 文件

.opj 文件是 OrCAD PSPICE 软件用来保存电路信息的项目文件。在该文件中,集中保存了当前分析电路产生的各种相关文件的路径和主要信息。

一般在.opj 文件保存的信息包括:

● 设计资源信息,如电路原理图的绘图数据和所用元器件的绘图数据文件等;
● 原理图导出信息,如由原理图导出网表信息文件等;
● 仿真设置信息,如仿真包含文件、模型库文件、仿真剖面信息和激励源信息等。

.opj 文件的示例如图 2-19 所示。

```
example.opj - 记事本
文件(F)  编辑(E)  格式(O)  查看(V)  帮助(H)
(ExpressProject "example"
  (ProjectType "Analog or A/D Mixed Mode")
  (Folder "Design Resources"
    (Folder "Library"
      (Sort User)
      (File ".\example.olb"
        (Type "Schematic Library")
        (DisplayName ".\example.olb")))
    (NoModify)
    (File ".\example.dsn"
      (Type "Schematic Design"))
    (BuildFileAddedOrDeleted "x")
    (CompileFileAddedOrDeleted "x")
    (PSPICE_Regenerate_Netlist_Flag "FALSE"))
  (Folder "Outputs"
    (File ".\example-example.net"
      (Type "Report")))
```

图 2 - 19 .opj 文件示例

（2）.dsn 文件

.dsn 文件是 OrCAD PSPICE 软件保存具体电路图的设计文件，它以二进制方式存储电路图图形的编码信息。

（3）.ALS 文件

.ALS 文件是保存信号别名的文件，以文本方式存储电路中定义的所有信号（节点）别名。在电路原理图中，为了绘图方便，有些节点之间的连线并未实际画出，而是通过定义相同的信号别名来表达二者的连接关系。

.ALS 文件的示例可以参见图 2 - 20。

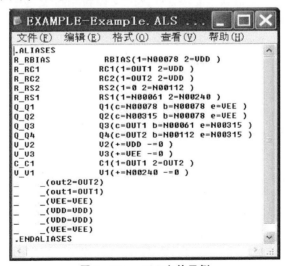

```
EXAMPLE-Example.ALS ...
文件(F)  编辑(E)  格式(O)  查看(V)  帮助(H)
|.ALIASES
R_RBIAS         RBIAS(1=N00078 2=UDD )
R_RC1           RC1(1=OUT1 2=UDD )
R_RC2           RC2(1=OUT2 2=UDD )
R_RS2           RS2(1=0 2=N00112 )
R_RS1           RS1(1=N00061 2=N00240 )
Q_Q1            Q1(c=N00078 b=N00078 e=VEE )
Q_Q2            Q2(c=N00315 b=N00078 e=VEE )
Q_Q3            Q3(c=OUT1 b=N00061 e=N00315 )
Q_Q4            Q4(c=OUT2 b=N00112 e=N00315 )
V_V2            V2(+=UDD -=0 )
V_V3            V3(+=VEE -=0 )
C_C1            C1(1=OUT1 2=OUT2 )
V_U1            U1(+=N00240 -=0 )
_     _(out2=OUT2)
_     _(out1=OUT1)
_     _(VEE=VEE)
_     _(UDD=UDD)
_     _(UDD=UDD)
_     _(VEE=VEE)
.ENDALIASES
```

图 2 - 20 .ALS 文件示例

（4）.net 文件

.net 文件是 OrCAD PSPICE 软件保存电路网表信息的文件。该文件以电路中的元器件为单位,文本方式存储元器件之间的连接信息,包括元器件的类型、元器件在电路中的标识名称、元器件的管脚名称、元器件的相关参数值等。

.net 文件的示例可以参见图 2 - 21。

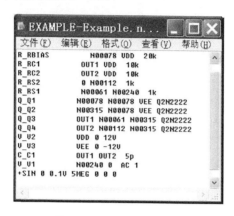

图 2 - 21　.net 文件示例

（5）.sim 文件

.sim 文件是 OrCAD PSPICE 软件保存性能仿真设置数据的控制文件,如仿真类型、设置的具体仿真参数等。

.sim 文件的示例可以参见图 2 - 22。

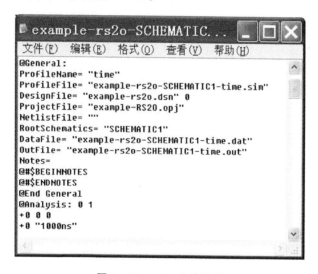

图 2 - 22　.sim 文件示例

(6).lib 文件

.lib 文件是 OrCAD PSPICE 软件保存当前电路的元器件仿真模型的文件。在对比元器件的标准仿真模型进行修改后形成的模型,自动保存在该文件中。

.lib 文件的示例可以参见图 2 - 23。

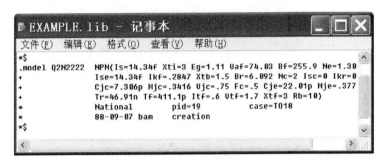

图 2 - 23　.lib 文件示例

(7).cir 文件

.cir 文件是 OrCAD PSPICE 软件保存仿真设置的文件,该文件与.sim 文件共同配合影响仿真计算。.cir 文件是原 PSPICE 软件的主要输入软件,.sim 文件是 OrCAD 新增的仿真计算输入软件。

.cir 文件的示例可以参见图 2 - 24。

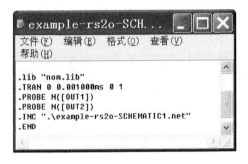

图 2 - 24　.cir 文件示例

(8).out 文件

.out 文件是 OrCAD PSPICE 仿真的输出文件之一,采用文本方式保存了仿真过程的基本情况和结果。.out 文件的示例可以参见图 2 - 25。

(9).dat 文件

.dat 文件是 OrCAD PSPICE 仿真的输出文件之一,采用二进制方式保存了仿真过程产生电路的各种电压、电流数据。

利用 OrCAD PSPICE 的曲线显示功能,示例的.dat 文件数据参见图 2 - 26。

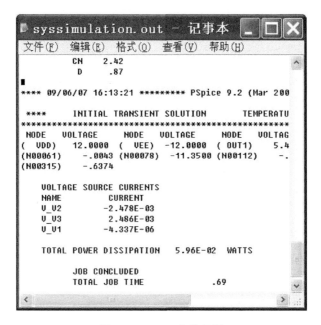

图 2 - 25　.out 文件示例

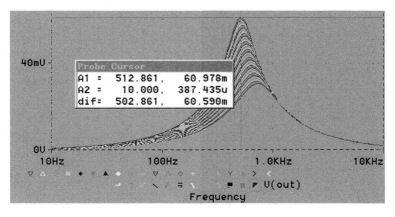

图 2 - 26　.dat 文件数据显示示例

2.2.6.2　文件注入方法

　　文件注入法是指通过修改保存着仿真模型的文件内容,实现故障注入的方法。文件注入法需要对 PSPICE 软件的文件体系组成、文件格式规范、文件交互关系等具有透彻的了解。文件注入法的基本原理如图 2 - 27 所示。

　　文件注入方法首先需要具有元器件故障仿真模型的文本库,然后在电路仿真输入文件组中,将元器件故障仿真模型的文本信息直接增加到相应的文件中,替换相应的元器件,形成的电路故障仿真模型(电路故障输入文件组)可以保存到电路故障

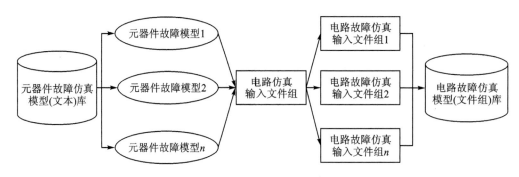

图 2 - 27 文件注入法原理

仿真模型库中,以备后续重复调用。

文件注入法需要修改的文件包括:.net 文件、.als 文件、.lib 文件,下面给出这些文件的修改说明。

(1).net 文件的修改

这里以添加最复杂的结合时控开关的元器件故障仿真动态模型为例,进行说明。其他形式的模型注入与此类似。

当元器件的故障模式为短路和开路时,要在元器件的接线端串联或并联时控开关。如果是在接线端两端并联时控开关,则需在.net 文件中加入一行对开关的语法描述。其格式如下:

$ N_001 $ N_002 Sw_tOpen PARAMS:tOpen = 1 ttran = 1u Rclosed = 0.01 Ropen = 1Meg
$ N_001 $ N_002 Sw_tClose PARAMS:tClose = 1 ttran = 1u Rclosed = 0.01 Ropen = 1Meg

$ N_001 和 $ N_002 为开关两端的节点名称,Sw_tOpen(Sw_tClose)表示开关为时控打开(闭合)开关,tOpen(tClose)为开关打开(闭合)的时间,ttran 表示开关动作时间,Rclosed 和 Ropen 则为开关在打开和闭合时的等效电阻值。

在添加并联开关时,开关两端的节点名称填入元器件两端的节点名称即可。这时,可以用元器件名称定位,从正常文件中读出元器件的节点名称。

而串联开关是要串联在元器件的一个节点上以模拟元器件的开路。这时,在文件中要加入一个自定义的节点,元器件的故障端与这个自定义节点相连,原来正常时与该端连接的节点在故障时通过开关与自定义节点相连,这样,元器件的故障端就通过开关和系统相连。这时,不仅要在文件中添加开关描述,而且要修改故障元器件的节点名称。

例如,对电阻添加并联和串联开关.net 语句结果如下:

正常状态:

R_R8 $ N_0002 8   20k

R8 短路时,并联开关:

```
R_R8              $ N_0002   8   20k
$ N_0002   8   Sw_tClose PARAMS：tClose = 1 ttran = 1u Rclosed = 0.01 Ropen = 1Meg
```

R8 断路时，串联开关，$ N_C001 为自定义节点：

```
R_R8              $ N_0002 $ N_C001   20k
$ N_C001   8   Sw_tOpen PARAMS：tOpen = 1 ttran = 1u Rclosed = 0.01 Ropen = 1Meg
```

当元器件为参数漂移故障模式时，要在元器件的所有节点上串联开关，同时，在.net 文件中还要添加参数为漂移值的元件副本，副本的所有节点上也要串联开关。

这时，要自定义元器件节点数 2 倍的新节点，故障元器件的原件的节点全部改为新节点，副本元器件的节点也使用自定义的节点名称。副本元器件的描述和原件的描述一样，只是名称不同，参数值不同，如果不是阻抗类元件，元器件的产品号也不能相同。

例如，对电阻注入参数漂移动态故障的.net 语句结果如下：

设漂移量为 50%，修改后为：

```
R_R8              $ N_C001   $ N_C002   20k
R_R8 %            $ N_C003   $ N_C004   30k
$ N_C001   8   Sw_tOpen PARAMS：tOpen = 1 ttran = 1u Rclosed = 0.01 Ropen = 1Meg
$ N_0002 $ N_C002 Sw_tOpen PARAMS：tOpen = 1 ttran = 1u Rclosed = 0.01 Ropen = 1Meg
$ N_C003   8   Sw_tClose PARAMS：tClose = 1 ttran = 1u Rclosed = 0.01 Ropen = 1Meg
$ N_0002 $ N_C004 Sw_tClose PARAMS：tClose = 1 ttran = 1u Rclosed = 0.01 Ropen = 1Meg
```

(2).als 文件的修改

.als 文件记录了.net 文件中所有元件与其对应的节点的名称。以电阻 R8 为例，其格式如下：

```
R_R8       R8(1 = $ N_0002   2 = 8 )
```

括号中指明元器件的第 1 个节点的名称。由于在修改.net 文件生成电路故障状态仿真模型时，要向.net 文件中添加开关，甚至要添加元器件副本和自定义节点，新添加的内容都要在.als 文件中反映出来。

对.als 文件的处理包括添加信息和修改文件两项。

.als 文件以".ALIASES"为内容开始的标记，在添加信息时，当读到这个标志时，就在其后进行添加，其原有内容在新内容后直接复制；如果要修改文件，以文件每行记录的元器件名称为标记，当读到要修改的元器件的那一行时进行修改。

(3).lib 文件的修改

当设置元器件的参数漂移模式时，要在.net 文件中添加一个元器件的副本，并将副本的参数值设置为参数漂移后的值。

如果元器件为阻抗类,其参数值可直接在. net 文件中体现出来。对其他类型的元器件,参数要在. lib 文件中设置元器件的故障模型,这就涉及到对. lib 文件的修改。

. lib 文件以元器件的产品号为标记,描述在. net 文件中对应的元器件的参数设置。可以直接将元器件故障仿真静态模型添加到. lib 文件中,并注意与. net 文件中对应的元器件副本名称一致。

2.2.6.3　测试点信号输出控制

测试性仿真的目的是得到故障电路的测试点或者 BIT 电路的输出信号,根据该信号判断是否可以检测到故障。

为了缩短输出处理时间和减小数据文件容量,需要指定输出的节点名称。具体有两种处理方式:

① 当具有电路故障仿真模型原理图时,可以直接在原理图中添加测试点标记,仿真输出数据文件中则包含该测试点的信号数据。标记的具体操作过程可参考 PSPICE 软件的电路图绘制说明。

② 直接修改. cir 文件,添加测试点标记。

测试点标记的语句格式如下:

.PROBE [/CSDF] [输出变量]

其中:

[输出变量],指定了输出到. dat 文件中的节点信号名称,可以有多个变量;

/CSDF,指定采用非二进制的文本格式输出信号数据,便于第三方处理。

例如:

.PROBE V(3) V(2,3) V(R1) I(VIN) I(R2) IB(Q13) VBE(Q13)

可以在. cir 文件增加上述语句控制. dat 文件包含测试点的信号数据。

2.2.6.4　仿真流程

测试性仿真分析的细化工作流程如图 2 - 28 所示。

该工作流程的前提条件是已经具有相应的性能仿真模型,并且该模型能实现相应的仿真分析工作。工作流程说明如下:

首先,根据电路的元器件故障模式库,选择一个需要进行故障检测分析的故障模式。

然后,判断是否已经建立了该故障模式对应的电路故障仿真模型,若有,则从电路故障仿真模型库中选出对应的电路故障仿真模型,进行故障仿真计算。若没有,则需要先从元器件故障模型库中选择相应的元器件故障仿真模型,将该模型注入到电路的性能仿真模型中,得到对应的电路故障仿真模型,进行故障仿真计算。

在故障仿真结束后,可以得到电路中 BIT 的响应结果,据此可以判断该故障模式可否被 BIT 检测出来。

对于外部测试,一般在电路的输出端具有相应的测试点接口,通过仿真可以得到测试点信号的仿真结果。此时,可以利用故障检测门限值与仿真结果对比,确定是否可以检测出故障。

当采用不同的特征门限值时,测试点信号特征的分析方法也不相同。常规的信号特征分析方法简要说明如下。

（1）信号最大值

首先计算出一组信号数据中的最大值,然后将测试点信号的最大值与测试门限值比较,根据最大值是否大于或者小于测试门限值来判断故障是否能被检测到。

（2）指定区间最大值

计算出一组二维信号数据在其中一维数据特定区间内的另一维数据中的最大值,然后将该最大值与测试门限值比较,根据最大值是否大于或者小于测试门限值来判断故障是否能被检测到。

（3）信号最小值

首先计算出一组信号数据中的最小值,然后将该最小值与测试门限值比较,根据最小值是否大于或者小于测试门限值来判断故障是否能被检测到。

（4）指定区间最小值

计算出一组二维信号数据在其中一维数据特定区间内的另一维数据中的最小值,然后将该最小值与测试门限值比较,根据最小值是否大于或者小于测试门限值来判断故障是否能被检测到。

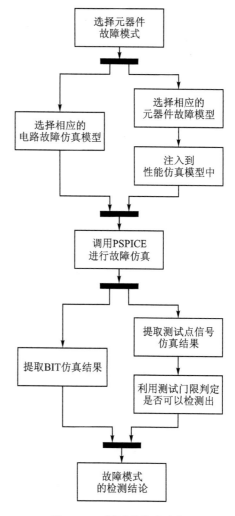

图 2 - 28　测试性仿真流程

(5) 超调量

计算出一组信号数据对应超调量,然后将该超调量与测试门限值比较,根据超调量是否大于或者小于测试门限值来判断故障是否能被检测到。

(6) 尖峰值

计算出一组信号数据中出现的某个尖峰值,然后该尖峰值与测试门限值比较,根据尖峰值是否大于或者小于测试门限值来判断故障是否能被检测到。

(7) 差　值

计算出一组二维信号数据在其中一维数据特定区间内的另一维数据中的最大值和最小值之差,然后将该差值与测试门限值比较,根据差值是否大于或者小于测试门限值来判断故障是否能被检测到。

(8) 特定点值

计算出一组二维信号数据在其中一维数据特定值对应的另一维数据中的特定点值,然后将该特定点值与测试门限值比较,根据特定点值是否大于或者小于测试门限值来判断故障是否能被检测到。

(9) 幅频裕度

对于测试点信号的频率特性曲线,计算出相频曲线通过-180度点对应的幅频曲线的幅度值(幅频裕度),然后将该幅频裕度与测试门限值比较,根据幅频裕度是否大于或者小于测试门限值来判断故障是否能被检测到。

(10) 相频裕度

对于测试点信号的频率特性曲线,计算出幅频裕度0点对应的相频裕度,然后将该相频裕度与测试门限值比较,根据相频裕度是否大于或者小于测试门限值来判断故障是否能被检测到。

(11) 中心频率

对于测试点信号的幅频特性曲线,计算出指定分贝下降范围的中心频率,然后将该中心频率与测试门限值比较,根据中心频率是否大于或者小于测试门限值来判断故障是否能被检测到。

(12) 带　宽

对于测试点信号的幅频特性曲线,计算出指定分贝下降范围的带宽,然后将该带宽与测试门限值比较,根据带宽是否大于或者小于测试门限值来判断故障是否能被检测到。

(13) 低通带宽

对于测试点信号的幅频特性曲线,计算出指定分贝下降范围的低通带宽,然后将该低通带宽与测试门限值比较,根据低通带宽是否大于或者小于测试门限值来判断故障是否能被检测到。

（14）高通带宽

对于测试点信号的幅频特性曲线,计算出指定分贝下降范围的高通带宽,然后将该高通带宽与测试门限值比较,根据高通带宽是否大于或者小于测试门限值来判断故障是否能被检测到。

（15）周　期

对测试点的时域信号,计算信号两次上升或者下降到幅度中值时对应的时间之差,然后将该周期与测试门限值比较,根据周期是否大于或者小于测试门限值来判断故障是否能被检测到。

（16）上升时间

对测试点的时域信号,计算信号从 10% 位置上升到 90% 位置时对应的时间跨度,然后将该上升时间与测试门限值比较,根据上升时间是否大于或者小于测试门限值来判断故障是否能被检测到。

（17）下降时间

对测试点的时域信号,计算信号从 90% 位置下降到 10% 位置时对应的时间跨度,然后将该下降时间与测试门限值比较,根据下降时间是否大于或者小于测试门限值来判断故障是否能被检测到。

2.2.6.5　工具示例

这里介绍一种作者自己开发的故障注入与检测仿真分析辅助工具,该工具是在 PSPICE 仿真软件基础上二次开发实现的软件,除了可以对 BIT 检测能力进行仿真分析外,还可以对故障影响进行辅助分析。

（1）软件总体功能

软件的主要功能如图 2-29 所示,包括对象建模、故障模式管理、故障仿真模型设置、故障仿真、查看 BIT 与测试点仿真结果和故障影响分析辅助等功能。

（2）软件使用关键环节展示

该软件需要与 PSPICE 仿真软件一起使用,首先需要利用 PSPICE 软件建立电路的正常仿真模型,如图 2-30 所示,并标识出需要查看的测试点位置,如图中的 out1 和 out2。

该软件支持用户设置需要的仿真分析的元器件故障模式,设置界面如图 2-31 所示。在本例中,仿真时间设定为 0.001 ms,注入的故障模式包括 RS2 开路和 RS2 短路,输出测试点有 2 个,分别是 V(OUT1)和 V(OUT2)。

在仿真完毕后,可以查看到仿真的输出数据,如图 2-32 所示。

同时,可以使用软件记录故障后测试点信号的变化情况,如图 2-33 所示。

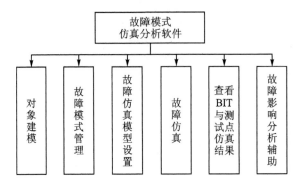

图 2 - 29　故障模式仿真分析软件的功能

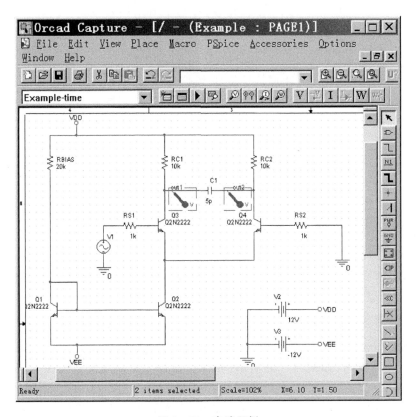

图 2 - 30　电路示例

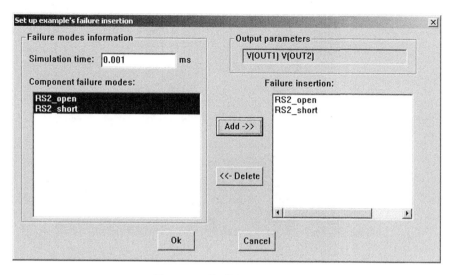

图 2 - 31　故障注入操作界面

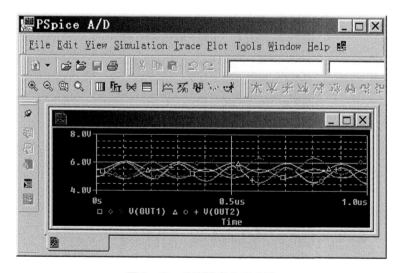

图 2 - 32　仿真输出信号查看

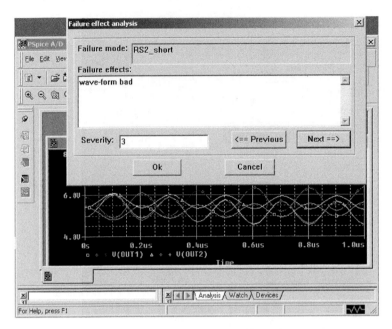

图 2 - 33　记录故障后的测试点信号变化

2.3　虚警仿真

2.3.1　虚警仿真的用途与原理

虚警是 BIT 或其他检测电路给出的假的故障指示,可以按照错误隔离和错误检测分为Ⅰ类虚警和Ⅱ类虚警。虚警会对系统的可靠性、维修性和保障性产生消极影响,从而影响系统的使用效能。

虚警仿真是采用计算机仿真手段,对 BIT 及虚警因素进行仿真,判断是否发生虚警,并对虚警进行定性分析与定量度量的一种虚警分析方法。

虚警仿真的用途包括:

① 定性分析虚警的表现:在设计阶段进行 BIT 虚警仿真分析,可以根据已有经验,设置多项模拟环境应力与任务活动,模拟实际工作条件,通过仿真检验被测单元的功能实现情况与 BIT 的检测结果,对于虚警出现的基本条件加以预测,发现存在的虚警机理,以及虚警抑制能力上的缺陷;

② 定量度量虚警:根据 BIT 虚警仿真数据,可以对 BIT 指示情况、虚警出现的次数等进行统计,实现对虚警的定量度量。

BIT 虚警仿真的基本原理如图 2-34 所示。

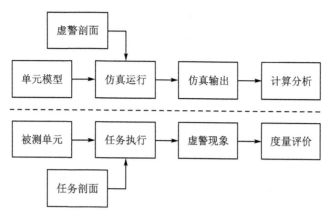

图 2-34　虚警仿真基本原理

考虑到 BIT 虚警是被测单元在特定的任务剖面环境下,由于在受到外部应力和内部状态的作用而出现的一种情况,因此 BIT 虚警仿真是利用被测单元仿真模型,配合虚警剖面,通过仿真活动来得到输出结果,利用度量模型进行计算分析,达到虚警现象的发现与评价。虚警仿真技术是源自对工程实际中的 BIT 虚警现象的映射。虚警仿真中的基本组成,包括被测单元模型、虚警剖面、仿真运行、仿真输出与计算分析等,在工程实践中均存在对应的组成部分。

2.3.2　虚警仿真要素的元组模型

2.3.2.1　虚警仿真的总模型

根据虚警仿真的基本原理建立的 BIT 虚警仿真元组总模型如下:

$$BFS = (M, O, A, E) \qquad (2-1)$$

式中: BFS——BIT 虚警仿真的要素;

　　M——虚警仿真,其中包含了仿真活动的实体要素,具体包含了被测单元模型与虚警剖面等两类对象;

　　O——虚警仿真输出,是 BIT 虚警仿真活动的结果,是进行度量分析的基础,主要内容包括诱发激励、被测信号输出、BIT 测试结果和上述输出信号的关联关系及表达形式;

　　A——虚警度量,是 BIT 虚警仿真进行数据分析的目标与方法,主要由度量参数与计算模型两部分构成;

　　E——虚警仿真环境,是进行仿真活动的实际平台。

公式(2-1)表达了 BIT 虚警仿真分析技术的基本组成结构。其中,虚警仿真、输出、虚警度量 3 类要素,在具体应用中其基本内容相对接近。而虚警仿真环境是作为仿真活动的平台,具体选用的仿真平台是 OrCAD PSPICE 软件。

2.3.2.2 虚警仿真的元组模型

虚警仿真的基本组成如下:

$$M = (M_U, M_S, C_{US}) \qquad (2-2)$$

式中:M——虚警仿真;

M_U——被测单元,是虚警仿真中实现规定功能并利用 BIT 进行测试的模型,可分为被测模块与 BIT 两部分;

M_S——虚警仿真剖面,是对虚警仿真活动中所有虚警诱发因素作用情况的描述,具体表现为多个单因素剖面的集合;

C_{US}——被测单元模型与虚警剖面的组合方法,描述了被测单元模型与虚警剖面的组合关系。

上述各个组成要素的详细模型说明如下。

(1)被测单元的元组模型

根据被测单元模型的组成情况,划分包含内容如下:

$$M_U = (M_{UU}, M_{UB}) \qquad (2-3)$$

式中:M_U——被测单元;

M_{UU}——被测模块,是被测单元模型中具体执行规定功能并被 BIT 监测的部分,通常占据被测单元的大部分;

M_{UB}——BIT 模块,是被测单元模型中对被测模块的指定输出信号进行监测和实现故障指示的部分。

(2)虚警仿真剖面的元组模型

虚警仿真剖面是对 BIT 虚警仿真的整个过程中所有单因素虚警剖面的集合描述。其组成情况如下:

$$M_S = (S_1, S_2, \cdots, S_n) \qquad (2-4)$$

式中:M_S——虚警剖面;

$S_i(i=1,2,\cdots,n)$——各单因素虚警剖面,即对单一类别虚警诱发因素作用情况的时序描述。

(3)单因素虚警剖面的元组模型

单因素虚警剖面是对某一类虚警诱发因素下的干扰的时序描述,具体包括干扰集合与对应特征时间点集合两部分,模型定义如下:

$$S = (H, C_{HT}) \qquad (2-5)$$

式中:S——单因素虚警剖面;

H——同类虚警诱发因素的干扰集合,即 $H = (h_1, h_2, \cdots, h_n)$,其中 h_i 代表

单一干扰；

C_{HT}——干扰的时序描述，即干扰在剖面内与特征时间点的联系。

（4）干扰的元组模型

干扰是剖面内虚警诱发因素的具体表达方式，内部包含两方面信息，即诱发因素类别和干扰描述，其模型定义如下：

$$h = (k, d) \tag{2-6}$$

式中：h——单独的干扰；

k——干扰所代表的虚警诱发因素类别，即干扰的类别信息；

d——干扰内容的详细描述，主要包括干扰的量化参数。

2.3.2.3　虚警仿真输出的元组模型

虚警仿真输出是仿真活动的直接结果，根据数据收集与对比的需求，需要收集诱发激励、被测信号输出和指示结果 3 类数据，模型定义如下：

$$O = (O_H, O_U, O_B, C_{HUB}) \tag{2-7}$$

式中：O——虚警仿真输出。

O_H——干扰诱发激励。干扰诱发激励是特定时刻干扰的信号集中表达，是将干扰合并等效为输入被测单元的信号。

O_U——被测信号。被测信号是被测模块输出供 BIT 进行检测并指示整个被测单元状态的信号依据，是 BIT 虚警现象的判断基础。

O_B——BIT 指示结果。BIT 指示结果是 BIT 根据被测单元的指定信号进行判断后做出的故障指示，是 BIT 虚警的判断依据，其内容包括测试门限值和故障指示两部分。

C_{HUB}——各信号的关联表达方式。上述 3 类信号在虚警仿真中存在着一定的关联关系，根据不同的仿真目的与类型，上述信号的关联与表达方式也存在一定的差异。

2.3.2.4　虚警度量的元组模型

虚警仿真度量是对整个虚警仿真结果进行分析评价的部分，主要内容包括度量参数和计算模型两部分，模型定义如下：

$$A = (A_P, A_F) \tag{2-8}$$

式中：A——虚警度量。

A_P——度量参数。度量参数是评价 BIT 虚警现象的标准描述。目前工程实际应用中主要包括两种，分别是虚警率和平均虚警间隔时间。

A_F——虚警度量的计算模型。计算模型是根据相应的度量参数给出的，具体也分为虚警率和平均虚警间隔时间两类。

2.3.2.5　BIT 虚警仿真的元组模型关系

根据前面对 BIT 虚警仿真组成要素的元组模型定义,可以建立起整个 BIT 虚警仿真的要素层次关系,如图 2-35 所示。

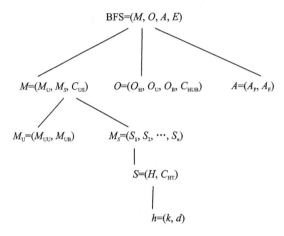

图 2-35　BIT 虚警仿真要素的层次关系

2.3.2.6　基于元组模型的 BIT 虚警仿真过程

综合前面仿真组成要素的阐述,可以得到 BIT 虚警仿真的综合过程如图 2-36 所示。

2.3.3　虚警仿真剖面设计

2.3.3.1　虚警仿真剖面的构建方式

虚警仿真剖面是虚警仿真的重要组成,是对被测单元任务剖面的映射。其中的虚警诱发事件同样是任务剖面中被测对象所要经历的全部重要事件和状态的映射。根据前面元组模型的阐述,可将构建虚警仿真剖面的整个过程划分为 3 个步骤,如图 2-37 所示。

(1)提取干扰

被测对象在任务剖面中经历的各类事件、状态以及环境应力,在虚警仿真中归类为不同的干扰。因此,需要将任务剖面中经历的事件和环境应力变化,转换为一个个独立的并行或者串行的干扰。

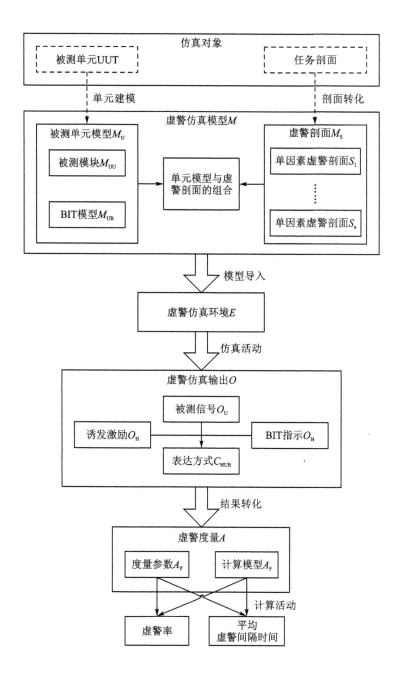

图 2 - 36　BIT 虚警仿真的综合过程

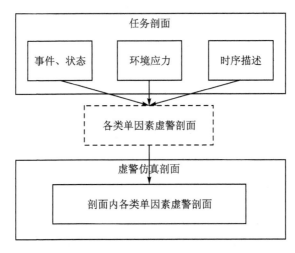

图 2-37　虚警仿真剖面的构建

（2）构建单因素虚警剖面

将干扰按虚警诱发因素进行分类，并将同一类的虚警诱发事件合并为单因素虚警剖面。

（3）构建虚警仿真剖面

将构建的单因素虚警剖面，采用相同的时间轴进行合并，得到综合的虚警仿真剖面。

2.3.3.2　虚警诱发因素分类

BIT 虚警诱发因素是在产品使用周期内，可能导致 BIT 出现虚警现象的各种外部环境应力，以及系统运行时发生的各类非故障事件。这些因素可以大体上分为两类：一是外部的温度、湿度、气压等环境应力；二是系统在工作过程中的一些特定事件，如负载切换、功能模式转换、雷达开机等。这些因素会导致系统内部的设计参数发生改变，出现瞬态及间歇故障、门限漂移等现象，从而导致 BIT 出现虚警。

典型的虚警诱发因素有如下 3 类。

（1）温度因素

温度因素是机载电子设备失效的主要原因，工作环境温度变化会在一定范围内改变设备内部所有电子元器件的性能参数，这些小的性能参数变化的累积，会导致设备性能参数出现较大变化。当这种变化出现在被测电路和 BIT 电路时，被测信号以及检测门限都会出现漂移或瞬态变化，使被测信号超出检测门限导致 BIT 虚警。

（2）内部动作瞬态因素

在电子设备工作中，各级系统、子系统、设备及单机中都会经常出现功能转换、状态变化、电路切换等各类动作。在这些动作进行的过程中,由于各类电子元器件的各种特点,往往会出现各种瞬态,如电源波动,操作指令、电噪声、发射机的干扰等。这些瞬态信号伴随着正常信号通道或潜在通路传入系统,引起系统的特性变化,导致被测信号受到影响,不能完全体现正常系统的信息,而 BIT 检测到这些瞬态现象引发的变化,误认为是系统故障而进行了指示,则导致虚警。

（3）外部电磁信号干扰

作为相互联系的一个整体,电子系统的功能会逐级体现于其各个组成部分,并互相影响。除了被测单元内部的动作瞬态直接作用于被测信号以外,与被测单元相关的其他组成单元的动作也有可能出现瞬态现象,并通过正常信号通路或潜在通路传入被测单元,引起被测信号的异常变化,形成 BIT 虚警。

2.3.3.3　虚警诱发因素的仿真方式

（1）温度因素

EDA 软件利用其电子元器件模型中的温度系数,能够将真实环境的温度变化转而体现为元器件的性能参数漂移,并体现在仿真结果中。

利用 EDA 软件进行温度虚警的仿真分析,应注意以下问题:EDA 软件只能在确定温度值下进行电路仿真,无法描述温度变化过程,因此温度仿真应侧重于分析电路在工作环境的极限温度下的信号漂移;应设置合理的温度系数,使仿真能够真实体现温度对电路的影响;确保设置的环境温度不会超出选用的电路器件的允许范围,避免仿真结果无效。

（2）动作瞬态因素

EDA 软件的瞬态分析功能可以准确地计算出电路在各个时间点上的瞬时状态,进而得到指定时间段内电路的性能变化。特别是对于系统工作中各类动作,如负载扰动、电压的波动等,其瞬时的影响均能够准确地反映出来。此项功能满足了动作瞬态分析的需要。

由于现有计算机运算速度有限以及瞬态分析数据量较为庞大,进行瞬态因素仿真应对系统的各个动作进行合理取舍,在适当缩短的时间段内体现出系统常规运行中的各个瞬态过程,得到精简仿真模型,提高仿真速度与运算结果的精确度。重点对比各个瞬态动作与 BIT 的指示,得到瞬态现象与虚警之间的关系。

（3）外部电磁信号干扰

实际系统中的电磁信号作用位置遍布于电路板,EDA 软件无法直接实现这种复杂的仿真,但通过将作用于各处的干扰信号进行换算集中,转化为某种已知干扰信号源加入到电路中,可近似实现干扰信号对电路的影响。即设置指定的信号源模拟干扰信号进行仿真。由于受到干扰建模及换算精度的影响,间接仿真准确性有限,可作设计分析的参考。

2.3.3.4　虚警诱发因素的量化与模型

在 EDA 仿真中,除了温度因素可通过软件直接设置实现仿真外,其余的动作瞬态、电磁信号干扰等因素,都需要建立具体的 EDA 仿真模型。为了便于统一管理,这里将需要建立模型的虚警诱发因素量化定义为干扰,并分类为负载扰动和激励干扰两大类。负载扰动用于对负载变化的仿真,激励干扰用于对电源扰动和电磁干扰的仿真。

负载扰动可以选择如下模拟方式:

● 阻性负载;

● 感性负载;

● 容性负载;

● 阻性、感性和容性的串、并联组合负载。

激励干扰可以选择如下模拟方式:

● 正弦波信号;

● 方波信号;

● 三角波信号;

● 电压源;

● 电流源;

● 各类信号的组合。

在确定了干扰的模拟方式之后,还需要量化确定出与扰动程度相关的干扰参数。干扰参数的内容与干扰的模拟方式直接相关,如采用阻性负载作为干扰,模拟负载扰动,应根据负载情况确定出阻性负载的电阻值,该电阻值即是干扰参数。

干扰的模拟方式以及所需的参数如表 2 - 6 所列。

表 2 - 6　干扰的模拟方式和量化参数

干扰类别	模拟方式	量值参数	附加参数
负载干扰	阻性负载	电阻值	—
	感性负载	电感值	—
	容性负载	电容值	—
激励干扰	正弦波信号	峰峰值	频率、偏置电压
	方波信号	幅度	频率
	三角波信号	幅值	上升时间、下降时间
	交、直流电压信号	电压值	—
	交、直流电流信号	电流值	—

图形化的干扰子电路通用模型如图 2 - 38 所示,规定干扰子电路模型在内部都应该具有接地设置,对外都应该只有单一的接口点,在接地和接口点之间完成模拟

方式及干扰参数的子电路细节。

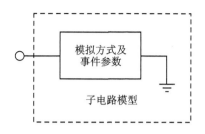

图 2 - 38　干扰的通用子电路模型

典型的干扰子电路模型示例如图 2 - 39 所示。

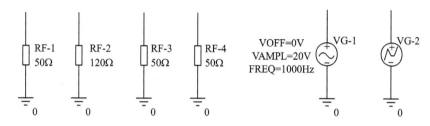

图 2 - 39　干扰子电路模型示例

2.3.4　干扰的仿真注入

干扰的仿真注入就在规定的仿真时间片上，将特定的干扰子电路增加到原电路中的指定位置。

根据 2.3.3.4 节中对干扰子电路的设计，对其仿真注入的位置控制只需要电路的一个节点位置即可，然后通过接口电路将干扰子电路连接到电路模型中，并通过接口电路实现特定时刻的注入和撤销。

为此，接口电路采用两个时控开关的串联电路实现，如图 2 - 40 所示，该电路的一端与被测电路中的连接点相连，另一端与干扰子电路的接口点相连。

在接口子电路中，K1 的默认状态为断开，K2 的默认状态为闭合。

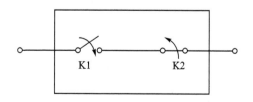

图 2 - 40　接口子电路

在干扰的开始时间点，K1 闭合，干扰子电路自动连接到被测电路中。在干扰的结束时间点，K2 断开，干扰子电路从被测电路中自动断开。

虚警仿真剖面中的所有干扰事件都需要在仿真之前接入被测电路中。如图 2 - 41 所示，干扰事件接入被测电路的方式有两种，第一种方式是在被测电路原理图中增加干扰事件子电路和接口子电路,第二种方式是在被测电路的 net 文件中,添加干扰事件子电路和接口子电路的 net 数据。这两种方式的仿真结果完全相同。

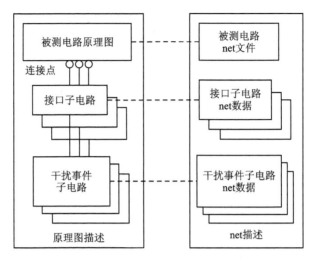

图 2-41 干扰事件的两种接入方式

2.3.5 虚警仿真的操作流程

在 PSPICE 环境下进行 BIT 虚警仿真的详细操作流程如图 2-42 所示。具体步骤及内容详细解释如下:

① 分析待仿真的目标电路系统,明确必要的结构、功能及测试信息;

② 根据目标电路信息,利用 PSPICE 配套软件工具进行被测单元电路建模;

③ 完成在常规条件下的电路功能仿真,验证电路模型的正确性;

④ 根据目标电路的实际工作情况,收集任务剖面中的温度应力条件以及任务执行中的电路动作;

⑤ 根据虚警仿真的目标与需求,完成典型 BIT 虚警因素的简化与建模,并构建虚警剖面;

⑥ 结合 PSPICE 功能条件,将虚警剖面转化为仿真的控制命令和电路模型动作的相应调整;

⑦ 执行仿真;

⑧ 基于仿真结果及其合理性的判断,分别对虚警剖面的仿真设置及电路模型的动作进行调整,直至获得所需的结果;

⑨ 导出仿真结果数据,并按照指定的度量计算模型加以处理,得到虚警仿真的数据结果;

⑩ 根据仿真分析的度量结果,对 BIT 的虚警问题进行评价。

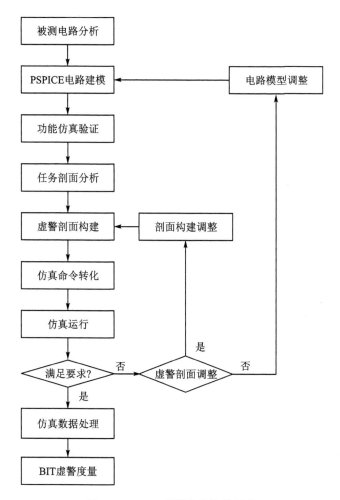

图 2 - 42　BIT 虚警仿真操作流程

2.3.6　虚警仿真辅助工具设计

虚警仿真涉及的因素较多,尤其是干扰事件接入电路仿真原理图的手工操作更为复杂,因此需要开发辅助软件实现自动化的操作。

2.3.6.1　干扰事件自动接入设计

采用 net 数据方式可以方便实现干扰事件的自动化接入。自动化接入算法的流程如图 2 - 43 所示,具体说明如下。

首先,根据虚警仿真剖面,确定干扰事件集合。然后从中选择一干扰事件,分别建立干扰事件子电路 net 数据、接口子电路 net 数据、连接点 net 数据。将上述 net

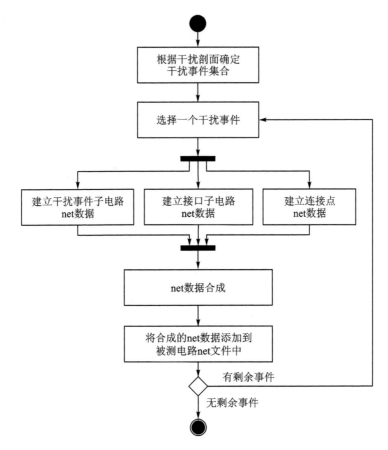

图 2 - 43　干扰事件自动化接入算法流程

数据合成,并将合成的 net 数据添加到被测电路 net 文件中。

重复最后两个步骤,直到所有干扰事件都处理完毕。

2.3.6.2　辅助工具的功能设计

这里介绍一种作者自己开发的虚警仿真辅助工具,该工具是在 PSPICE 仿真软件基础上二次开发实现的软件。

辅助工具软件的功能组成如图 2 - 44 所示,说明如下。

(1) 仿真软件控制

虚警仿真的核心是电路建模与仿真,其具体操作在指定的 OrCAD 工作环境下完成。虚警仿真软件可以实现对 OrCAD 软件的控制,包括对电路建模与虚警仿真两个过程的控制。

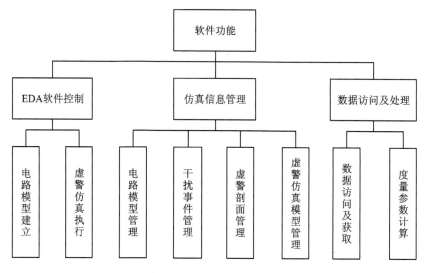

图 2-44　软件功能框架

（2）仿真信息管理

辅助工具的信息管理功能主要面向以下几个方面：被测单元电路模型信息、干扰事件信息、虚警剖面信息和虚警仿真模型信息等。

（3）数据访问与处理

通过对 PSPICE 生成的文件进行访问，获取仿真输出数据，并进行计算，获得所需的虚警度量参数。

2.3.6.3　辅助工具的主要功能展示

（1）干扰事件的编辑功能

辅助工具支持进行干扰事件（虚警诱发事件）的子模型建立和参数编辑功能，如图 2-45 所示。

（2）虚警仿真剖面的编辑功能

辅助工具支持进行虚警仿真剖面的建立和参数编辑功能，如图 2-46 所示。

（3）干扰事件的接入位置编辑功能

辅助工具支持进行干扰事件的接入位置建立和编辑功能，如图 2-47 所示。

（4）虚警数据的统计功能

辅助工具支持自动进行虚警数据的统计和计算，如图 2-48 所示。

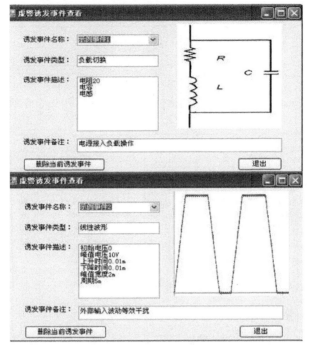

图 2-45 诱发事件查看界面

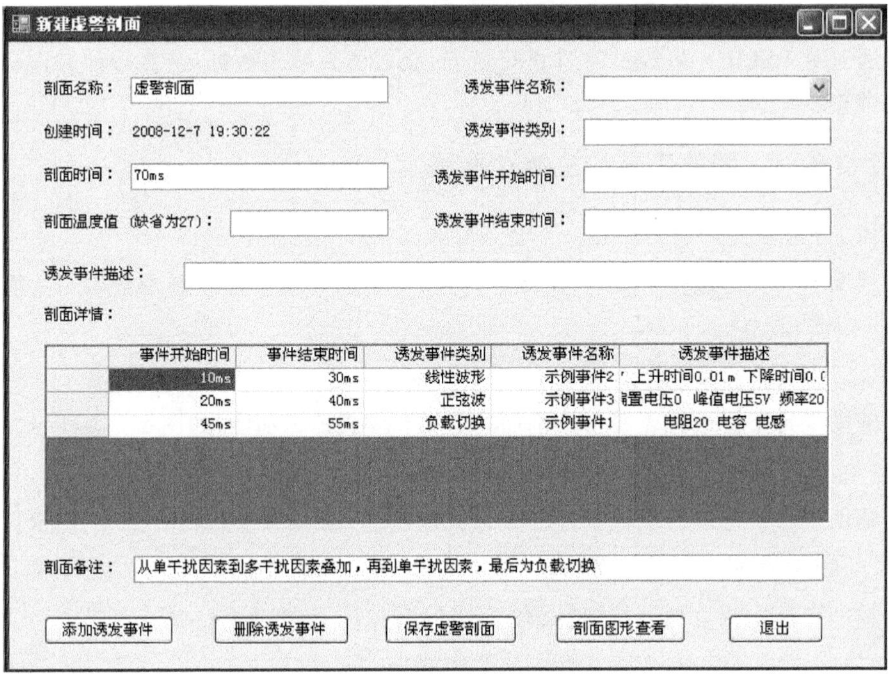

图 2-46 虚警剖面构建界面

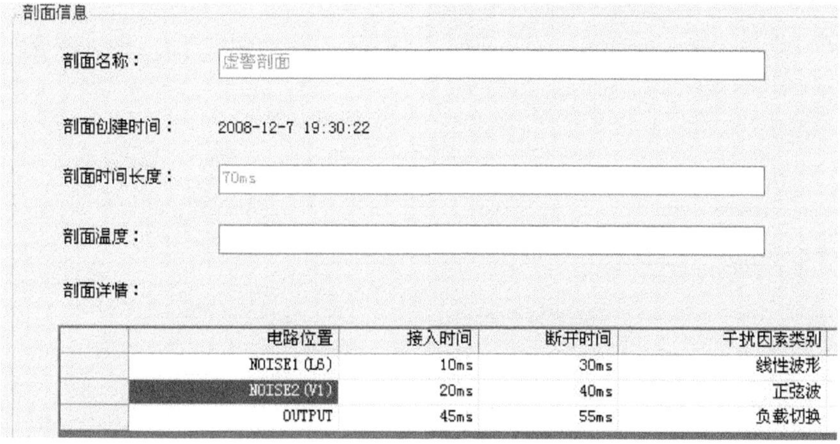

图 2 - 47　干扰事件的接入位置

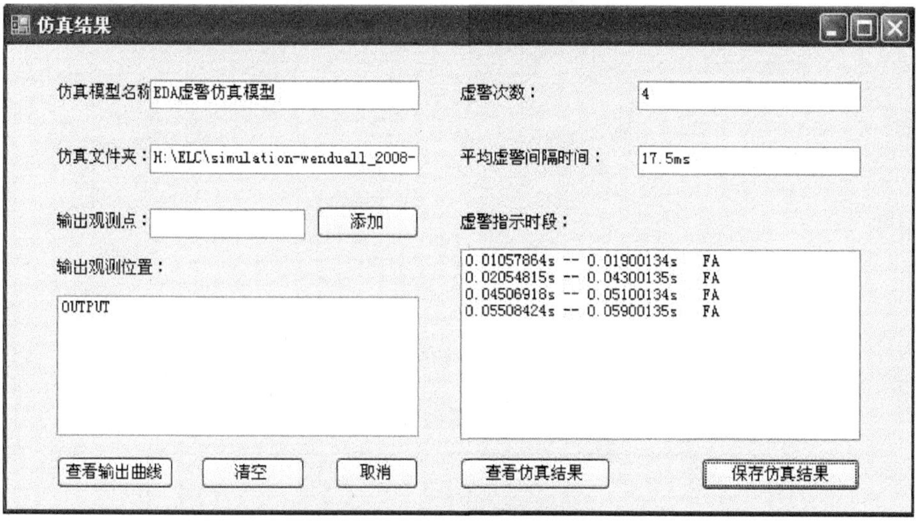

图 2 - 48　仿真结果统计

2.3.7　电路案例应用示例

　　某被测电路及 BIT 电路如图 2 - 49 所示,其中 BIT 是采用的门限比较式检测原理,对被测电路的输出"OUTPUT"端的电压进行检测,如果电压超出上下门限,BIT 给出故障报警。

　　在完成了电路模型的创建后,开始进行虚警剖面的构建,该剖面包含的干扰事件如表 2 - 7 所列。

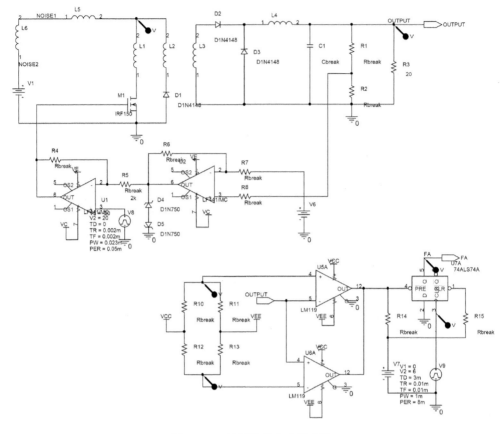

图 2-49 被测单元电路原理图

表 2-7 设置的虚警剖面

设置时间/ms	相应的事件
3	输出近似稳定,启动测试周期信号
10	干扰源示例事件 2 发生
20	干扰源示例事件 3 发生
30	干扰源示例事件 2 结束
40	干扰源示例事件 3 结束
45	负载切换示例事件 1 发生
55	负载切换示例事件 1 结束
70	剖面结束

仿真得到的诱发事件激励信号如图 2-50 所示,相应的 BIT 监测信号、比较门限与 BIT 输出信号如图 2-51 所示。

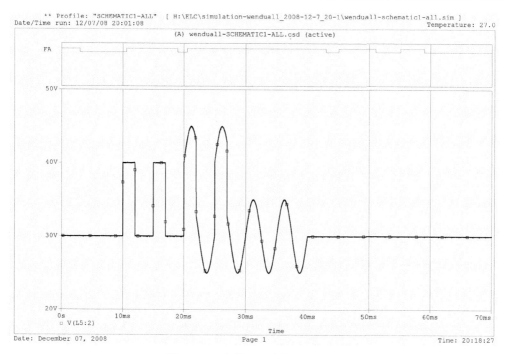

图 2-50　虚警剖面内的诱发激励

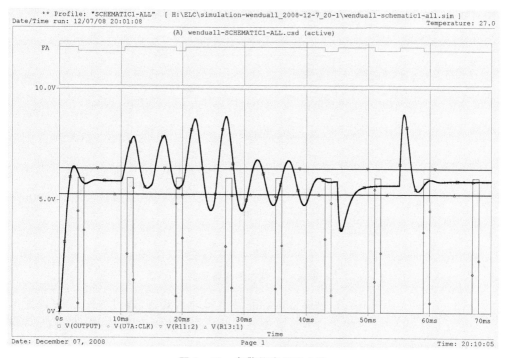

图 2-51　虚警仿真结果曲线

第3章　状态图建模仿真核查方法

3.1　状态图建模仿真核查原理

3.1.1　状态图建模仿真基本概念

　　状态图是利用有限状态机理论、流程图和状态转换符来描述一个复杂系统的行为。它以独特的方式将有限状态机理论、状态图和流程图符号等结合起来，能够快速将事件驱动系统利用图形的方式表达出来，全称为状态流图，简称为状态图。

　　目前，状态图建模的支持工具是 MATLAB Simulink 工具包中的 Stateflow 工具。利用该工具建立的简单状态图模型示例如图 3 - 1 所示。

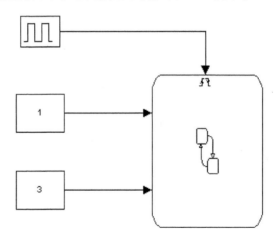

图 3 - 1　状态图模型示例

　　Stateflow 工具与 MATLAB Simulink 结合得非常紧密，通过 Simulink 以图形方式建立系统的框图，并能进行连续系统和离散动态系统的仿真，通过 MATLAB 提供了数据访问接口，可实现高级编程。

　　此外，在状态图模型中可以使用流程图来描述软件代码的程序结构，如 for 循环和 if-then-else 语句等,使其能够支持对软硬件综合对象进行建模仿真。

3.1.2　状态图模型的组成要素

状态图模型的基本结构实体组成如表 3-1 所列,包括图形对象和非图形对象两类。图形对象包括状态、转移、默认转移、历史节点、连接节点、真值表、图形函数、内嵌 MATLAB 函数、图形盒、信号线、子系统模块和输入/输出端口等;非图形对象主要包括事件、数据对象和状态图的更新模式等。

表 3-1　状态图的基本结构实体组成

状态图模型的 基本结构实体	图形对象	状态
		转移
		默认转移
		历史节点
		连接节点
		真值表
		图形函数
		信号线
		子系统模块
		输入/输出端口
		内嵌 MATLAB 函数
		图形盒
	非图形对象	事件
		数据对象
		状态图的更新模式

下面简单介绍一下状态图的各项组成要素。

（1）状态（State）

状态是状态图模型中最重要的元素之一,状态描述的是系统的一种模式。状态具有布尔行为,在任何给定的时刻,状态要么是活动的要么是非活动的,不可能出现第 3 种情况。状态本身能保持系统的当前模式,一旦被激活,系统就保持活动的模式,直到系统改变其模式,状态才变成非活动的。

状态的标签一般可以由 3 部分组成:状态名称、注释和相应的状态动作,而状态动作的关键字主要有 3 种,分别为:

- entry：当状态被激活时执行的相应动作;
- exit：当状态退出活动时执行的相应动作;

● during：当状态保持其活动状态时执行相应的动作。

（2）转移（Transition）

转移描述的是有限状态系统内的逻辑流，转移描述了当系统从当前状态改变时，这个系统可能发生的模式改变。当转移发生时，源状态变为非活动状态，目标状态变为活动状态。

一个完整的转移标签如图 3-2 所示，由 4 个部分组成，分别为事件、条件、条件动作和转移动作。

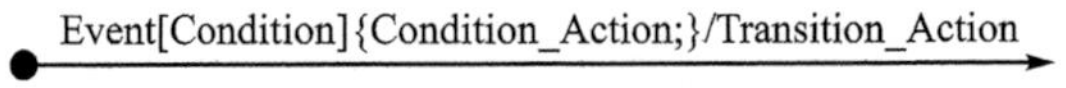

Event[Condition]{Condition_Action;}/Transition_Action

图 3-2 完整的转移标签示意图

这 4 个组成部分的说明如下：

● Event：是状态转移的驱动事件，只有当事件发生时，才可能去执行相应的转移。

● [Condition]：内容为条件，条件用于转移决策的逻辑判断，只有当相应的事件发生，且条件也满足时，才执行相应的动作。

● {Condition_Action;}：内容为条件动作，即当条件满足时就立即执行的某些表达式。

● /Transition_Action：内容为转移动作。转移动作是指只有当转移通道都有效时才执行的动作。

（3）默认转移（Default Transition）

默认转移是一种特殊的转移，它主要用于确定父层次处于活动状态时，在其所有的子状态中指向第一个被激活的状态。

（4）历史节点（History Junction）

历史节点是状态图的一种特殊的图形对象，它只能用于具有层次的状态内部，如果层次化框图中父层次具有历史节点，则历史节点就能够保存父层次状态退出活动状态时子状态的活动情况，当父层次再次被激活时，历史节点就能代替默认转移，恢复历史节点记录的子状态。

（5）连接节点（Connective Junction）

连接节点是作为转移通路的判决点或汇合点，需要强调的是连接节点不是记忆元件，因此状态图中任何转移的执行都不能停留在节点上，转移必须到达某个状态时才能停止。

（6）真值表（True Table）

真值表是对公式中的每一个变量，指定其真值的各种可能组合，然后把这些真值情况汇成表就构成了真值表。使用真值表可以穷举各种逻辑可能，简化逻辑系统设计。

(7) 图形函数(Graphical Function)

用图形函数方法创建的函数,这种函数可以在状态图的动作语言中调用,完成复杂算法的开发。

(8) 信号线(Signal Line)

Simulink 系统中用来表示系统信号传递关系的模块连接线。

(9) 子系统模块(Sub System)

在 Simulink 中,子系统模块就是一个容器,用来封装系统的不同层次结构单元,等效于原系统群的功能模块。

(10) 输入/输出端口(Input/Output Port)

表示子系统的输入/输出关系的端口。

(11) 内嵌 MATLAB 函数(Embedded MATLAB Function)

内嵌 MATLAB 函数就是指在状态图模型中调用 MATLAB 语言算法的模块。

(12) 图形盒(Box)

一种特殊的图形对象,它不参与状态图模型的实际运行,但是图形盒能够影响并行状态的执行次序,在某些情况下可以将图形盒作为框体的组织形式。

(13) 事件(Event)

事件是驱动状态图运行的关键环节,状态图从非活动状态向活动状态的转移,以及不同状态之间的切换,都要由事件来触发,即在事件的驱动之下,状态图才能仿真运行。

(14) 数据对象(Data)

数据对象是用来管理和维护状态图框图内部的数据信息的,数据对象主要分为输入数据、输出数据、本地数据、参数和常量等。

(15) 状态图的更新模式(Update Mode)

在没有定义任何输入事件的系统中,状态图维持运行的驱动。

3.1.3　测试性设计核查原理

测试性设计核查是将被测电路和 BIT 电路(或者 BIT 软件)建立在一个状态图模型中,并在模型中引入电路故障和干扰,以检验 BIT 的故障监测隔离效果和虚警抑制能力。

在状态图基础上进行故障检测隔离仿真的原理如图 3-3 所示,在没有考虑到故障时,状态图模型中只包含各功能电路的正常工作交联关系模型。利用状态图的特点,引入功能电路的各故障模式,将功能电路正常工作情况和各故障模式都作为功能电路的不同状态,从而在正常工作模型基础上,实现故障状态的建模仿真,检验BIT 的故障检测与故障隔离能力。

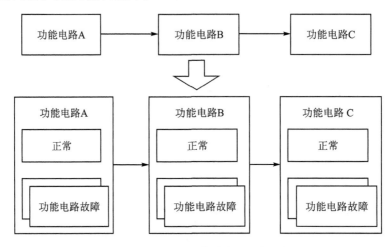

图 3 - 3　基于状态图的故障检测隔离仿真原理

　　在状态图基础上进行虚警仿真的原理如图 3 - 4 所示,在状态图模型基础上进行虚警诱发因素建模仿真时,同样需要将虚警诱发因素的影响量化为干扰,在产品正常的状态图模型中,增加干扰的状态图,实现干扰的状态图仿真,检验 BIT 是否会发生虚警。

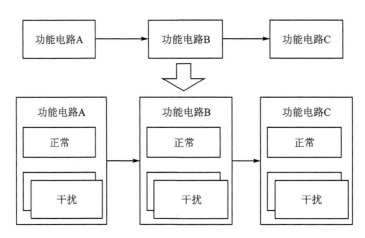

图 3 - 4　基于状态图的虚警仿真原理

3.2　状态图建模仿真核查的元组模型

3.2.1　状态图仿真的元组模型

结合状态图仿真的内涵和特点,建立的状态图环境下 BIT 仿真元组模型的总体示意图如图 3-5 所示。

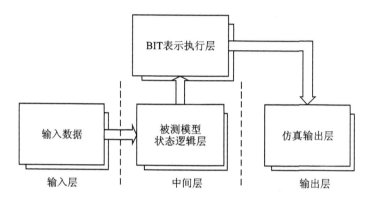

图 3-5　基于状态图的 BIT 仿真元组模型总体示意图

BIT 状态图仿真的元组模型,从功能上来说分为 3 层,分别为输入层、中间层和输出层。其中,输入层为数据和指令的输入,中间层为 BIT 表示执行层和被测模型状态逻辑层,输出层为仿真输出层。因此基于状态图的 BIT 建模仿真,就是分别完成上述 3 个层次的仿真元组模型。

根据上面描述,建立的状态图仿真元组模型如下:

$$BSS = (E,M,B,R_{us},O,A,P) \qquad (3-1)$$

式中:BSS——状态图仿真元组模型。

E——为了验证 BIT 工作性能而输入的故障数据、干扰数据、BIT 配置数据等输入数据的集合。

M——被测模型状态逻辑层,其中包含了仿真活动的实体要素,具体包含了被测单元模型的各工作状态,以及系统任务的工作流程等。

B——BIT 表示执行层。是指 BIT 的状态图表示和 BIT 活动的执行过程,其主要内容包括系统全工作周期所有的状态监测过程和故障处理过程。

R_{us}——被测模型状态逻辑层和 BIT 表示执行层的组合方法。描述了被测模型状态逻辑层和 BIT 表示执行层的组合关系。

O——BIT 的仿真输出。输出是 BIT 仿真活动的结果,是进行度量分析的基础。其主要内容包括各种工作模式下 BIT 工作状态监测参量值、故障检测和隔离的显示信息等。

A——BIT 仿真的度量。度量是 BIT 仿真进行数据分析的目标和方法,主要由模型度量参数和计算模型两部分构成。

P——BIT 仿真环境。BIT 仿真环境是进行仿真活动的实际平台,这里为MATLAB 产品体系下的状态图(Stateflow)工具。

3.2.2 输入数据的元组模型

输入数据是指在 BIT 工作全过程中,所有输入的故障事件和干扰事件数据的集合。一般来说,BIT 仿真的输入数据主要包括:故障与干扰模式的参数、故障与干扰的注入时间、干扰结束时间、干扰量值、参考门限值和防虚警措施参数等。

根据以上关于 BIT 系统数据和指令的定义,建立数据和指令集合的元组模型如下:

$$E = \{(F_i, I_j, B_k) \mid i, j, k = 1, 2, \cdots, n\} \qquad (3-2)$$

式中:E——BIT 状态图仿真的输入数据集合。

F_i——BIT 状态图仿真的各输入故障数据模型,其中 $F_i = (F_{iT}, F_{iM})$,F_{iT} 为故障输入的时间,F_{iM} 为输入的故障模式。

I_j——BIT 状态图仿真的各输入干扰数据模型。$I_j = (I_{jV}, I_{jT}, I_{jM})$,其中,$I_{jV}$ 为干扰注入的量值;I_{jT} 为干扰注入的时间,$I_{jT} = (I_{jTs}, I_{jTf})$,$I_{jTs}$ 为干扰注入开始时间,I_{jTf} 为干扰注入结束时间;I_{jM} 为注入的干扰模式。

B_k——BIT 状态图仿真的各个 BIT 配置输入数据模型。

3.2.3 被测模型状态逻辑层的元组模型

被测模型的状态逻辑层,主要是指 BIT 工作过程中,各个对象所包含的状态集合及其转移逻辑集合。其中主要包括被测模型的结构组成、被测模型的位置关系、被测模型的工作流程、被测模型的数据组成,以及它们之间的相关性关系。

根据上述分析,被测模型状态逻辑层的元组模型如下:

$$M = (M_S, M_W, M_F, M_D, M_{UR}) \qquad (3-3)$$

式中:M——被测模型状态逻辑层。

M_S——被测模型的结构组成。其中 $M_S \subseteq (D, U)$,D 为被测模型的结构层次划分,主要可以分为系统、分系统、LRU、SRU、组件等层次级别;$U = \{U_i \mid i = 1, 2, \cdots, n\}$ 为各种层次的组件组成的被测单元的集合,而 $U_i \subseteq (U_{iN}, U_{iF})$,其

中 U_{iN} 为一个被测单元正常工作的状态,而 $U_{iF}=\{U_{iFi},U_{iIj}\mid(i,j=1,2,\cdots,n\}$,$U_{iFi}$ 为该被测组件各种故障模式的集合,U_{iIj} 为被测组件各种干扰模式的集合。

M_{W}——被测仿真模型各个组成单元的相对物理位置关系。

M_{F}——被测模型的功能组成,是指系统在规定指令操作过程中,所完成的规定任务的功能组成的集合。

M_{D}——被测模型的数据组成,是指系统中各个被测对象在不同的工作状态中时,输出的参量值的集合,同时还包括不同组件故障率、维修费用、维修时间等可靠性数据。

M_{UR}——被测模型中各个组成单元之间的相关性关系。根据系统的实际工作情况和功能原理,确定以上组成元素的组合关系。

利用状态方式描述的故障模式可以定义成如下的元组模型:

$$FM=(N\_FM,PT\_FM,V\_FM,S\_FM) \tag{3-4}$$

式中:N_FM——故障模式的名称或者标识;

PT_FM——受到故障模式影响的输出端口集合,$PT\_FM=\{PT_i\}$,PT_i 为具体的端口;

V_FM——故障发生后输出端口数值变化量集合,$V\_FM=\{V_i\}$,V_i 为 P_i 的变化结果或者变化模型;

S_FM——故障发生后,需要执行的其他行为或信息显示操作集合。

利用状态方式描述的干扰可以定义成如下的元组模型:

$$FA=(N\_FA,P\_FA,V\_FA,S\_FA) \tag{3-5}$$

式中:N_FA——干扰的名称或者标识;

P_FA——受到干扰影响的输出端口集合,$P\_FA=\{P_i\}$,P_i 表示具体的端口;

V_FA——干扰发生后输出端口数值变化量集合,$V\_FA=\{V_i\}$,V_i 为 P_i 的变化结果或者变化模型;

S_FA——干扰发生后,需要执行的其他行为或信息显示操作集合。

3.2.4　BIT 表示执行层状态图元组模型

BIT 表示执行层状态图元组模型定义如下:

$$B=(B_Q,B_M) \tag{3-6}$$

式中:B——BIT 表示执行层状态图元组模型;

B_Q——BIT 系统静态结构要素;

B_M——BIT 系统动态过程要素。

3.2.5　被测模型状态逻辑层和 BIT 表示执行层的组合关系

根据被测对象的实际情况,可以确定被测模型和 BIT 模型之间的关系,元组描述如下:

$$R_{US} = (P, V, T) \tag{3-7}$$

式中:R_{US}——被测模型和 BIT 模型的相关性关系;

　　　P——BIT 对应的被测对象位置;

　　　V——BIT 对应的被测对象测试量;

　　　T——与被测系统工作时序对应的 BIT 执行次序。

3.2.6　仿真输出层的元组模型

BIT 仿真输出是仿真活动的直接结果,根据数据收集与对比的需求,其元组模型定义如下:

$$O = (O_F, O_S, O_N, O_M, C_{HUB}) \tag{3-8}$$

式中:O——BIT 系统仿真输出;

　　　O_F——BIT 根据被测单元的指定信号进行判断后做出的故障指示;

　　　O_S——BIT 根据被测单元的指定信号进行判断后做出的状态监测指示;

　　　O_N——BIT 根据被测单元的指定信号进行判断后做出的正常指示;

　　　O_M——BIT 根据被测单元的指定信号进行综合判断后做出的维修指示;

　　　C_{HUB}——各信号的关联表达方式。

上述几类信号在 BIT 仿真中存在着一定的关联关系。

3.2.7　BIT 度量的元组模型

BIT 度量是对整个 BIT 仿真结果进行分析评价的部分,主要包括度量参数和计算模型两部分。其元组模型定义如下:

$$A = (A_P, A_F) \tag{3-9}$$

式中:A——BIT 度量;

　　　A_P——度量参数。度量参数是评价 BIT 工作的标准描述。目前工程实际应用中主要包括故障检测率、故障隔离率和虚警率。

　　　A_F——计算模型。计算模型是根据相应的度量参数给出的,具体也分为故障检测率、故障隔离率、虚警率。

3.3　状态图建模仿真核查要素与模型

3.3.1　状态图建模仿真核查要素

　　状态图建模仿真核查的要素主要是与 BIT 有关的要素,这些要素需要采用状态图构建要素来实现,二者的示意关系如图 3-6 所示。

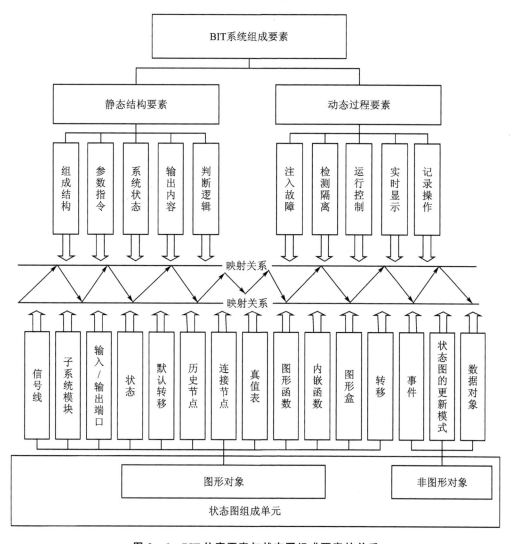

图 3-6　BIT 仿真要素与状态图组成要素的关系

BIT 状态图仿真需要归纳出 BIT 建模的各个组成要素,包括静态结构要素和动态过程要素。所有这些测试性建模仿真的要素,都需要利用状态图模型方法提供的图形类要素和非图形类要素组合实现。

3.3.2 静态结构要素与状态图实现

状态图建模仿真核查的静态结构要素组成如表 3-2 所列,具体说明如下。

表 3-2　静态结构要素组成

编　号	名　称	编　号	名　称
1	被测对象(UUT)	8	检测/隔离输出
2	BIT 物理位置	9	调用/控制指令
3	BIT 显示端口	10	故障状态
4	BIT 检测逻辑	11	正常状态
5	门限值/基准值	12	干扰状态
6	BIT 隔离逻辑	13	记录单元
7	防虚警逻辑		

(1) 被测对象(UUT)

被测对象(UUT)包括测试对象的组成单元、功能结构等方面的信息。组成单元就是指 UUT 各个层次组件的集合。功能结构就是指 UUT 的结构划分以及各个层次所实现的功能。其中结构划分可以分为系统/分系统级、外场可更换单元(LRU)、内场可更换单元(SRU)、组件以及故障模式等层次。

UUT

图 3-7　UUT 的状态图模型

在状态图环境下,UUT 可以采用子系统模块来表示,UUT 的细节信息都封装在子系统模块内部。典型的 UUT 状态图仿真表示形式如图 3-7 所示。

图中的框为一个 UUT 子系统模块,它里面可以封装相应的子模块,组合起来实现系统的功能,并通过输入/输出端口和信号线来实现系统的信号参数传递。

(2) BIT 物理位置

BIT 物理位置是指 BIT 系统相对于 UUT 的位置,主要是指 BIT 测试针对哪个组件,BIT 安装在哪个被测单元之上等信息。

BIT 通常都在特定的 UUT 内工作,因此在表示 BIT 物理位置时,可以直接将该 BIT 建模在 UUT 的子系统模块内。

（3）BIT 显示端口

BIT 显示端口是指一个用于显示 BIT 执行和处理信息的单元,它提供一个平台,主要是用于 BIT 显示信息的输出。

在状态图环境下,BIT 显示端口可以采用窗体界面来表示。BIT 常见的各类显示信息方式,如指示灯、屏幕提示等通过窗体内控件设计来实现。BIT 显示端口的示意形式如图 3-8 所示。

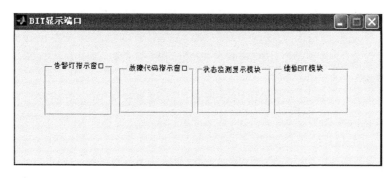

图 3-8　BIT 显示端口的状态图模型

（4）BIT 检测逻辑

BIT 检测逻辑是指实际工作过程中,BIT 用于故障检测的判断逻辑单元。例如,针对模拟量,故障检测逻辑就是如果测试量在门限值之内,则判断为正常,在门限值之外则判断为故障;针对数字量,如果测试量与基准量相同,则判断为正常,测试量与基准量不同,则判断为故障。

BIT 检测逻辑就是将测试信号与门限值/基准值进行比较,看其是否等于基准值或是符合门限值的范围,是则测试通过,输出 GO 信号;否则测试不通过,输出 NO GO 信号。如图 3-9 所示,BIT_threshold 为基准值,data 为 BIT 的测试值,两者相等,输出 GO 信号;不相符时则输出 NO GO 信号。

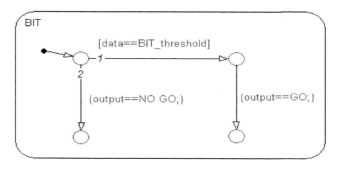

图 3-9　BIT 检测逻辑的状态图模型

(5)门限值/基准值

门限值/基准值是指 BIT 在对系统工作状态测试时,与测试到的参量进行比较,作为判断被测对象工作状态是正常还是故障的参考值。门限值/基准值可以是模拟量也可以是数字量,比如范围[20,30]之间,或是低电平/高电平等。

状态图环境下,门限值/基准值可以通过 BIT 判决给出测试通过或者不通过转移的条件值来表示。

(6) BIT 隔离逻辑

BIT 隔离逻辑是指 BIT 在检测到故障以后,用来确定故障发生位置的判断逻辑单元。它可以是专家经验给出的判断逻辑,也可以是根据其他方法分析得出的诊断树等逻辑结构。

在状态图中,故障隔离逻辑可以通过真值表或是流程图分析的方法来表示。通过真值表或是流程图方法,对各个设备送来的 BIT 汇合输出信号分解运算,从而确定要求层次的 UUT 的工作状态。

(7) 防虚警逻辑

防虚警逻辑是指当 BIT 检测到故障时,用于判断所检测到的故障是否为虚警而执行的测试判断逻辑结构单元。

防虚警措施常用方法为重复测试,其状态图模型如图 3-10 所示。

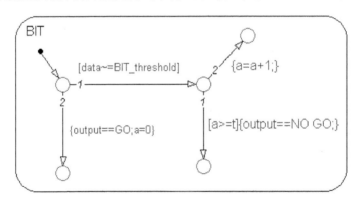

图 3-10　重复测试的状态图模型

图中 a 的初始值为 0,通过每一个周期累加 1 的方法,来记录重复测试的次数。当 BIT 测试通过时输出 GO 信号,当首次 BIT 测试不通过时,再连续进行 t 次测试,如果都不通过,BIT 再输出 NO GO 信号。如果第 n 次($n<t$)测试通过,输出 GO 信号,a 值清零,下次重新统计重复测试的次数 t。

(8) 检测/隔离输出

检测/隔离输出是指 BIT 工作过程中关于 UUT 工作状态的检测输出信号,以及检测到 UUT 故障时,用于显示和输出故障隔离信息的信号。这些信号一般是由底层 BIT 向上层 BIT 传递。

　　在状态图环境下,BIT 系统检测/隔离输出就是将本地子系统的 BIT 的检测和隔离结果通过信号连接线和输出端口的形式输出到上层系统的 BIT 中进行汇总运算的过程。

　　(9) 调用/控制指令

　　调用/控制指令是指控制仿真运行的必要的事件指令,如复位指令、电源接通、电源断开、记录查阅和记录清除。

　　在状态图环境下,调用/控制指令表示方式如图 3－11 所示。

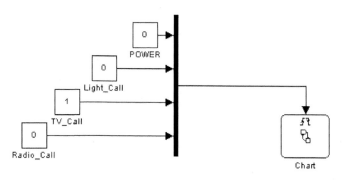

图 3－11　调用/控制指令的状态图模型

　　图中每一个常量模块存储调用/控制指令值,通过改变常量模块中的数值,发出调用/控制指令。当框中的常量的值由 0 变为 1 时,输入一个上升沿事件,代表接通或激活;当框中常量值由 1 变为 0 时,输入一个下降沿事件,代表断开或退出。

　　(10) 正常状态、故障状态与干扰状态

　　正常状态是指被测对象既不发生干扰,也不发生永久故障,始终处于正常工作的状态。故障状态是指在 BIT 运行过程中,由于某些原因导致系统无法完成正常功能,系统输出参数异常,无法正常工作的状态。一般来说,当系统发生故障以后,将无法自动恢复正常。干扰状态是指 BIT 的测试对象,由于偶然干扰事件的影响,造成系统工作状态异常,从而导致 BIT 测试结果异常的状态。干扰状态测试到的异常都是瞬态故障,此时被测对象并没有故障,当干扰结束后,被测对象会恢复到正常状态。

　　状态图环境下,正常状态、故障状态和干扰状态的表示方式如图 3－12 所示。其中 A 是被测对象正常状态,此时被测对象输出正常信号;B 是被测对象故障状态,输出故障信号;C 为干扰状态,被测对象的输出叠加了一个干扰量 s。

　　(11) 记录单元

　　记录单元是指在 BIT 工作全过程当中,用于记录 BIT 历史的单元,它记录的内容主要包括 BIT 显示的详细信息,例如故障发生时间、故障组件信息和故障模式信

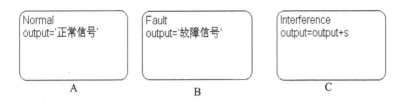

图 3 - 12 正常、故障与干扰状态的状态图模型

息等。

在状态图环境下,记录单元的表示方式可以通过 MATLAB 文件中的全局变量,或者用状态图元素中的数据对象累加实现。例如通过 MATLAB 文件中的全局变量,存储 BIT 输出信息;利用状态图中的数据累积,记录当前的周期或执行的次数等。

3.3.3 动态过程要素与状态图实现

状态图建模仿真核查的动态过程要素的组成如表 3 - 3 所列,具体说明如下。

表 3 - 3 动态过程要素组成

编 号	名 称	编 号	名 称
1	永久故障的随机发生	9	维护模式
2	指定故障注入	10	状态指示值
3	随机干扰	11	BIT 显示信息
4	指定干扰注入	12	记录调阅
5	检测/隔离结果值	13	记录清除
6	指令值	14	故障清除
7	加电模式	15	运行控制
8	周期模式		

(1) 永久故障的随机发生

永久故障的随机发生是指在系统运行过程中,被测对象随机发生永久故障的状态,这些故障的发生是在系统工作过程中随机发生的,而且发生以后,系统无法正常工作。永久故障的随机发生主要包括两个方面的内容,一是所有可能发生的故障模式集合;二是不同故障模式发生的概率权重。

在状态图环境下,模拟永久故障的随机发生,分为两种情况,一种情况是被测对象只有一种故障模式,例如灯泡,其只有一种故障模式就是不亮。在这种情况下被测对象仿真模型内部只有两种状态,一种是正常状态,一种是故障状态。为了模仿永久故障的随机发生,需要建立一个随机抽样的算法模型,这个模型按照一定的概率随机产生符合转移条件的数据,驱动被测对象由正常状态向故障状态的转移,被测对象一旦进入故障状态,将会始终在故障状态中循环,无法跳出。

图 3-13 是一个被测单元随机发生故障的状态图模型示意图,首先默认被测对象正常,然后随机抽取一个 0~100 内的数,如果抽取到的随机数大于 95,则转入系统故障状态,也就是说这个随机故障产生的概率为 5%。

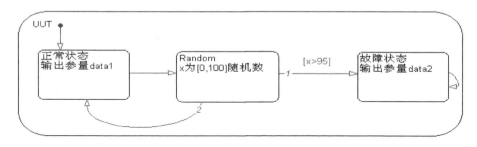

图 3-13　随机永久故障的状态图模型

另一种情况是当被测对象具有多种故障模式时,随机选取故障模式,首先分析被测对象各种故障模式发生概率的大小,确定各个故障模式抽样权重,然后按照概率权重对故障模式进行抽样选取。当抽取到某种故障模式时,被测对象随机转入相应的故障模式状态。

图 3-14 是对发生的故障模式随机抽取的模型,当系统发生故障时,进入故障状态内部,图中被测对象具有三种故障模式,发生故障的概率比为 1:2:3,于是模型中按照相应的权重进行抽样,从而选择随机发生的故障模式。和前面一样,一旦进入选中的故障模式状态,系统将始终在此状态循环,不会跳出到其他状态,从而始终保持故障状态。

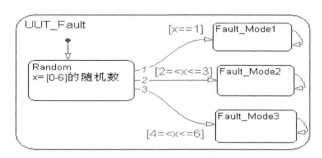

图 3-14　随机抽取故障模式的状态图模型

(2) 指定故障注入

指定故障注入与随机永久故障的发生不同,随机永久故障是在系统运行过程中随机发生的,而指定故障注入是在系统仿真运行之前就提前注入故障,然后在执行过程中,检验 BIT 的工作能力。指定故障注入主要包括两个方面的内容:故障注入的时间和指定注入的故障模式。

指定故障注入的状态图表示模型中,应具有以下几个要素:被测对象正常状态、被测对象故障状态、故障注入的模式、故障注入的时间(周期)和当前系统时间(周期)等。

如图 3-15 所示,A 中,状态图在时钟的驱动下运行,输入数据 Period 和 Mode 分别存储故障注入的时间(周期)和注入的故障模式编号。B 中被测对象 LRU 内部的 3 个 SRU 在时钟的驱动下,初始状态默认系统工作正常,变量 a 记录的是系统的工作周期,初始值为 0,每个时钟周期累加 1,N1、N2、N3 为 3 个 SRU 的故障模式编号。在 BIT 进行检测时,判断系统当前的周期 a 和指定的注入周期 P 是否相同,以及 SRU 的故障模式编号 N 和指定注入的故障模式编号 M 是否相同,如果 $a=P$ 并且 $N=M$,则系统就会按照注入的故障时间和故障模式转到相应的状态。进入故障状态后,通过自循环转移使得 SRU 始终保持在故障状态。

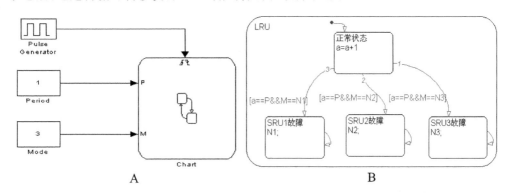

图 3-15　指定故障注入的状态图模型

(3)随机干扰

随机干扰发生是指在 BIT 执行过程中,被测对象由于外部随机干扰事件的影响而发生工作异常的状态。随机干扰状态中,被测对象的输出量会叠加一个随机产生的干扰量,这个干扰量的大小是每个周期随机抽取的。

图 3-16　随机干扰的状态图模型

在状态图环境下,模拟随机干扰就是给 UUT 的输出量叠加一个干扰量,这个干扰量的值是一个一定范围内的随机数,而不是人为指定大小的参量,如图 3-16 所示。

图中 data 为 UUT 输出参量,在随机干扰状态下,每个周期都会产生一个范围为[-5,5]的干扰量 s,这个干扰量和 UUT 输出量叠加到一起,然后与 BIT 中的参考门限值进行比较,给出测试通过/不通过信号。

（4）指定干扰注入

指定干扰注入就是在指定的时间段内，人工给特定的被测对象叠加一个指定大小的干扰量。

指定干扰注入的状态图模型中包含 4 个要素：① 干扰的对象；② 干扰开始的时间；③ 干扰结束的时间；④ 干扰量的大小。

其状态图模型如图 3 - 17 所示，正常状态时 UUT 输出的参量值为 data，a 为系统周期时间，m 为这个参量干扰模式编号。Interf_open_time 和 Interf_close_time 分别为干扰开始时间和结束时间，Mode 为人工注入干扰模式的编号。当系统时间在干扰周期范围内，且注入的干扰模式编号 Mode 等于该 UUT 干扰编号 m 时，就为 UUT 注入了一个值为 15 的干扰。

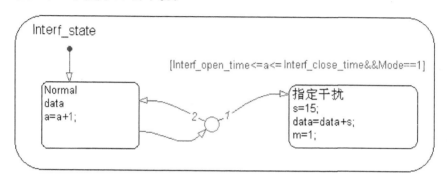

图 3 - 17　指定干扰注入的状态图模型

（5）检测/隔离结果值

检测/隔离结果值是指在 BIT 系统工作过程中，BIT 输出的用于故障检测/隔离的信号的值，这个信号的值随着 BIT 测试对象的改变而发生改变。

检测/隔离结果值在状态图模型中是实时存储的参数值。这些参数值随着被测对象工作状态的改变而发生改变，用于仿真过程的控制、监测，仿真结果的输出等。

（6）指令值

指令值是指在 BIT 执行过程中，调用、控制以及通讯等各种指令变量的值。

指令值在状态图模型中也是实时存储的参数值。

（7）加电模式

加电模式是指 BIT 执行过程中，当系统接通电源时启动执行规定检测程序的一种 BIT 工作模式，当检测到故障或是完成测试程序后就结束。它是启动 BIT 的一种特定形式。

在加电模式中，加电 BIT 开始工作并给出一次性的检测信息。在加电过程结束后，加电 BIT 不再输出检测信号。

(8) 周期模式

周期模式也是 BIT 工作模式的一种,它是指在系统工作期间,以某一频率执行测试的一种 BIT 的工作模式。

在加电过程结束后,系统转为周期模式,周期 BIT 开始输出测试信号。同时它们的 BIT 信息实时存储在维护 BIT 中。

(9) 维护模式

维护模式是指 BIT 执行过程中,在系统完成任务后(如飞机着陆后)执行检测和监控的 BIT 工作模式。

在维护模式中,可以调阅详细的 BIT 历史信息。

(10) 状态指示值

状态指示值是指 BIT 系统在不同工作状态时,系统状态参量所取的值,例如正常状态为"0",故障状态为"1",干扰状态为"2"等。

状态指示值在状态图模型是实时存储的参数值。这些参数值随着被测对象工作状态的改变而发生改变,用于仿真过程的控制、监测以及仿真结果的输出等。

(11) BIT 显示信息

BIT 显示信息是指 BIT 工作过程当中,用于实时显示 BIT 综合信息的模块。它借助 BIT 静态结构要素当中 BIT 的显示端口,将 BIT 的信息实时显示在 BIT 的显示端口之上。BIT 的显示信息主要包括故障检测信息、故障隔离信息、状态监测信息和 BIT 历史信息等方面的内容。

BIT 显示信息是显示在 BIT 显示端口平台上的,BIT 的显示信息主要包括 BIT 执行过程中的告警灯的显示信息、状态监测信息、故障代码和 BIT 历史信息等。其中告警灯显示信息是指通过告警灯指示颜色的变化,显示相应组件的当前状态,系统正常时,告警灯指示为绿色;系统故障时,告警灯指示为红色。状态检测信息就是将 BIT 的测量参数实时显示,当测量参数异常时,监测窗口的参数字体颜色变为红色。

(12) 记录调阅

记录调阅是指在 BIT 系统执行工作过程中,调阅存储 BIT 历史详细信息的过程。这些详细信息一般被存储在内存单元中,通过开关、按钮等触发事件,将存储的相关信息显示出来。

(13) 记录清除

记录清除就是指在 BIT 系统工作过程中,将所有的 BIT 历史信息、操作信息清除的过程。

记录清除可以通过复位开关按钮实现,当点击复位开关按钮时,系统 BIT 历史信息全部清除,恢复初始状态。

（14）故障清除

故障清除是指在 BIT 系统工作过程中，人工清除某些特定的故障，以使被测系统继续顺利工作的操作过程。

故障清除也可以通过复位开关按钮实现。

（15）运行控制

运行控制是指在 BIT 运行过程中，通过改变 BIT 静态结构要素中调用/控制指令单元的参量值，引发激励事件，进而控制整个 BIT 系统运行的过程。

在状态图模型中，运行控制是指通过触发事件，模拟系统的控制指令，推动仿真的运行。例如，通过电源开关按钮来控制静态结构要素中用于存储运行控制指令的参量值的变化，产生上升沿或下降沿激励事件，来控制 BIT 模型的运行。

3.3.4　典型 BIT 的状态图模型示例

3.3.4.1　微处理器 BIT

微处理器 BIT 是使用功能故障模型来实现的，该模型可以对微处理器进行全面有效的测试。

（1）指令执行测试

对 CPU 的加、减、乘、除进行测试，防虚警设计措施为重复 3 次测试。运算指令测试的典型状态图模型如图 3 - 18 所示，BIT 将运算后的结果与基准值进行比较，如果相同就给出通过信号 GO；如果不同，就给出不通过信号 NO GO。防虚警措施为 3 次重复测试。如果连续 3 次测量数据都异常，则认为故障。

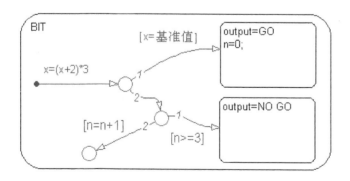

图 3 - 18　运算指令测试的状态图模型

（2）接口测试

对 CPU 的接口电路进行测试，接口电路包括 PCI－E 接口、I²C 接口，测试原理就是由 CPU 向接口电路发送基准数据，然后接口反馈数据给 CPU 进行比较判断，防虚警设计措施为重复 3 次测试。

接口测试的典型状态图模型如图 3－19 所示，CPU 向接口发送一组基准数据，然后测试反馈的数据 a 与基准数据是否相同，相同则检验通过，不同则不通过。同样如果连续 3 次发生不通过事件，则认为报故。

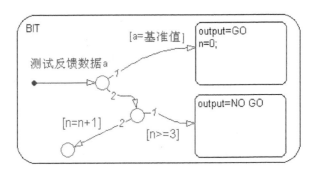

图 3－19　接口测试的状态图模型

（3）I/O 端口超时测试

采用计时器，监测 CPU 与端口之间的数据通信。

端口超时测试的典型状态图如图 3－20 所示。t 为 CPU 端口扫描时间，BIT 对端口扫描时间进行监控，如果 t 小于扫描基准时间即给出通过信号 GO，否则给出不通过信号 NO GO。同样防虚警措施为 3 次重复测试。

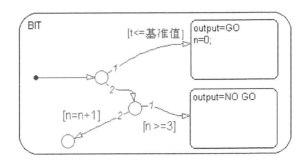

图 3－20　端口扫描超时测试的状态图模型

3.3.4.2　只读存储器的测试

目前常用的 ROM 的测试方法有校验和法、奇偶校验法和循环冗余校验法（CRC），这里仅简单介绍校验和法的工作原理。

校验和方法是一种比较方法,需要将 ROM 中所有单元的数据相加求和。由于 ROM 中保存的内容是程序代码和常数数据,因此求和之后的数值是一个不变的常数。在测试时将求和之后的数值与这个已知的常数相比较,如果总和不等于该常数,就说明存储器有故障或差错。

校验和法的状态图模型如图 3 - 21 所示,把被测对象 ROM 中所有单元的数据相加求和,然后与一个已知常数比较,相同则通过,不相同则说明有故障。同样防虚警措施为 3 次重复测试。

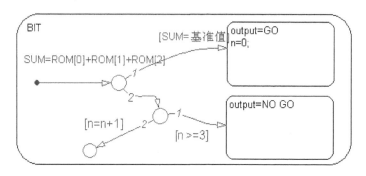

图 3 - 21　校验和测试的状态图模型

3.3.4.3　比较器 BIT

在硬件设计中加入比较器,可以很容易地实现多种不同功能的 BIT 电路。在具体实现时,通常都是将激励施加到被测电路 CUT 上,然后将 CUT 的输出连同参考信号送入比较器中;CUT 的输出与参考信号进行比较之后,比较器输出通过/不通过信号。

比较器 BIT 的状态图模型如图 3 - 22 所示。BIT 将测试参量 data 和测试基准值进行比较判断,然后给出通过/不通过信号。同样防虚警措施为 3 次重复测试。

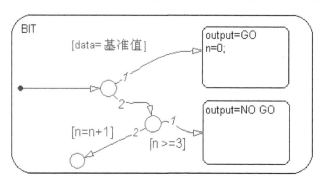

图 3 - 22　比较器 BIT 的状态图模型

3.3.4.4　电压求和 BIT

电压求和是一种并行模拟 BIT 技术,它使用运算放大器将多个电压电平叠加起来,然后将求和结果反馈到窗口比较器并与参考信号相比较,再根据比较器的输出生成通过/不通过信号。

电压求和 BIT 的状态图模型如图 3-23 所示,将被测电路中单个电压电平叠加,将求和结果 SUM 送到比较器当中,与参考信号进行比较,然后输出通过/不通过信号。同其他 BIT 电路一样,当发生干扰时,防虚警措施为连续 3 次重复测试。

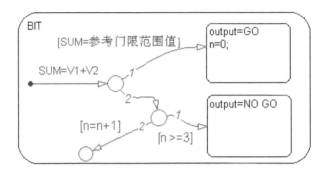

图 3-23　电压求和 BIT 的状态图模型

3.4　状态图建模仿真的故障量化和仿真剖面

3.4.1　功能故障模式的量化

由于状态图模型的最底层单元是功能子电路,因此对应的故障模式也属于抽象的功能性故障。典型的功能子电路级故障模式示例如表 3-4 所列。

从表 3-4 可以看出,功能子电路级故障模式的描述几乎是功能上的定性描述,这种故障模式的语言描述不能直接用于建模仿真计算,需要量化为具体数值。

这种量化有两种方式:一是对故障模式自身的信号进行量化;二是对故障模式影响的功能电路输出信号进行量化,以表达故障发生后造成的对外影响。

表 3 - 4　功能电路级故障模式示例

功能电路	故障模式
二次电源变换电路	＋5 V 电压无输出
	－5 V 电压无输出
	＋3.3 V 电压无输出
	＋1.5 V 电压无输出
	＋5 V 短路
	－5 V 短路
	＋3.3 V 短路
	＋1.5 V 短路
	＋5 V 电压超差
	－5 V 电压超差
	＋3.3 V 电压超差
	＋1.5 V 电压超差
输入接口电路	无法采集
	AD 不能进行转换
	AD 不能报送数据
总线接口	无法发送数据
	无法通信
	无法接收数据
时钟电路	时钟输出功能丧失
	时钟故障

　　为了便于建模,这里采用第二种方式进行量化,典型示例如表 3-5 所列。其中,对于模拟量相关的故障模式,需要给出故障发生后的模拟量值的变化结果。如"＋5 V 电压无输出"功能故障模式,其影响的输出端信号为"＋5 V",量化后的输出电压为 0 V;"＋3.3 V 电压超差"功能故障模式,其影响的输出端信号为"＋3.3 V",量化后的输出电压为 3 V。对于数字量相关的故障模式,需要给出故障发生后的数字量变化结果。如"AD 不能进行转换"功能故障模式,其影响的输出端信号为"转换输出",量化后的输出数字量为"00000000"。

　　在确定故障模式对输出端口的影响时,应根据设计图纸,综合可靠性分析、电路分析或者电路故障仿真,确定故障发生后的端口影响。

表 3 - 5　功能电路级故障模式量化示例

功能电路	故障模式	影响的功能电路输出端	影响量化结果
二次电源变换电路	+5 V 电压无输出	+5 V	0 V
	-5 V 电压无输出	-5 V	0 V
	+3.3 V 电压无输出	+3.3 V	0 V
	+1.5 V 电压无输出	+1.5 V	0 V
	+5 V 短路	+5 V	0 V
	-5 V 短路	-5 V	0 V
	+3.3 V 短路	+3.3 V	0 V
	+1.5 V 短路	+1.5 V	0 V
	+5 V 电压超差	+5 V	4.5 V
	-5 V 电压超差	-5 V	-4.5 V
	+3.3 V 电压超差	+3.3 V	3.0 V
	+1.5 V 电压超差	+1.5 V	1.2 V
输入接口电路	无法采集	采集输出	0
	AD 不能进行转换	转换输出	00000000
	AD 不能报送数据	转换输出	00000000
总线接口	无法发送数据	总线出	00000000
	无法通信	总线出	00000000
	无法接收数据	总线出	00000000
时钟电路	时钟输出功能丧失	CLK_33MHz	0
	时钟故障	CLK_33MHz	0

3.4.2　仿真控制

状态图建模仿真是时域仿真,真实产品在规定的仿真时间内工作时,按故障发生概率是极少发生故障或者出现干扰的,因此基于产品故障或者干扰发生的自然情况进行测试性仿真的效率是极低的,也是没有意义的。为此,需要在时域仿真过程中,根据预定的设想,从故障库或者干扰库中选择相应的故障或干扰,在特定的时刻注入到模型中,以得到相应的 BIT 测试结果,这需要对仿真进行主动的控制,其关系如图 3 - 24 所示。

仿真控制涉及故障维、干扰维和时间维三个维度,这三个维度的控制就构成了状态图建模的仿真剖面,如图 3 - 25 所示。在故障维度,需要明确故障名称、故障位置和故障影响的端口和信号变化;在干扰维度,需要明确干扰名称、干扰位置、干扰影响的端口和信号变化;在时间维度,需要明确干扰或者故障事件的注入时刻和撤

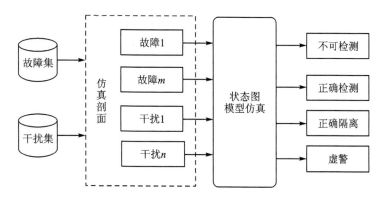

图 3 - 24　状态图仿真的输入和输出

销时刻。

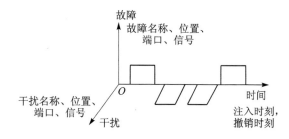

图 3 - 25　仿真剖面的三维关系

　　因此,仿真剖面是指在测试性状态图仿真中,对仿真过程中应发生的故障或者干扰事件,以及仿真注入控制的明确要求,其元组定义如下:

$$SP = (NMS, PTS, VAS, LOS, INS, TIS) \tag{3-10}$$

式中: SP——仿真剖面;

NMS——事件名称(故障名称或者干扰名称)集合,NMS$=\{NM_i\}$,NM_i 为第 i 个事件名称;

PTS——事件发生后受到影响的端口集合,PTS$=\{PT_i\}$,PT_i 为第 i 个事件对应的端口集合;

VAS——事件发生后端口信号变化量集合,VAS$=\{VA_i\}$,VA_i 为第 i 个事件对应的端口变化结果或者变化模型集合;

LOS——事件发生的注入位置集合,LOS$=\{LO_i\}$,LO_i 为第 i 个事件发生的位置,对应于模型中的某个底层单元;

INS——事件的注入撤销接口集合,INS$=\{IN_i\}$,IN_i 为第 i 个事件的注入撤销接口,能够提供注入状态和撤销状态的转换;

TIS——事件的注入撤销时刻集合,TIS$=\{TI_i\}$,TI_i 为第 i 个事件的注入撤销时刻,$TI_i=(t_0,t_1)$,t_0 是事件的注入时刻,t_1 是事件撤销注入的时刻。

3.4.3 确定性仿真剖面

3.4.3.1 单事件确定性仿真剖面

在一次仿真过程中,只发生给定的一次故障或者一次干扰,即只发生一个给定事件,此时的仿真剖面称为单事件确定性仿真剖面。

单事件确定性仿真剖面的元组定义为

$$SP = (NM, TI) \tag{3-11}$$

式中:SP——仿真剖面;

NM——事件名称;

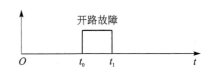

图 3-26 仿真剖面的三维关系

TI——事件的注入撤销时刻,$TI =$ (t_0, t_1),t_0 为事件的注入时刻,t_1 为事件撤销注入的时刻。

单事件确定性仿真剖面的典型示例如图 3-26 所示,当事件注入后不再撤销时,可以不设置 t_1 值。单事件仿真适用于进行故障传递关系分析、不可检测故障分析以及特定干扰条件下的防虚警措施效果分析。

3.4.3.2 多事件确定性仿真剖面

在一次仿真过程中,顺序发生有撤销的给定多次故障或者多次干扰,即顺序发生多个事件,此时的仿真剖面称为多事件确定性仿真剖面。

多事件确定性仿真剖面的元组定义为

$$SP = (NMS, TIS) \tag{3-12}$$

式中:SP——仿真剖面;

NMS——事件集合,$NMS = \{NM_i\}$,NM_i 为第 i 个事件名称;

TIS——事件的注入撤销时刻集合,$TIS = \{TI_i\}$,TI_i 为第 i 个事件的注入撤销时刻,$TI_i = (t_0, t_1)$,t_0 为事件的注入时刻,t_1 为事件撤销注入的时刻。

图 3-27 多事件确定性仿真剖面示例

多事件确定性仿真剖面的典型示例如图 3-27 所示。一般要求后一个事件的注入时刻应大于前一事件撤销时刻的一定范围,确保前一事件的影响完全消失。

多事件仿真可以看作将多个单事件仿真合并为一个仿真,一次即可得到多个故障或者干扰单独发生后的测试结果,大大提高了仿真分析的效率。

3.4.4　随机性仿真剖面设计

在前述的确定性仿真剖面中,发生的故障或者干扰事件及其顺序是预先人为给定的。如果在仿真过程中,故障或干扰事件的发生是随机抽取的,则该仿真剖面是随机性仿真剖面。

3.4.4.1　单事件随机性仿真剖面

单事件随机性仿真剖面的元组定义如下:
$$SP = (NMP, R(NMP), TI) \tag{3-13}$$
式中:SP——仿真剖面;

NMP——产品的全部事件集合(故障集合和/或干扰事件集合);

$R(NMP)$——从集合 NMP 中随机抽取一个事件(故障或者干扰);

TI——事件的注入撤销时刻,$TI = (t_0, t_1)$,t_0 为事件的注入时刻,t_1 为事件撤销注入的时刻。

单事件随机性仿真剖面典型示例如图 3-28 所示。

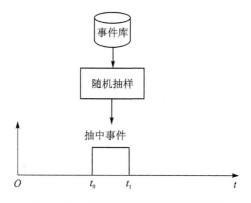

图 3-28　单事件随机性仿真剖面示例

3.4.4.2　多事件随机性仿真剖面

多事件随机性仿真剖面的元组定义如下:
$$SP = (NMP, RS(NMP), TIS) \tag{3-14}$$
式中:SP——仿真剖面;

NMP——产品的全部事件集合(故障集合和/或干扰事件集合);

RS(NMP)——从集合 NMP 中随机抽取的事件集合,$RS(NMP) = \langle R_i(NMP) \rangle$,

$R_i(NMP)$ 为第 i 次抽取的事件;

TIS——事件的注入撤销时刻集合，TIS＝{TI$_i$}，TI$_i$ 为第 i 个事件的注入撤销时刻，TI$_i$＝(t_0, t_1)，t_0 为事件的注入时刻，t_1 为事件撤销注入的时刻。事件的注入时刻具有一般选择特定时间跨度 t 的 n 倍数 nt，事件撤销注入的时刻取值为 $nt+at$，其中 a 为小于 1 的给定正数。

多事件随机性仿真剖面典型示例如图 3－29 所示。

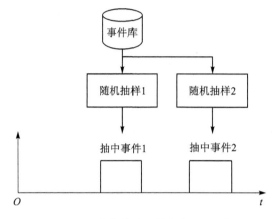

图 3－29　多事件随机性仿真剖面示例

3.5　状态图建模仿真流程设计

3.5.1　状态图建模的流程设计

根据前述关于状态图模型仿真的元组模型、组成要素、仿真方式，设计的状态图建模流程如图 3－30 所示。

状态图建模的具体过程如下。

（1）获取对象设计资料

对象设计资料是进行状态图建模的基础，应该收集的资料主要包括：产品功能结构设计方案、产品详细设计图纸、产品可靠性设计分析报告和产品测试资料。

（2）测试要求分析

根据工作任务的要求和 BIT 功能原理的分析，确定 BIT 需要完成的测试任务和测试目标。

（3）状态图建模要素分析与确定

分析 BIT 组成要素是进行状态图建模的基础,要素分析分为静态结构要素分析和动态过程要素分析两类。

（4）静态结构要素建模分析

● 要素组成分析：根据对象的设计资料和任务要求,分析 3.3.2 节中所介绍的静态组成要素的内容及其状态图模型表达方式。

● 建模次序分析：根据对象的结构和功能原理,以及工作任务流程,确定静态建模要素的建模次序。一般来说确定静态要素的建模次序的原则为先下层后顶层、先被测对象模型后干扰模型,再 BIT 模型。

（5）动态过程要素建模分析

● 要素组成分析：根据对象的设计资料和任务要求,分析 3.3.3 节中所介绍的动态过程要素的内容及其建模方式。

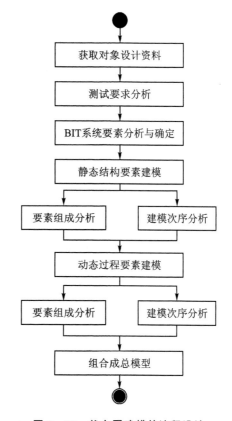

图 3 - 30 状态图建模的流程设计

● 建模次序分析：根据对象工作任务和执行流程,确定动态过程要素的建模次序。一般来说动态过程要素的建模次序和 BIT 运行过程中各要素的执行次序一致。

（6）完成总模型

完成静态结构要素建模和动态过程要素建模以后,再综合静态结构要素模型和动态过程要素模型之间的相关性关系,最终完成整个对象的状态图模型。

3.5.2 状态图仿真的流程设计

状态图仿真的流程设计如图 3 - 31 所示,具体说明如下。

（1）建立仿真输入数据集

在组成要素分析和系统结构工作原理分析的基础上,建立 BIT 系统仿真过程中输入的所有数据集合。其中主要包括 BIT 配置数据集合、输入故障事件数据集合和

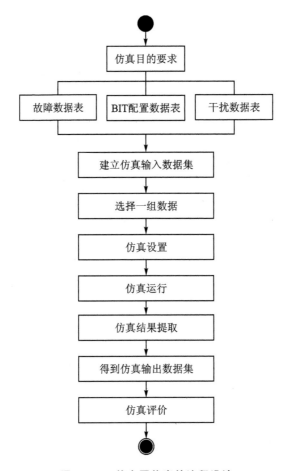

图 3 - 31　状态图仿真的流程设计

输入干扰事件数据集合等。

（2）选择一组数据

根据不同的仿真任务和仿真目标，从仿真输入数据集合中选取一组数据作为仿真模型的设置数据。

（3）仿真设置

根据系统的实际工作状况和选定的输入数据集合，完成状态图模型的仿真设置。其中主要包括各组成单元状态初始值，显示界面的初始状态，系统仿真的时间、仿真步长等。

（4）仿真运行

按照仿真的任务和目标对所建模型执行仿真。

（5）仿真结果提取

仿真结果的提取就是观察并记录仿真输入数据的输出结果。

（6）得到仿真输出数据集

将仿真输出结果汇总，创建仿真输出数据集。

（7）仿真评价

将仿真输入数据和仿真输出数据对比分析，统计输入的故障数、正确检测到的故障数和检测到的故障总数等参数，用于计算评价参数模型，完成对仿真的评价。

3.6　案例应用示例

3.6.1　案例介绍

某案例系统的组成和 BIT 配置情况如表 3 − 6 所列，包括中央告警子系统和综合仪表子系统。其中，中央告警子系统包括告警灯盒和中央告警计算机，综合仪表子系统包括综合告警计算机和近地告警计算机。配置的主要 BIT 类型包括加电 BIT 和周期 BIT，主要的测试包括温度检测、端口超时检测、接口检测、指令测试、ROM 测试、电压检测和电流检测等。

表 3 − 6　案例组成与 BIT 配置

子系统	LRU	SRU	BIT 类型
中央告警子系统	告警灯盒	—	加电 BIT
	中央告警计算机	CPU 板	1. 温度检测（周期 BIT） 2. 端口超时检测（周期 BIT） 3. 接口检测（加电 BIT） 4. 指令测试（加电 BIT） 5. ROM 测试（加电 BIT）
		电源板	1. 电压检测（加电 BIT、周期 BIT） 2. 电流检测（加电 BIT、周期 BIT） 3. 温度检测（周期 BIT）

子系统	LRU	SRU	BIT 类型
综合仪表 子系统	综合告警计算机	CPU 板	1. 温度检测(周期 BIT) 2. 端口超时检测(周期 BIT) 3. 接口检测(加电 BIT) 4. 指令测试(加电 BIT) 5. ROM 测试(加电 BIT)
		电源板	1. 电压检测(加电 BIT、周期 BIT) 2. 电流检测(加电 BIT、周期 BIT) 3. 温度检测(周期 BIT)
	近地告警计算机	CPU 板	1. 温度检测(周期 BIT) 2. 端口超时检测(周期 BIT) 3. 接口检测(加电 BIT) 4. 指令测试(加电 BIT) 5. ROM 测试(加电 BIT)
		电源板	1. 电压检测(加电 BIT、周期 BIT) 2. 电流检测(加电 BIT、周期 BIT) 3. 温度检测(周期 BIT)

3.6.2 案例的状态图模型

(1) 案例的系统级状态图模型

案例中被测对象系统层次的模型如图 3-32 所示。

案例分为中央告警计算机、综合告警计算机、近地告警计算机和告警灯盒,并在同一个时钟 Timer 的控制下同步开始工作。不同设备的 BIT 输出信号按照加电 BIT 和周期 BIT 进行分类,并同时送到系统 BIT 当中,系统 BIT 对这些 BIT 信号进行解码,然后再送到告警灯盒和显示器中显示 BIT 测试信息。System_BIT 为系统 BIT 状态图模型,主要作用是将各个不同的设备送来的 BIT 信号进行综合分析,然后将分析结果送到告警灯盒和显示器。

(2) 系统级 BIT 模型

系统级 BIT(System_BIT)的内部结构如图 3-33 所示。该 BIT 模型的作用就是将不同设备送来的加电 BIT 信号和周期 BIT 信号汇总,统一输出系统级的加电 BIT 信号和周期 BIT 信号,然后送到告警灯盒和显示器用于输出显示。

(3) 具体 BIT 的模型

以告警灯盒(Alarm_Light_BOX)为例,其内部的每一个灯检测的状态图模型及

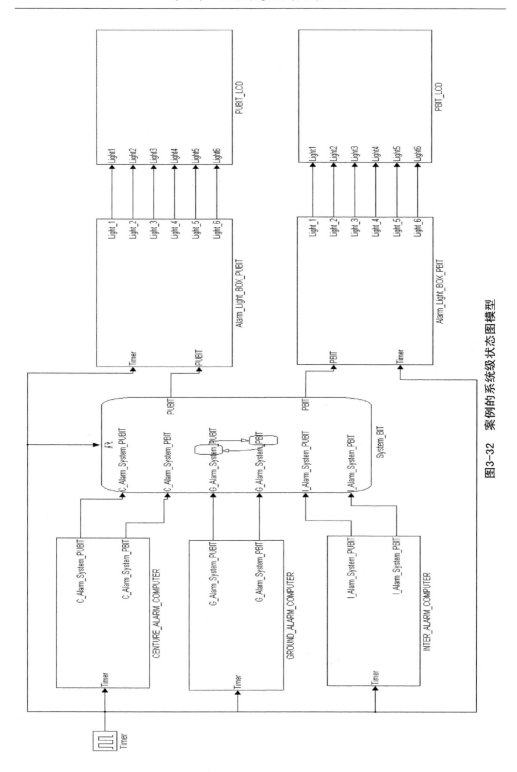

图3-32　案例的系统级状态图模型

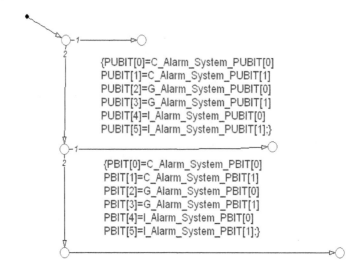

图 3 - 33　系统级 BIT 内部结构的状态图模型

显示模型如图 3 - 34 所示。

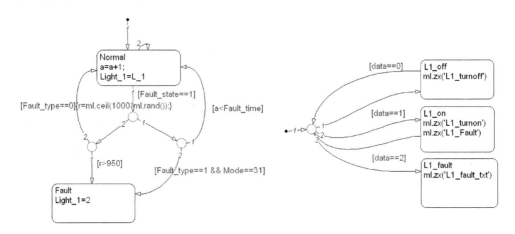

图 3 - 34　告警灯 BIT 检测模型及显示模型

　　图中左边为告警指示灯的检测逻辑,告警灯没有设置干扰,当 Fault_state 为 0 时,告警灯正常工作;当 Fault_state 为 1 且 Fault_type 为 0 时,告警灯随机发生故障;Fault_type 值为 1 时,为人工注入故障。当告警灯本身故障时,输出信号为 2。

　　右边为告警灯显示控制逻辑。当收到 BIT 测试通过信号 0 时,告警灯变绿;当收到测试不通过信号 1 时,告警灯变红;当收到告警灯故障信号 2 时,告警灯灰掉。显示器 BIT 模型和告警灯 BIT 模型类似,也分为随机故障和人工注入故障。不同的是当收到故障信号 1 时,输出为相应故障模式的故障代码。

3.6.3　案例核查结果

通过故障注入和干扰注入的仿真分析,获得加电 BIT 和周期 BIT 仿真输出数据集,统计结果如表 3 - 7 所列。

表 3 - 7　案例 BIT 评价表

BIT 类型	注入故障数	正确检测故障数	正确隔离故障数	虚警数	故障检测率/%	故障隔离率/%	虚警率/%
加电 BIT	20	19	19	0	95	100	0
周期 BIT	30	28	24	6	93.67	85.71	18.18

第4章　相关性建模评估核查方法

4.1　相关性建模评估核查原理

4.1.1　相关性模型基本概念

相关性模型是一种以相关性推理为基础,按照规范建立的相关性图示模型和相关性数学模型,根据该模型可以确定故障检测和隔离步骤,并评估能够达到的故障检测与故障隔离能力。

相关性图示模型表达了产品的组成单元或者故障和测试点或者测试之间的相关性逻辑关系图。单层相关性图示模型的示例如图4-1所示,在组成上,相关性图示模型通常包括方框表达的故障或者对象,圆圈表达的测试或者测试点,以及有向连线表达的信息流等,通常简称为相关性模型。在工程中,相关性模型常常被直接称为测试性模型。

相关性数学模型是采用矩阵形式表达的组成单元或者故障模式和测试点或者测试之间的相关性关系,通常称为相关性矩阵,简称 D 矩阵。

D 矩阵的示例如图4-2所示,D 矩阵的每一行对应一个故障,每一列对应一个测试,矩阵中的数值为逻辑 1 和逻辑 0,分别代表故障与测试相关和故障与测试无关。

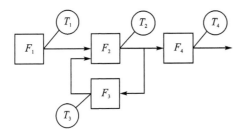

图4-1　相关性图示模型示例　　　　图4-2　相关性数学模型示例

根据 D 矩阵可以建立故障诊断树。故障诊断树是故障检测和故障隔离的测试执行步骤和诊断结果的组合表示。

故障诊断树的示例如图 4 - 3 所示,每个测试都有两个分支,分别代表测试的两种结果,测试正常和测试异常,所以故障诊断树是一种二叉树。

根据 **D** 矩阵和故障诊断树,可以评估测试性设计中的故障检测率和故障隔离率量值,确认是否满足指标要求。

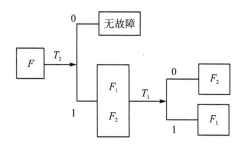

图 4 - 3 故障诊断树示例

4.1.2 测试性核查原理

基于相关性建模评估的测试性设计核查原理如图 4 - 4 所示。基于相关性建模评估的测试性设计核查是指利用产品的设计数据、可靠性数据和测试性数据,建立相关性模型,评估故障检测率和故障隔离率,并确认是否满足设计要求和发现故障检测设计缺陷与故障隔离设计缺陷,以便于进行测试性设计改进。

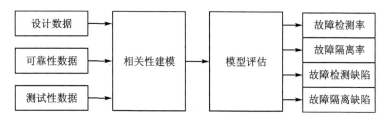

图 4 - 4 基于相关性建模评估的测试性设计核查原理

4.2 相关性建模理论

4.2.1 建模假设

相关性建模理论自身需要引入一定的假设条件,才能实现相关性模型的建立和推理,这些假设说明如下。

(1) 布尔假设

布尔假设的含义是:模型中的故障要么发生,要么没有发生;或者说对象只有两种状态,正常或者某个确定的故障。

这种假设对相关性建模的限定主要体现如下两点：

- 如果要分析一个对象所具有的不同行为表现或者不同程度的故障的传递与检测效果，应该分别具体化为不同的故障模式，而不应只定义成一个故障；如果只定义了一个故障，则认为这个故障代表的对象行为是唯一和确定的。
- 故障发生的概率大小对故障与测试的相关性没有影响。

（2）单故障假设

单故障假设是指在对象的所有故障中，只有一个故障发生。即使相关性模型中包含了大量的故障，在分析时也是只考虑每个故障单独发生的情况。这种处理方式与可靠性分析中的故障模式影响分析（FMEA）中的单因素分析相似，而与故障树分析（FTA）中的组合因素分析不同。

（3）测量有效性相同假设

测量有效性相同假设的含义是：当某个故障发生时，在相关性模型的信息流（有向连线）可达的各个测试点上，测试的结果都是异常的。该假设说明，在相关性模型中，故障是否可以被测试发现仅取决于故障与测试点在信息流上的前后位置差异。

这种假设在本质上是正确的，但由于在实际建模中信息流是人为建立的，往往存在着信息流简单化的处理，导致出现多个信息流合并为一个信息流问题。例如，实际产品中的一组物理信号线本身就是传递多个信息，但在建模时只按一组物理信号线建立了一个信息流，而不是按实际传递的信息建立多个信息流。这会使不同的故障、不同的测试汇集到同一个信息流上，此时测量有效性相同假设容易造成故障与测试相关性结果的错误，使无关的故障与测试变成相关的。

对此处理的方法有两种：一是尽可能按实际需求建立多个信息流有向连线，而不是只有一个信息流；二是在一个信息流有向连线上虚拟定义多个不同的信号，并让信息流上的故障、测试分别与不同的虚拟信号关联，以等效建立了多个信息流。这种允许定义虚拟信号的相关性模型也称为多信号流模型，可以实现在无需显式增加有向连线的情况下，更精准地落实测量有效性相同假设条件。

相关性模型和多信号流模型在本质上没有不同，多信号流模型可以通过将虚拟信号变为显式的有向连线转化为常规的相关性模型，因此在后面的论述中，不再区分相关性模型和多信号流模型，统一采用相关性模型来代表这两种模型。

4.2.2　单层相关性模型建立原理

相关性模型在理论上的组成要素包括组成单元/故障、测试/测试点和有向连线。单层相关性模型可以在分析对象的功能框图基础上建立，示例如图4-5所示。

在功能框图上标明功能信息流方向和各组成单元的连接关系，并标注清楚初选测试点的位置和编号，以此表明各组成单元故障与各测试点的相关性关系，形成单

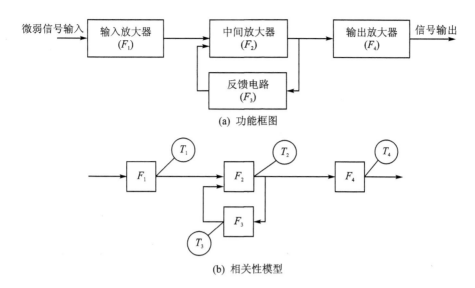

(a) 功能框图

(b) 相关性模型

图 4 - 5　相关性模型建立

层相关性模型。

4.2.3　D 矩阵生成原理

虽然单层相关性模型具有图形上的直观性,但不方便进行后续的计算,因此需要根据单层相关性模型生成 **D** 矩阵,生成方法包括直接分析法、列矢量法和行矢量法。

4.2.3.1　直接分析法

采用人工方式实现时,常采用直接分析法,此方法适用于相关性模型的组成单元和初选测试点数量不多的情况。

如图 4 - 6(a)所示的单层相关性模型,首先统计其中的单元或者故障数量,以及测试点的数量,确定出相关性矩阵的行与列的规模,将矩阵的全部元素初始化为 0;然后根据功能信息流方向,逐个分析故障的信息流经过的测试点,并将对应的矩阵元素值设定为 1;最后得到对应的 **D** 矩阵,如图 4 - 6(b)所示。

4.2.3.2　列矢量法

此方法是首先分析各测试点的一阶相关性,列出一阶相关性表格;然后分别求各测试点所对应的列;最后组合成 **D** 矩阵模型。

例如:某一测试点 T_j 的一阶相关性中如还有另外的测试点,则该点用与其相关的故障代替。这样就可找出与 T_j 相关的各个故障。在列矢量 T_j 中,与 T_j 相关的

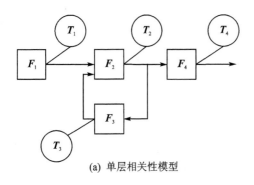

(a) 单层相关性模型

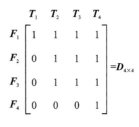

(b) 对应的 **D** 矩阵

图 4 - 6　直接分析法示例

故障位置用 1 表示,不相关故障位置用 0 表示,即可得到列矢量 T_j。所有的测试点($j=1,2,\cdots,n$)都这样分析一遍,即得到各个列矢量,从而可组成 UUT 的 D 矩阵模型 $D_{m \times n}$。

图 4 - 6(a)所示模型,通过各测试点的一阶相关性分析,可列出表 4 - 1 一阶相关性表。其中 T_1 只与 F_1 相关,所以其列矩阵为

$$T_1 = [1 \quad 0 \quad 0 \quad 0]^{\mathrm{T}}$$

T_2 与 F_2、T_1、T_3 相关,其中 T_1 用其相关的 F_1 代替;T_3 用其相关的 F_3 代替。则可知 T_2 与 F_2、F_1 和 F_3 相关,与 F_4 不相关。所以对应列矩阵为

$$T_2 = [1 \quad 1 \quad 1 \quad 0]^{\mathrm{T}}$$

在一阶相关性表中,T_3 与 F_3、T_2 相关,其中 T_2 用其相关的 F_2、T_1 代替,T_1 再用 F_1 代替,可得到列矩阵:

$$T_3 = [1 \quad 1 \quad 1 \quad 0]^{\mathrm{T}}$$

同样 T_4 与 F_4、T_2 相关,T_2 用 F_2、T_1、T_3 代替,其中 T_1 用 F_1 代替,T_3 用 F_3 代替,可得列矩阵:

$$T_4 = [1 \quad 1 \quad 1 \quad 1]^{\mathrm{T}}$$

综合列矩阵 T_1、T_2、T_3、T_4 即可得出 D 矩阵模型如表 4 - 2 所列。其结果与直接分析得出的 D 矩阵模型一样。

表 4 - 1　一阶相关性

测试点	一阶相关性
T_1	F_1
T_2	F_2, T_1, T_3
T_3	F_3, T_2
T_4	T_4, T_2

表 4 - 2　D 矩阵

	T_1	T_2	T_3	T_4
F_1	1	1	1	1
F_2	0	1	1	1
F_3	0	1	1	1
F_4	0	0	0	1

4.2.3.3　行矢量法

此方法同样是先根据测试性框图分析一阶相关性，列出各测试点一阶相关性逻辑方程式(4-1)；然后求解一阶相关性方程组，得到 **D** 矩阵模型。

一阶相关性逻辑方程的形式如下：

$$T_j = F_x + T_k + F_y + T_l + \cdots \qquad (4-1)$$
$$(j = 1, 2, \cdots, n)$$

式中，等号的右边是与测试点相关的组成部件和测试点，"+"表示逻辑"或"。

令 $F_i = 1$，其余 $F_x = 0$（$x \neq i$），求解方程组 4-1 可得到各个 d_{ij} 的取值（1 或 0），从而求得相关矩阵的第 i 行：

$$F_i = [d_{i1}, d_{i2}, \cdots, d_{in}] \qquad (4-2)$$

重复上述计算过程，即可求得全部行矢量，综合起来得到矩阵 $D_{m \times n}$。

还用图 4-6(a)给出的模型为例，可列出一阶相关性方程组如下：

$$\begin{cases} T_1 = F_1 \\ T_2 = F_2 + T_1 + T_3 \\ T_3 = F_3 + T_2 \\ T_4 = F_4 + T_2 \end{cases}$$

令 $F_1 = 1$，$F_2 = F_3 = F_4 = 0$，代入上述方程组可求得 $T_1 = 1$，$T_2 = 1$，$T_3 = 1$ 和 $T_4 = 1$，从而得到矩阵的第 1 行：

$$F_1 = [1 \quad 1 \quad 1 \quad 1]$$

再令 $F_2 = 1$，$F_1 = F_3 = F_4 = 0$，代入方程组，求得 $T_1 = 0$，$T_2 = 1$，$T_3 = 1$，$T_4 = 1$，从而得到：

$$F_2 = [0 \quad 1 \quad 1 \quad 1]$$

同样方法可求得

$$F_3 = [0 \quad 1 \quad 1 \quad 1]$$
$$F_4 = [0 \quad 0 \quad 0 \quad 1]$$

综合行矢量 F_1、F_2、F_3 和 F_4 即可得 **D** 矩阵，结果与前两种方法得到的 **D** 矩阵相同。

4.2.4　故障诊断树生成原理

故障诊断树是由故障检测与故障隔离环节组成的诊断策略，当只考虑故障检测时，故障诊断树也可称为故障检测树；当只考虑故障隔离时，故障诊断树也可称为故障隔离树。故障诊断树是故障检测测试与故障隔离测试的最优执行次序，因此故障诊断树的生成包含了故障检测测试点的优选以及故障隔离测试点的优选。

4.2.4.1　简化 D 矩阵

简化 D 矩阵是指识别 D 矩阵中的冗余测试点和故障模糊组,并将冗余测试点删除,将故障模糊组合并,以降低 D 矩阵的维度,减小后续的计算量。

（1）冗余测试点识别与删除

比较 D 矩阵模型的各列,如果有 $T_k = T_l$,且 $k \neq l$,则对应的测试点 T_k 和 T_l 是互为冗余的,只选用其中容易实现的和测试费用少的一个即可,并在 D 中去掉未选测试点对应的列。

（2）故障模糊组识别与合并

比较 D 中各行,如果有 $F_x = F_y$ 且 $x \neq y$,则其对应的故障是不可区分的,可作为一个故障隔离模糊组处理,并在 D 中将这些相等的行合并为一行。

这样就得到简化后的 D 矩阵,也得到了故障隔离的模糊组。出现冗余测试点和模糊组的原因是 UUT 的测试性框图中存在着多于一个输出的组成单元,和(或)存在着反馈回路。

如表 4-2 所列的 D 矩阵,T_2、T_3 是冗余的,F_2 和 F_3 是一个模糊组。

4.2.4.2　优选检测用测试点

假设 UUT 简化后的 D 矩阵模型为 $D = [d_{ij}]_{m \times n}$,则第 j 个测试点的故障检测权值(表示提供检测有用信息多少的相对度量)W_{FD} 可用下式计算:

$$W_{FDj} = \frac{1}{\alpha_{cj}} \sum_{i=1}^{m} \alpha_i d_{ij} \tag{4-3}$$

$$\alpha_{cj} = C_j \Big/ \sum_{j=1}^{n} C_j \tag{4-4}$$

$$\alpha_i = \lambda_i \Big/ \sum_{i=1}^{m} \lambda_i \tag{4-5}$$

式中：α_{cj}——第 j 个测试点的相对费用比;

$\quad\quad\ \alpha_i$——第 i 个组成单元的故障发生频数比;

$\quad\quad\ C_j$——第 j 个测试点的相关费用之和;

$\quad\quad\ \lambda_i$——第 i 个组成单元的故障率;

$\quad\quad\ m$——待分析的 D 矩阵行数;

$\quad\quad\ n$——候选测试点个数。

在计算出各测试点的 W_{FD} 之后,选用其中 W_{FD} 值最大者为第一个检测用测试点。其对应的列矩阵为：$T_j = [d_{1j} \quad d_{2j} \quad \cdots \quad d_{mj}]^{\mathrm{T}}$。

用 T_j 把矩阵 D 一分为二,得到两个子矩阵:

$$D_p^0 = [d]_{a \times j} \tag{4-6}$$

$$\boldsymbol{D}_p^1 = [d]_{(m-a) \times j} \tag{4-7}$$

其中：$\boldsymbol{D}_p^0$——$\boldsymbol{T}_j$ 中等于 0 的元素所对应的行构成的子矩阵；

$\qquad \boldsymbol{D}_p^1$——$\boldsymbol{T}_j$ 中等于 1 的元素所对应的行构成的子矩阵；

$\qquad a$——$\boldsymbol{T}_j$ 中等于 0 元素的个数；

$\qquad p$——下标，为选用测试点的序号。

选出第一个检测用测试点后，$p=1$。如果 $\boldsymbol{D}_1^0$ 的行数不等于零（$a \neq 0$），则对 $\boldsymbol{D}_1^0$ 再计算 W_{FD} 值，选其中 W_{FD} 最大者为第二个检测用测试点，并再次用其对应的列矩阵分割 $\boldsymbol{D}_1^0$。重复上述过程，直到选用检测用测试点对应的列矩阵中不再有为 0 的元素为止，或者全部测试点选用完毕为止。

如果在选择检测用测试点过程中，出现 W_{FD} 最大值对应多个测试点的情况，可从中选择一个容易实现的测试点。

4.2.4.3　优选隔离用测试点

仍假设 UUT 简化后的 $\boldsymbol{D}$ 矩阵模型为 $\boldsymbol{D} = [d_{ij}]_{m \times n}$，则第 j 个测试点的故障隔离权值（提供故障隔离有用信息的相对度量）W_{FI} 可用下式计算：

$$W_{FIj} = \frac{1}{\alpha_{cj}} \Big(\sum_{i=1}^m \alpha_i d_{ij} \Big) \Big(\sum_{i=1}^m \alpha_i (1 - d_{ij}) \Big) \tag{4-8}$$

计算出各测试点的 W_{FI} 之后，选用 W_{FI} 值最大者对应的测试点 T_j 为故障隔离用测试点。其对应的列矩阵为

$$\boldsymbol{T}_j = [d_{1j} \quad d_{2j} \quad \cdots \quad d_{mj}]^T \tag{4-9}$$

用 $\boldsymbol{T}_j$ 把矩阵 $\boldsymbol{D}$ 一分为二，得

$$\boldsymbol{D}_p^0 = [d]_{a \times j} \tag{4-10}$$

$$\boldsymbol{D}_p^1 = [d]_{(m-a) \times j} \tag{4-11}$$

式中：$\boldsymbol{D}_p^0$——$\boldsymbol{T}_j$ 中为 0 元素对应行所构成的子矩阵，P 为所选测试点序号；

$\qquad \boldsymbol{D}_p^1$——$\boldsymbol{T}_j$ 中为 1 元素对应行所构成的子矩阵；

$\qquad a$——$\boldsymbol{T}_j$ 中等于 0 的元素个数。

开始时只有一个矩阵，当选出第一个故障隔离用测试点后，$p=1$。分割矩阵后子矩阵数是 2，对矩阵 $\boldsymbol{D}_1^0$ 和 $\boldsymbol{D}_1^1$ 计算 W_{FI} 值，选用 W_{FI} 大者为第二个故障隔离用测试点。再分割子矩阵，这时 $p=2$，子矩阵数是 4。重复上述过程，直到各子矩阵变为只有一行为止，就完成了故障隔离用测试点的选择过程。

当出现最大 W_{FI} 值不止一个时，应优先选用故障检测已选用或测试时间短的测试点。

4.2.4.4　建立故障诊断树

建立故障诊断树以测试点的优选结果为基础，先检测后隔离，以测试点选出的先后顺序制定诊断树。具体方法是根据测试点优选结果，用选出的测试点按选出次

序进行测试,按测试结果是正常或不正常确定下一步测试。

从第一个 FD 用测试点开始,按其测试结果"正常"和"异常"画出两个分支:

① 正常(以 0 表示)分支,继续用第二个 FD 用 TP 测试,再画出两个分支,其中异常分支用 FI 用 TP 测试,转入隔离分支。而其中正常分支继续用 FD 用 TP 测试,直到用完 FD 用 TP,判定 UUT 有无故障,就画出了检测顺序图。

② 异常(以 1 表示)分支,用第一个 FI 用 TP 测试,按其结果为 0 和为 1 画出两个分支。再分别用第二个 FI 用 TP 测试,画出两个分支。这样连续地画分支,直到用完所选出的 FI 用 TP,各分支末端为 UUT 单个组成单元或模糊组为止,就画出了隔离顺序图。

检测与隔离顺序图画在一起,第一个测试点为根,引出的两个分支为树杈,接着每个分支再用第二个测试点,各自再引出两个分支。这样,直到树杈末端为无故障、单一组成单元或模糊组(即树叶)为止。这样就构成了 UUT 的故障诊断树。

例如,图 4-7(a)所示的 **D** 矩阵,选择的测试点顺序是③、④、②,很容易画出其诊断树,如图 4-7(b)所示。

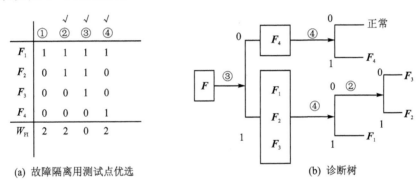

(a) 故障隔离用测试点优选　　　　　　　(b) 诊断树

图 4-7　建立故障诊断树示例

4.2.5　测试性参数评估方法

根据故障诊断树评估计算故障检测率和故障隔离率,故障检测率的计算模型采用第 1 章中的公式(1-2),故障隔离率的计算模型采用第 1 章中的公式(1-7)。

4.2.6　特殊情况处理

在相关性模型中,还存在着一种潜在的假设条件,就是测试是可执行的,测试结果是可知道的,这种假设对人工测试是可以保证的,但对于某些自动化测试,如 BIT 测试,不一定都能满足该假设条件。例如,硬件 BIT 的工作需要电源支持,电源故障会导致 BIT 没有供电而无法执行测试;软件 BIT 的工作需要 CPU 支持,CPU 的故障会导致软件 BIT 不能执行等。此外,BIT 的测试结果数据需要通过总线上报后进行显示,总线自身的故障会导致无法获取到 BIT 的测试结果。因此,需要对这些特殊情况给出处理方法。

4.2.6.1　故障与测试的阻止关系

故障与测试的阻止关系是指故障发生后,会导致出现测试无法执行的情况。

对于实际的对象,故障导致 BIT 不能执行测试时,根据 BIT 设计的不同,会有三种情况:第一种是 BIT 的默认输出为正常状态,可以作为 BIT 不能检测该故障处理;第二种是 BIT 的默认输出为故障状态,可以作为 BIT 能够检测该故障处理;第三种是 BIT 的输出不是正常也不是故障状态。

对于前两种情况采用常规的 **D** 矩阵就可以表达,不需要额外的处理。对于第三种情况,需要在 **D** 矩阵中引入第三态"×"来表达这种特殊情况。

引入第三态"×"的阻止关系扩展 **D** 矩阵定义如下:

$$
DE_{m \times n} = \begin{matrix} & T_1 & T_2 & \cdots & T_n \\ F_1 \\ F_2 \\ \vdots \\ F_m \end{matrix} \begin{bmatrix} de_{11} & de_{12} & \cdots & de_{1n} \\ de_{21} & de_{22} & \cdots & de_{2n} \\ \vdots & \vdots & \vdots & \vdots \\ de_{m1} & de_{m2} & \cdots & de_{mn} \end{bmatrix} \qquad (4-12)
$$

扩展 **D** 矩阵中的 de_{ij} 有三种可能的取值,如表 4-3 所列。

表 4-3　阻止关系扩展 **D** 矩阵的交叉元素定义

de_{ij}	含　义
0	故障发生后,测试结果正常
1	故障发生后,测试结果故障
×	故障发生后,测试结果不定

在相关性模型上,这种阻止关系发生在测试与其信息流向前段的故障之间,可以增加一种故障到测试的有向虚线来表示故障发生后测试结果不定的情况,这种扩展的相关性模型示例见图 4-8,其中 F_1 故障发生后,测试 T_1 的结果是不定的。

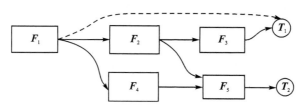

图 4-8　故障-测试阻止关系扩展模型示例

此外,对于第三种情况可以定义一个新的阻止关系矩阵 $E_{m \times n}$ 来描述:

$$E_{m \times n} = \begin{matrix} & T_1 & T_2 & \cdots & T_n \\ F_1 \\ F_2 \\ \vdots \\ F_m \end{matrix} \begin{bmatrix} e_{11} & e_{12} & \cdots & e_{1n} \\ e_{21} & e_{22} & \cdots & e_{2n} \\ \vdots & \vdots & & \vdots \\ e_{m1} & e_{m2} & \cdots & e_{mn} \end{bmatrix} \qquad (4-13)$$

其中,e_{ij} 有两种取值:$e_{ij}=1$ 表示故障发生后测试结果不定;$e_{ij}=0$ 表示故障发生后测试结果确定。

在 BIT 设计中,应避免出现故障发生后测试结果不定的情况,如果有这种情况,应该视作 BIT 的设计缺陷。

4.2.6.2　故障与测试的阻断关系

故障与测试的阻断关系是指故障发生后,会导致出现测试结果数据无法上报的情况,此类故障多发生在数据传输线路上。

在单故障假设条件下,如果发生了传输线路故障,则前面 BIT 测试的结果应为正常,根据现有的上报机制,收到的 BIT 测试结果维持不变或者不更新,还是正常状态数值,因此应该按 BIT 不能检测到该故障处理。

如果在上报路径的接收端,有发现传输线路故障的机制,应作为新的 BIT 处理,而不是当前被阻断传输测试结果的 BIT 能够检测到该故障。

4.3　相关性建模辅助软件设计

前面介绍的手工建立单层相关性模型只能解决简单对象的建模分析,不能实现对复杂对象的建模工作。而在实际工程中,进行相关性建模的对象很多都是具有多层次结构和交错连接关系的复杂系统,因此需要设计开发相关性建模的辅助工具软件,支持对复杂系统的相关性建模。

相关性建模辅助工具应能支持多层次相关性模型的建立、D 矩阵的自动生成、故障诊断树自动生成和测试性参数评估自动计算等。其中,根据 D 矩阵建立故障诊断和计算测试性参数的方法与前面 4.2.4 小节和 4.2.5 小节的内容基本相同,因此这里重点介绍一下将多层次相关性模型转化为 D 矩阵的自动化搜索算法。

4.3.1　自动化搜索算法设计

多层次相关性模型的示意图如图 4-9 所示。它是一种包含了多个单层相关性模型的复杂模型,而且在一层模型中的对象也具有多个外接的输入输出端口,此时4.2.3 小节提供的 **D** 矩阵生成方法不再适用。

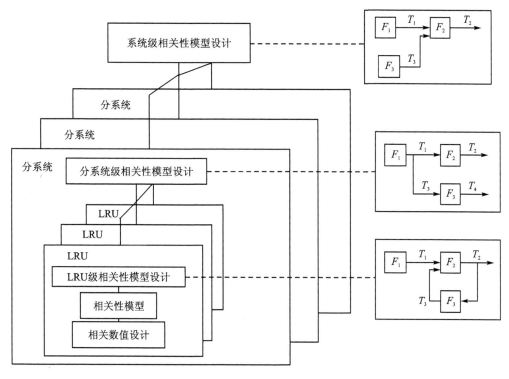

图 4 - 9   多层次相关性模型

为此,作者提出并申请了一种考虑端口交联关系的 **D** 矩阵合成搜索算法的技术

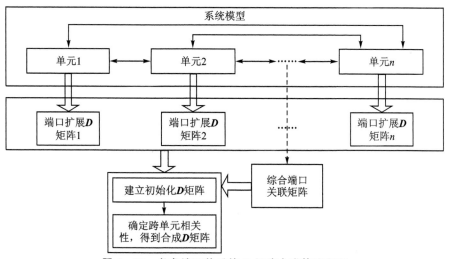

图 4 - 10   考虑端口关系的 D 矩阵合成算法原理

发明专利(授权号：ZL201310401512.4)。该算法原理见图 4 - 10,将产品各单元的 $\boldsymbol{D}$ 矩阵进行端口扩展,并建立各单元之间的综合端口关联矩阵,并将单元 $\boldsymbol{D}$ 矩阵进行合成,得到产品的 $\boldsymbol{D}$ 矩阵。该算法具有结果准确、普适各种结构模型、避免重复搜索、快速解算超大模型的特点,算法的核心步骤说明如下。

4.3.1.1 建立各单元的端口扩展 $\boldsymbol{D}$ 矩阵

单元的端口扩展 $\boldsymbol{D}$ 矩阵定义如下:

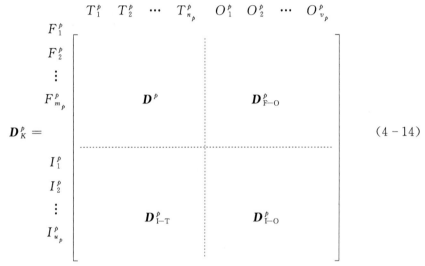

$$(4-14)$$

式中: $\boldsymbol{D}_K^p$——系统中第 p 个单元的端口扩展 $\boldsymbol{D}$ 矩阵;

$\begin{bmatrix} T_1^p & T_2^p & \cdots & T_{n_p}^p \end{bmatrix}$——第 p 个单元的全部测试;

$\begin{bmatrix} O_1^p & O_2^p & \cdots & O_{v_p}^p \end{bmatrix}$——第 p 个单元的全部输出端口;

$\begin{bmatrix} F_1^p & F_2^p & \cdots & F_{m_p}^p \end{bmatrix}^T$——第 p 个单元的全部故障;

$\begin{bmatrix} I_1^p & I_2^p & \cdots & I_{u_p}^p \end{bmatrix}^T$——第 p 个单元的全部输入端口;

$\boldsymbol{D}^p$——第 p 个单元的 $\boldsymbol{D}$ 矩阵;

$\boldsymbol{D}_{F-O}^p$——第 p 个单元的故障-输出端口关系矩阵;

$\boldsymbol{D}_{I-T}^p$——第 p 个单元的输入端口-测试关系矩阵;

$\boldsymbol{D}_{I-O}^p$——第 p 个单元的输入-输出端口关系矩阵。

故障-输出端口关系矩阵定义如下:

$$\boldsymbol{D}_{\mathrm{F-O}}^{p} = \begin{array}{c} \\ F_1^p \\ F_2^p \\ \vdots \\ F_{m_p}^p \end{array} \begin{array}{cccc} O_1^p & O_2^p & \cdots & O_{v_p}^p \\ \begin{bmatrix} d_{11} & d_{12} & \cdots & d_{1v_p} \\ d_{21} & d_{22} & \cdots & d_{2v_p} \\ \vdots & \vdots & & \vdots \\ d_{m_p1} & d_{m_p2} & \cdots & d_{m_pv_p} \end{bmatrix} \end{array} \tag{4-15}$$

式中：$\boldsymbol{D}_{\mathrm{F-O}}^{p}$——第 p 个单元的故障-输出端口关系矩阵；

m_p——第 p 个单元的故障数；

v_p——第 p 个单元的输出端口数；

F_i^p——第 p 个单元中第 i 个故障，$i=1,2,\cdots,m_p$；

O_j^p——第 p 个单元中第 j 个输出端口，$j=1,2,\cdots,v_p$；

d_{ij}——故障与端口之间的相关性，取值 1 表示相关，取值 0 表示无关。

输入端口-测试关系矩阵定义如下：

$$\boldsymbol{D}_{\mathrm{I-T}}^{p} = \begin{array}{c} \\ I_1^p \\ I_2^p \\ \vdots \\ I_{u_p}^p \end{array} \begin{array}{cccc} T_1^p & T_2^p & \cdots & T_{n_p}^p \\ \begin{bmatrix} d_{11} & d_{12} & \cdots & d_{1n_p} \\ d_{21} & d_{22} & \cdots & d_{2n_p} \\ \vdots & \vdots & & \vdots \\ d_{u_p1} & d_{u_p2} & \cdots & d_{u_pn_p} \end{bmatrix} \end{array} \tag{4-16}$$

式中：$\boldsymbol{D}_{\mathrm{I-T}}^{p}$——第 p 个单元的输入端口-测试关系矩阵；

u_p——第 p 个单元的输入端口数；

n_p——第 p 个单元的测试数；

I_i^p——第 p 个单元中第 i 个输入端口，$i=1,2,\cdots,u_p$；

T_j^p——第 p 个单元中第 j 个测试，$j=1,2,\cdots,n_p$。

输入-输出端口关系矩阵定义如下：

$$\boldsymbol{D}_{\mathrm{I-O}}^{p} = \begin{array}{c} \\ I_1^p \\ I_2^p \\ \vdots \\ I_{u_p}^p \end{array} \begin{array}{cccc} O_1^p & O_2^p & \cdots & O_{v_p}^p \\ \begin{bmatrix} d_{11} & d_{12} & \cdots & d_{1v_p} \\ d_{21} & d_{22} & \cdots & d_{2v_p} \\ \vdots & \vdots & \vdots & \vdots \\ d_{u_p1} & d_{u_p2} & \cdots & d_{u_pv_p} \end{bmatrix} \end{array} \tag{4-17}$$

式中：$\boldsymbol{D}_{\mathrm{I-O}}^{p}$——第 p 个单元的输入-输出端口关系矩阵；

u_p——第 p 个单元的输入端口数；

v_p——第 p 个单元的输出端口数;

I_i^p——第 p 个单元中第 i 个输入端口,$i=1,2,\cdots,u_p$;

O_j^p——第 p 个单元中第 j 个输出端口,$j=1,2,\cdots,v_p$;

建立单元的端口扩展 $\boldsymbol{D}$ 矩阵的流程如图 4-11 所示。

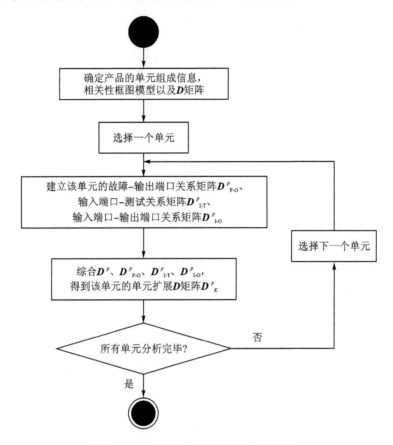

图 4-11　建立单元端口扩展 D 矩阵流程

① 确定产品的单元组成信息、各单元的相关性框图模型、单元内部搜索建立单元的 $\boldsymbol{D}$ 矩阵;

② 选择一个单元,确定其故障-输出端口关系矩阵 $\boldsymbol{D}_{F-O}^p$;

③ 对该单元,确定其输入端口-测试关系矩阵 $\boldsymbol{D}_{I-T}^p$;

④ 对该单元,确定其输入-输出端口关系矩阵 $\boldsymbol{D}_{I-O}^p$;

⑤ 根据公式(4-14)的定义形式,将该单元 $\boldsymbol{D}$ 矩阵 $\boldsymbol{D}^p$、故障-输出端口关系矩阵 $\boldsymbol{D}_{F-O}^p$、输入端口-测试关系矩阵 $\boldsymbol{D}_{I-T}^p$ 以及输入端口-输出端口关系矩阵 $\boldsymbol{D}_{I-O}^p$ 进行合并,得到该单元的端口扩展 $\boldsymbol{D}$ 矩阵 $\boldsymbol{D}_K^p$;

⑥ 选择下一个单元,重复步骤②至步骤⑤,直到所有单元分析完毕。

4.3.1.2　建立各单元之间的综合端口关联矩阵

各单元之间的综合端口关联矩阵定义如下：

$$
\boldsymbol{C}_Z =
\begin{array}{c}
\begin{array}{cccccccccccc}
I_1^1 & I_2^1 & \cdots & I_{u_1}^1 & \quad & I_1^2 & I_2^2 & \cdots & I_{u_2}^2 & \cdots & I_1^N & I_2^N & \cdots & I_{u_N}^N
\end{array}\\[4pt]
\begin{array}{c}
\begin{array}{c} O_1^1 \\ O_2^1 \\ \vdots \\ O_{v_1}^1 \end{array} \\
\begin{array}{c} O_1^2 \\ O_2^2 \\ \vdots \\ O_{v_2}^2 \end{array} \\
\vdots \\
\begin{array}{c} O_1^N \\ O_2^N \\ \vdots \\ O_{v_N}^N \end{array}
\end{array}
\left[
\begin{array}{cccc}
\boldsymbol{C}_{1-1} & \boldsymbol{C}_{1-2} & \cdots & \boldsymbol{C}_{1-N} \\[12pt]
\boldsymbol{C}_{2-1} & \boldsymbol{C}_{2-2} & \cdots & \boldsymbol{C}_{2-N} \\[12pt]
\vdots & \vdots & & \vdots \\[12pt]
\boldsymbol{C}_{N-1} & \boldsymbol{C}_{N-2} & \cdots & \boldsymbol{C}_{N-N}
\end{array}
\right]
\end{array}
$$

$$(4-18)$$

式中：$\boldsymbol{C}_Z$——各单元之间的输出-输入综合端口关联矩阵；

　　　N——被测对象的子单元数；

　　　$\begin{bmatrix} O_1^p & O_2^p & \cdots & O_{v_p}^p \end{bmatrix}^{\mathrm{T}}$——第 p 个子单元的全部输出端口，$p=1,2,\cdots,N$；

　　　$\begin{bmatrix} I_1^q & I_2^q & \cdots & I_{u_q}^q \end{bmatrix}$——第 q 个子单元全部输入端口，$q=1,2,\cdots,N$；

　　　$\boldsymbol{C}_{p-q}$——$p-q$ 端口关系矩阵，即第 p 个子单元的输出端口与第 q 个子单元的输入端口的一阶相关性矩阵。$p-q$ 端口关系矩阵定义如下：

$$
\boldsymbol{C}_{p-q} =
\begin{array}{c}
 \\
O^p_1 \\
O^p_2 \\
\vdots \\
O^p_{v_p}
\end{array}
\begin{array}{c}
\begin{array}{cccc}
I^q_1 & I^q_2 & \cdots & I^q_{u_q}
\end{array} \\
\begin{bmatrix}
c_{11} & c_{12} & \cdots & c_{1u_q} \\
c_{21} & c_{22} & \cdots & c_{2u_q} \\
\vdots & \vdots & & \vdots \\
c_{v_p1} & c_{v_p2} & \cdots & c_{v_pu_q}
\end{bmatrix}
\end{array}
\tag{4-19}
$$

式中：$\boldsymbol{C}_{p-q}$——p-q端口关系矩阵；

O^p_i——第 p 个子单元中第 i 个输出端口，$i = 1,2,\cdots,v_p$；

I^q_j——第 q 个子单元中第 j 个输入端口，$j = 1,2,\cdots,u_p$；

c_{ij}——端口之间的相关性，取值为 1 表示相关，取值为 0 表示不相关。

建立各单元之间的综合端口关联矩阵的流程如图 4-12 所示，步骤如下：

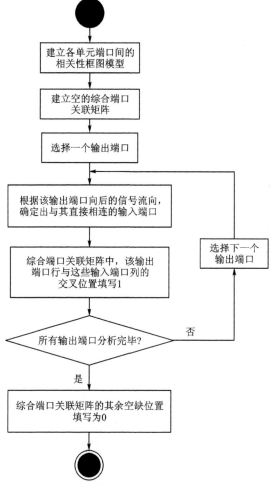

图 4-12　建立综合端口关联矩阵流程

① 隐藏单元内部细节,建立各单元端口之间的相关性框图模型;

② 根据各单元的输入端口和输出端口,建立空的综合端口关联矩阵;

③ 选择一个输出端口,根据其向后的信号流向,确定出与其直接相连的输入端口,将综合端口关联矩阵中这些输入端口对应的 c_{ij} 处填写为 1;

④ 选择下一个输出端口,重复步骤③,直到所有输出端口分析完毕;

⑤ 将综合端口关联矩阵中其余的 c_{ij} 处填写为 0。

4.3.1.3 建立初始合成 *D* 矩阵

初始合成 *D* 矩阵定义如下:

$$
\boldsymbol{D}_{H0} =
\begin{array}{c}
\begin{array}{ccccccccccccc}
T_1^1 & T_2^1 & \cdots & T_{n_1}^1 & & T_1^2 & T_2^2 & \cdots & T_{n_2}^2 & \cdots & T_1^N & T_2^N & \cdots & T_{n_N}^N
\end{array}\\
\begin{array}{c}
F_1^1\\ F_2^1\\ \vdots\\ F_{m_1}^1\\ F_1^2\\ F_2^2\\ \vdots\\ F_{m_2}^2\\ \vdots\\ F_1^N\\ F_2^N\\ \vdots\\ F_{m_N}^N
\end{array}
\left[
\begin{array}{cccc}
\boldsymbol{D}_1^1 & [\ ] & \cdots & [\ ]\\
[\ ] & \boldsymbol{D}_1^2 & \cdots & [\ ]\\
\vdots & \vdots & & \vdots\\
[\ ] & [\ ] & \cdots & \boldsymbol{D}_1^N
\end{array}
\right]
\end{array}
$$

$$(4-20)$$

式中:$\boldsymbol{D}_{H0}$——初始合成 *D* 矩阵;

$\begin{bmatrix} F_1^p & F_2^p & \cdots & F_{m_p}^p \end{bmatrix}^{\mathrm{T}}$——第 p 个单元的全部故障,$p=1,2,\cdots,N$;

$\begin{bmatrix} T_1^q & T_2^q & \cdots & T_{n_q}^q \end{bmatrix}$——第 q 个单元的全部测试,$q=1,2,\cdots,N$;

$\boldsymbol{D}_1^p$——系统中第 p 个单元的 *D* 矩阵 $\boldsymbol{D}^p$ 中的所有 1 元素形成的矩阵,其余 0 的位置处暂时为空。

初始合成 *D* 矩阵的建立方法如下:

① 根据各单元故障和测试组成,建立空的合成 *D* 矩阵;

② 根据各单元的 **D** 矩阵,将 **D** 矩阵中为 1 的数值填写到合成 **D** 矩阵相应故障与测试交叉位置,形成初始合成 **D** 矩阵。

4.3.1.4 建立最终合成 **D** 矩阵

建立合成 **D** 矩阵的流程如图 4 - 13 所示,具体步骤如下:

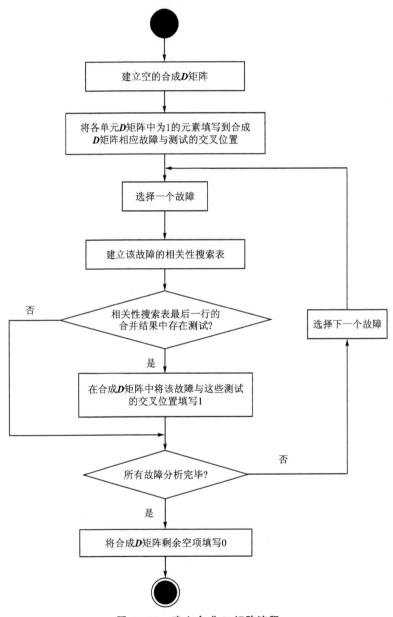

图 4 - 13 建立合成 D 矩阵流程

① 从初始合成 D 矩阵中选择一个故障。

② 进行该故障的传播路径搜索,得到搜索结果,包括:

a) 根据该故障所在单元的端口扩展 D 矩阵,确定与该故障有相关性(端口扩展 D 矩阵中该故障所在行的元素为 1)的输出端口集合和测试集合,如果输出端口集合为空,则结束搜索,否则继续;

b) 保留发现的测试集合,对每个输出端口,根据综合端口关联矩阵,确定与该输出端口有相关性的输入端口集合和测试集合;如果一个输出端口对应的输入端口集合为空,则该分支搜索完毕,否则继续;

c) 保留发现的测试集合,对每个输入端口,根据该输入端口所在单元的端口扩展 D 矩阵,确定与该输入端口有相关性的测试集合和输出端口混合集合,如果输出端口集合为空,则结束搜索,否则跳至步骤 b)。

③ 汇总发现的测试,并在合成 D 矩阵中将该故障与这些测试的交叉位置填写 1。

④ 选择下一个故障,重复步骤②和③,直到所有故障分析完毕。

⑤ 将合成 D 矩阵剩余空项填写 0,得到最终合成 D 矩阵。

4.3.1.5　算法示例

某系统的顶层相关性模型如图 4 - 14 所示,其中三个单元的相关性模型分别如图 4 - 15、图 4 - 16 和图 4 - 17 所示。

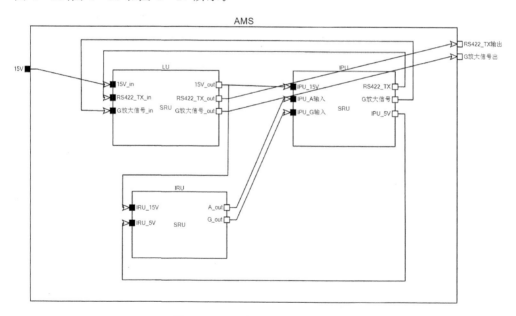

图 4 - 14　系统的顶层相关性模型

① 建立各单元的端口扩展 D 矩阵,分别如表 4 - 4、表 4 - 5 和表 4 - 6 所列。

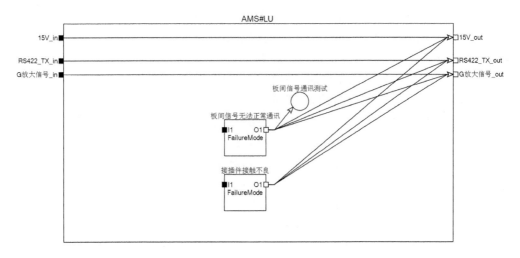

图 4 – 15　LU 的相关性模型

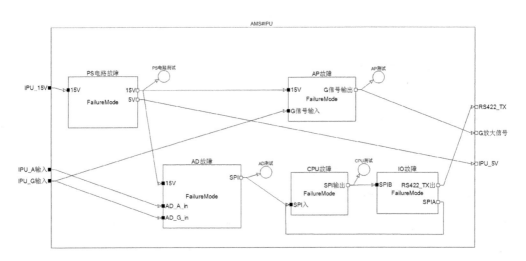

图 4 – 16　IPU 的相关性模型

表 4 – 4　LU 的端口扩展 *D* 矩阵

	板间信号 通信测试	15V_out	RS422_TX_out	G 放大信号_out
板间信号无法正常通信	1	1	1	1
接插件接触不良	0	1	1	1
15V_in	0	1	0	0
RS422_TX_in	0	0	1	0
G 放大信号_in	0	0	0	1

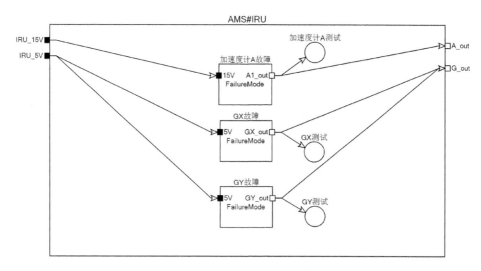

图 4 - 17　IRU 的相关性模型

表 4 - 5　IPU 的端口扩展 D 矩阵

	AD 测试	AP 测试	CPU 测试	PS 电路测试	RS422_TX	G 放大信号	IPU_5V
AD 故障	1	0	1	0	1	0	0
AP 故障	0	1	0	0	0	1	0
CPU 故障	0	0	1	0	1	0	0
IO 故障	0	0	1	0	1	0	0
PS 电路故障	1	1	1	1	1	1	1
IPU_15V	1	1	1	1	1	1	1
IPU_A 输入	1	0	1	0	1	0	0
IPU_G 输入	1	1	1	0	1	1	0

表 4 - 6　IRU 的端口扩展 D 矩阵

	加速度计 A 测试	GX 测试	GY 测试	A_OUT	G_OUT
加速度计 A 故障	1	0	0	1	0
GX 故障	0	1	0	0	1
GY 故障	0	0	1	0	1
IRU_15V	1	0	0	1	0
IRU_5V	0	1	1	0	1

② 建立各单元之间的综合端口关联矩阵,如表 4 - 7 所列。

表 4 - 7　综合端口关联矩阵

	IPU_15V	IPU_A 输入	IPU_G 输入	IRU_15V	IRU_5V	15V_in	RS422_TX_in	G 放大信号_in
RS422_TX	0	0	0	0	0	0	1	0
G 放大信号	0	0	0	0	0	0	0	1
IPU_5V	0	0	0	0	1	0	0	0
A_OUT	0	1	0	0	0	0	0	0
G_OUT	0	0	1	0	0	0	0	0
15V_out	1	0	0	1	0	0	0	0
RS422_TX_out	0	0	0	0	0	0	0	0
G 放大信号_out	0	0	0	0	0	0	0	0

③ 建立最终合成 **D** 矩阵,如表 4 - 8 所列。

表 4 - 8　合成 **D** 矩阵

	AD 测试	AP 测试	CPU 测试	PS 电路测试	加速度计 A 测试	GX 测试	GY 测试	板间信号通信测试
AD 故障	1	0	1	0	0	0	0	0
AP 故障	0	1	0	0	0	0	0	0
CPU 故障	0	0	1	0	0	0	0	0
IO 故障	0	0	1	0	0	0	0	0
PS 电路故障	1	1	1	1	0	1	1	0
加速度计 A 故障	1	0	1	0	1	0	0	0
GX 故障	1	1	1	0	0	1	0	0
GY 故障	1	1	1	0	0	0	1	0
板间信号无法正常通信	1	1	1	1	1	1	1	1
接插件接触不良	1	1	1	1	1	1	1	0

4.3.2　辅助软件介绍

目前国内外有多款用于相关性建模评估的辅助工具软件,作者主持开发了两款商用的相关性建模工具软件,分别是测试性建模与分析系统(TMAS)软件和测试性工程和综合诊断平台(TEID)软件。这里以 TEID 软件为例,简单介绍一下其中相关性建模的功能。

TEID 软件的建模主界面如图 4 - 18 所示,主要包括上边的菜单栏及操作按钮、左侧的构图元素区、右侧的属性设置区和中间的主绘图区。

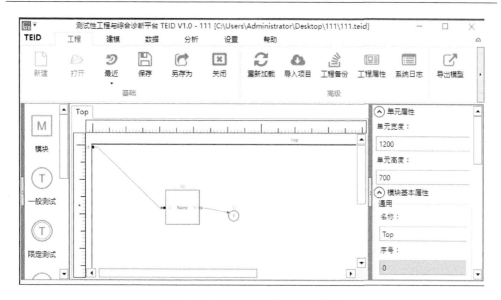

图 4 - 18　TEID 软件的建模主界面

TEID 软件的核心建模功能包括：

（1）多层级相关性模型的建立与编辑功能

支持建立多层级的相关性模型，基本图元包括连线、基本模块、可配置模块、开关、与门、测试点、功能节点和注释等。支持图元的快速查找及定位，可以对图元的参数进行编辑，图元可以自动布局。支持虚拟信号设置，支持多工作模式和多系统模式设定。图 4 - 19 给出了相关性建模与编辑的操作界面，图 4 - 20 给出了快速连线辅助向导的操作界面。

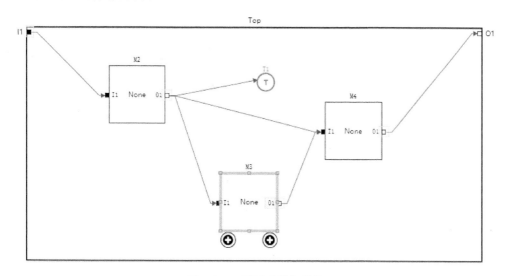

图 4 - 19　图形建模与编辑

图 4 - 20　快速连线辅助向导

（2）模型的自动分析功能

可以进行模型的自动化分析，得到 **D** 矩阵、故障诊断树和测试性定量评估结果。支持多种测试筛选、多模式和多层次选择的测试性分析设置。分析结果提供网页、Word、Excel、XML 多种格式的输出。图 4 - 21 给出了故障诊断树的输出查看示例。

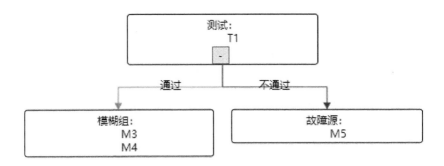

图 4 - 21　故障诊断树示例

（3）故障流向的查看与 DFT 支持

可以提供故障的后续信号流向显示，支持开展可测性设计（DFT），图 4 - 22 给出了故障流显示的示例。

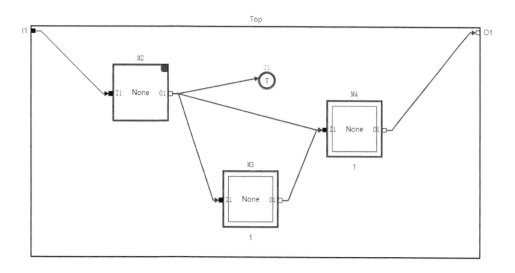

图 4 - 22 故障流显示示例

4.4 相关性建模评估的工程化操作过程

4.4.1 总体流程

相关性建模评估应该考虑到工程实际的建模工作需求,确保建立准确的相关性模型,给出准确的评估结果。相关性建模评估的工程化操作流程见图 4 - 23,包括建模数据准备、相关性模型建立、模型正确性确认与更正、测试性评估以及设计缺陷分析等主要环节。相关性建模评估的输入是建模数据准备报告,输出是建模评估报告。

4.4.2 建模数据准备

简单的对象可以直接建立相关性模型,无需专门的开展建模数据准备工作。复杂对象的多层级相关性建模是建立一种复杂的高阶相关性模型,需要的数据包括对象的结构组成、端口组成、链接关系、故障模式、故障率、严酷度、测试组成和特殊虚拟信号等,这些数据分布在产品的功能性能设计报告、可靠性设计报告和测试性设计报告中。如果没有开展建模数据准备的梳理工作,常常会遗失数据,直接导致相关性模型的不准确和不正确。此外,在建模过程中反复查阅上述设计报告,也会降低建模评估工作的效率。尤其是开展第三方的测试性建模评估工作,研制单位不方

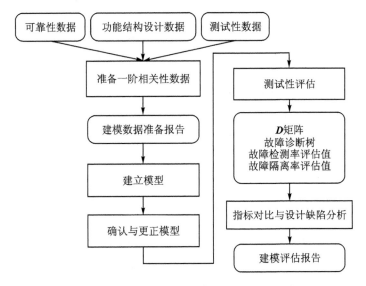

图 4 - 23 工程化操作流程

便提供全部的设计报告给第三方,通过建模数据准备工作,可以梳理出建模所用的数据,而不用再提供这些设计报告。

根据工程应用经验,基于一阶相关性原理进行建模数据准备具有以下的优点:

① 在建模之前,能够非常明确地知道需要准备哪些数据;

② 能够系统地表达出产品的接口关系、故障模式传递关系和测试关联关系,有效实现了与性能设计数据的结合;

③ 数据的准备采用一阶相关分析原则,数据分析处理难度低;

④ 根据准备的输入数据可以直接进行建模,免去了边建模边清理数据的交替过程,可以大幅度提高建模效率;

⑤ 有利于实现数据准备人员与建模人员的分离,提高了工作开展的方便性。

相关性建模需要准备的数据可分为 6 类,具体说明如下。

● 结构数据;

● 单位对外接口关系;

● 底层单元内部信号流数据;

● 故障流数据;

● 测试数据;

● 虚拟信号数据。

4.4.2.1 结构数据

结构数据是描述对象的结构组成的数据,其定义如下:

$$ST = (U, PU)$$

(4 - 21)

式中：ST——系统结构；

U——组成单元集合，$U=\{u_q|q=1,2,\cdots,Q\}$，u_q 为第 q 个单元的名称，Q 为单元的数量；

PU——父单元序号集合，$PU=\{pu_q|q=1,2,\cdots,Q\}$，$pu_q$ 为第 q 个单元的父单元的序号，当 u_q 为最顶层单元时，此值为-1。

结构数据的示例见表 4-9，工程中更多采用表 4-10 的形式来描述结构数据。

表 4-9 结构数据的示例

序 号	单元名称	父单元序号
1	处理器系统	-1
2	电源模块	1
3	处理模块	1
4	信息处理单元	3
5	接口单元	3

表 4-10 结构数据的另外一种表达

系 统	设 备	板 件
处理器系统	电源模块	—
	处理模块	信息处理单元
		接口单元

4.4.2.2 单元对外接口数据

单元对外接口数据描述了结构单元的对外接口连接，以及信号的流向。单元对外接口数据定义如下：

$$ET=(UP, ED, OP) \tag{4-22}$$

式中：ET 为单元对外接口数据；

$UP=\{up_m|m=1,2,\cdots,M\}$，$up_m$ 为本单元的一个端口，可为输入端口，也可为输出端口，M 为单元的端口外部传递关系数量；

$ED=\{ed_m|m=1,2,\cdots,M\}$，$ed_m$ 为传递方向，取值集合为｛输入，输出，双向｝，此传递方向是相对于本单元的端口来说的，输出表示由本单元的端口传向其他单元的端口，输入表示由其他单元的端口传向本单元的端口，双向表示既能由本单元的端口传向其他单元的端口，又能由其他单元的端口传向本单元的端口；

$OP=\{op_m|m=1,2,\cdots,M\}$，$op_m$ 为其他单元的一个端口，可为其他单元的输入端口或者输出端口，其他单元可以是处在同一层次的单元，也可为上层的父单元。

单元对外接口数据的示例见表 4-11。

表 4 - 11　单元对外接口数据示例

编号	本单元的端口	信号传递方向	连接单元	连接的端口
1	VCC	输入←	电源板	VCC
2	GND	输入←	电源板	GND
3	PS	输入←	接收机	PS
4	TXB422	输出→	系统板	TRB422

4.4.2.3　底层单元内部信号流数据

底层单元内部信号流数据描述了单元内输入端口与输出端口的关联关系,即信号从该单元的哪些输入端口会传递到该单元的哪些输出端口上。

底层单元内部信号流数据的定义如下:

$$IT = (IIP, ID, IOP) \tag{4-23}$$

式中:IT 为底层单元内部信号流数据;

$IIP = \{iip_n | n = 1, 2, \cdots, N\}$,$iip_n$ 为单元的一个输入端口,N 为单元的端口内部传递关系数量;

$ID = \{id_n | n = 1, 2, \cdots, N\}$,$id_n$ 为传递方向,取值集合为{输入,输出,双向},此传递方向是相对于本单元的输入端口来说的,输出表示由本单元的输入端口传向本单元的输出端口,输入表示由本单元的输出端口传向本单元的输入端口,双向表示既能由本单元的输入端口传向本单元的输出端口,又能由本单元的输出端口传向本单元的输入端口;

$IOP = \{iop_n | n = 1, 2, \cdots, N\}$,$iop_n$ 为单元的一个输出端口。

底层单元内部信号流数据的示例见表 4 - 12。

表 4 - 12　底层单元内部信号流数据示例

本单元的输入端口	信号传递方向	本单元输出端口
A1in	→	A+
A2in	→	B+
A3in	→	Y+

4.4.2.4　故障流数据

故障流数据描述了一个单元内所有故障自身的信息和故障的局部传递信息。

故障流数据的定义如下:

$$FT = (FM, FOP) \tag{4-24}$$

式中:FT 为故障流数据;

$FM = \{fm_i | i = 1, 2, \cdots, I\}$,$fm_i$ 为单元的第 i 个故障模式,I 为单元的故障模

式数量；

FOP $=\{\text{fop}_{ip}|i=1,2,\cdots,I;p=1,2,\cdots,P\}$，$\text{fop}_{ip}$ 为第 i 个故障模式能够传递出去的单元的一个输出端口，P 为第 i 个故障模式的传递关系数量。

故障流数据的示例见表 4-13。

表 4-13 故障流数据示例

故障模式编号	故障模式	严酷度	故障率(10^{-6}/h)	流出的输出端口
XX-FM01	输出电压值异常	Ⅱ	3.13	VCC

4.4.2.5 测试数据

测试数据描述了单元内部不同类型测试的具体测试项目相关信息，测试数据的定义如下：

$$\text{TPT}=(\text{TTP},\text{TFM},\text{TIP},\text{TOP}) \tag{4-25}$$

式中：TPT 为测试数据；

TTP $=\{\text{ttp}_q|q=1,2,\cdots,Q\}$，$\text{ttp}_q$ 为单元的一个测试，Q 为单元的测试数量；

TFM $=\{\text{tfm}_q|q=1,2,\cdots,Q\}$，$\text{tfm}_q$ 为第 q 个测试能够测到的本单元故障模式集合；

TIP $=\{\text{tip}_q|q=1,2,\cdots,Q\}$，$\text{tip}_q$ 为第 q 个测试监测的本单元输入端口集合；

TOP $=\{\text{top}_q|q=1,2,\cdots,Q\}$，$\text{top}_q$ 为第 q 个测试监测的所在层次的下层单元的输出端口集合，当测试为最底层单元的测试时，监测的输出端口集合为空。

测试数据的示例见表 4-14。

表 4-14 故障流数据示例

测试类别	测试编号	测试名称	测试说明	测试的故障模式	监测的单元输入端口	监测的单元输出端口
加电 BIT	XX-POBIT01	数据通信测试	板内数据回绕测试	板内数据通信故障	—	—

4.4.2.6 虚拟信号数据

在相关性建模时，往往需要使用虚拟信号来更准确地表达故障与测试之间的相关性。虚拟信号数据的示例见表 4-15。

表 4-15 虚拟信号数据示例

序 号	虚拟信号名称	关联的故障	关联的测试
1	XX-温度	AA 温度超限 BB 温度超限	温度测试

4.4.3 建立相关性模型

在数据准备的基础上,建立相关性模型的过程如下。

(1)进行模型的配置设置

对模型中需要使用的产品层次标签,以及特殊测试类型进行配置调整,增补相应的类型数据。层次标签配置的界面如图 4-24 所示。

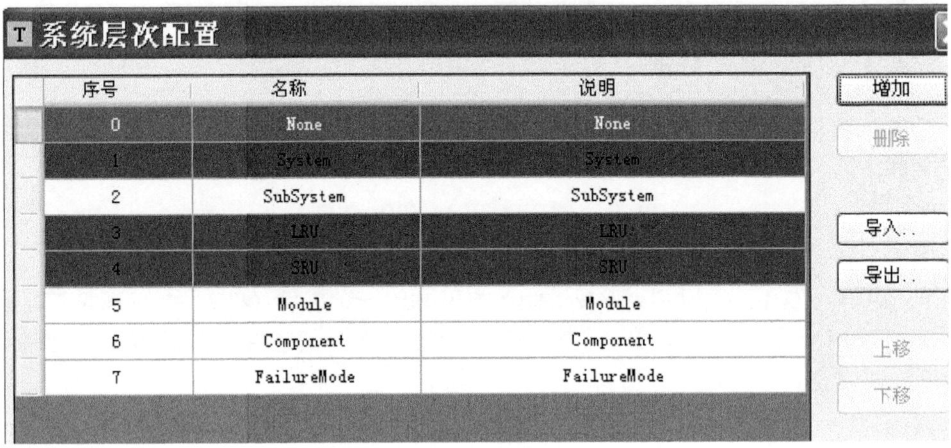

序号	名称	说明
0	None	None
1	System	System
2	SubSystem	SubSystem
3	LRU	LRU
4	SRU	SRU
5	Module	Module
6	Component	Component
7	FailureMode	FailureMode

图 4-24 层次标签配置

(2)建立对象各级单元

按照对象的结构数据,从上到下依次建立各层级单元,并补充各单元的输入输出接口。层级单元的建立如图 4-25 所示。

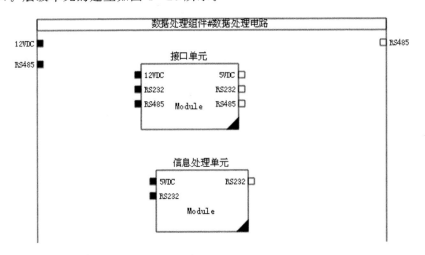

图 4-25 建立各层级单元示例

（3）建立信号流

按照单元对外接口数据、底层单元内部信号流数据，画出各层级单元之间端口连线，构建信号流。建立信号流的示例见图 4 - 26。

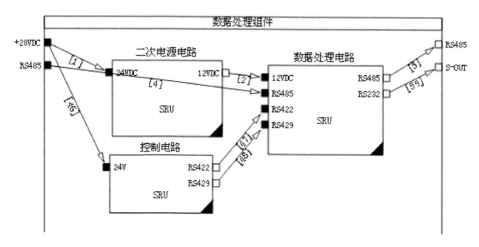

图 4 - 26　建立信号流示例

（4）建立故障流

针对底层单元，依据故障流数据，建立底层单元内的故障，并完成故障与各端口之间的连线，建立出故障流，示例见图 4 - 27。

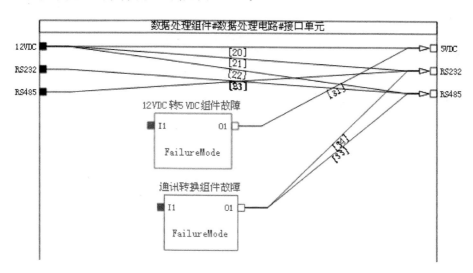

图 4 - 27　建立故障流示例

（5）建立测试

对各层级单元，依据测试数据，建立测试点和各类测试，并完成相关端口与测试点之间的连接,示例见图 4 - 28。

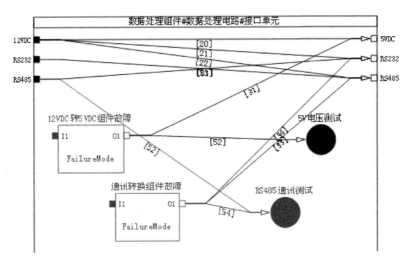

图 4 - 28　建立测试示例

（6）建立虚拟信号

依据虚拟信号数据,建立虚拟信号（功能）,并完成与关联故障和关联测试的绑定等,操作界面见图 4 - 29。

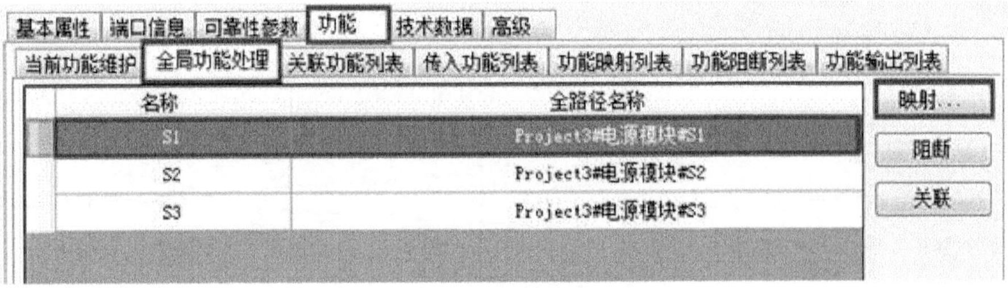

名称	全路径名称
S1	Project3#电源模块#S1
S2	Project3#电源模块#S2
S3	Project3#电源模块#S3

图 4 - 29　建立虚拟信号

（7）模型的集成

对于复杂系统,在工程中常常集成模式建模,即先对系统内的各个设备分别建模,然后集成为一个系统模型。此时可以利用模型导入功能实现将下层子单元的模型导入到母模型中,导入操作界面如图 4 - 30 所示。

在将子模型导入到母模型后,需要增补各子模型之间的连接关系和相关设置,确保母模型的准确。

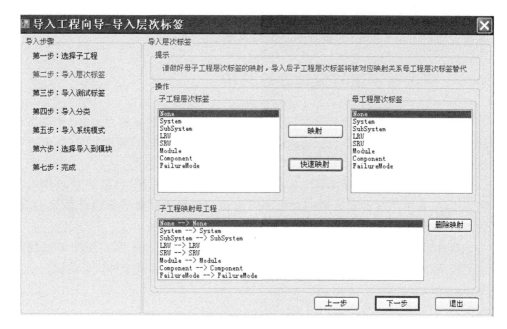

图 4 - 30　模型导入操作

4.4.4　确认与更正模型

由于数据准备中会存在偏差,初步建立的相关性模型往往也存在不准确的地方,这些不准确的情况可以通过得到的 D 矩阵进行判断,主要有以下情况。

（1）存在无用的测试

将 D 矩阵中的各测试列数据求和,其中和值为 0 的测试属于无用测试,即该测试在模型中什么故障也测不到。出现这种情况的原因有两种:一是模型没有建完,还有测试没有建立连线;二是测试关联的虚拟信号设置有错误。

（2）测试覆盖故障多

对 D 矩阵的所有测试,根据列向量逐一分析与其相关的故障,确认故障是否能够影响该测试的结果,判断是否覆盖了过多的故障。出现覆盖过多故障的原因通常是没有设置合适的虚拟信号,导致测试能力虚高。

（3）测试覆盖故障少

对 D 矩阵的所有故障,根据行向量逐一分析与其无关的测试,确认是否遗漏可以发现该故障的测试,判断是否遗漏测试。出现此种问题的原因通常是连线缺失、虚拟信号设置有问题或者测试类型设置不正确。

此过程通常需要产品设计人员参与确认。根据发现的问题,需要同步调整数据准备报告和更正相关性模型,确保数据准备与模型的准确和正确。

4.4.5 测试性评估与设计缺陷分析

在确认模型的正确性之后,可以进行测试性评估,得到故障检测率、故障隔离率的评估结果,并与指标要求对比,确认是否满足指标要求。当不满足要求时,应进行测试性设计缺陷分析。

如果故障检测率不满足要求,应进行不可检测故障的分析,将故障按故障率和严酷度排序,选择严酷度和故障率高的不可检测故障作为故障检测设计缺陷,并根据故障流向,提出测试增补设计建议。

如果故障隔离率不满足要求,应进行模糊隔离故障的分析,将模糊度超过规定要求的故障作为故障隔离设计缺陷,并根据故障流向,提出测试增补设计建议。

4.5 案例应用示例

4.5.1 案例的相关性模型

某设备的结构组成如表 4-16 所列,包括 5 个内场可更换单元(SRU)和 12 个模块(Module),在建模数据准备的基础上,建立了设备的相关性模型。

表 4-16 案例的结构组成

单元标识	层次标签	单元标识	层次标签
ERU	LRU	离散量输出光耦电路	Module
PSM	SRU	离散量输入光耦电路	Module
HPM	SRU	CPU 电路	Module
DHA	SRU	模拟量输入 AD 变换电路	Module
CPA	SRU	二次电源转换电路	Module
GPM	SRU	AFDX 接口电路	Module
DC/DC 电路	Module	二次电源转换电路	Module
输入保护电路	Module	GDC 电路	Module
控制电路	Module	422 接口电路	Module

该设备的外部接口模型如图 4 - 31 所示,展开后的顶层模型如图 4 - 32 所示。其中,GPM 的相关性模型如图 4 - 33 所示,其他各级单元的相关性模型略。

LRU	
M28V	DOUT-YYCU-BAK
L28V	AFDX1-CUMP-TX
ACT	AO-H01CU-5V+
DIN1-CBCU-ID	AO-H01CU-5V-
DIN2-H01CU-LOCK	AO-H02CU-5V+
DIN3-H01CU-NAV	AO-H02CU-5V-
DIN4-H01CU-AA	AFDX2-CUMP-TX
DIN5-H01CU-AT	
DIN6-H01CU-AG	
DIN7-H02CU-LOCK	
DIN8-H02CU-NAV	
DIN9-H02CU-AA	
DIN10-H02CU-AT	
DIN11-H02CU-AG	
DIN12-WOCU-WOW	
DIN13-AVCU-BRT1	
DIN14-AVCU-BRT2	
DIN15-YYCU-BAK1	
DIN16-YYCU-BAK2	
AI-H01CU-X	
AI-H01CU-Y	
AI-H02CU-X	
AI-H02CU-Y	
AFDX1-MPCU-RX	
AFDX2-MPCU-RX	

图 4 - 31　外部接口模型

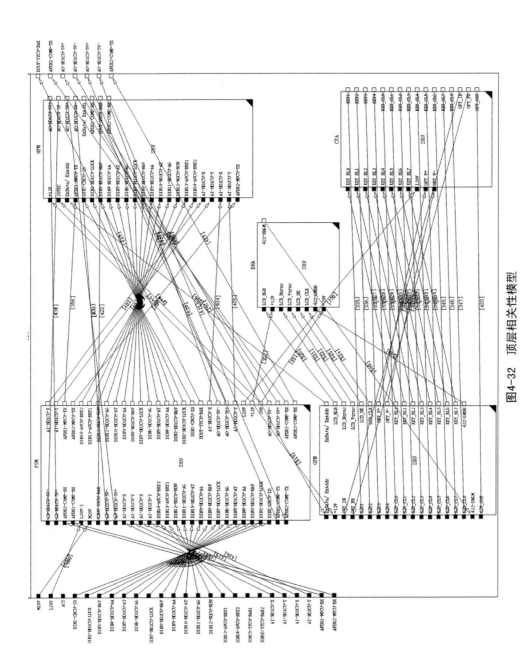

图4-32 顶层相关关系模型

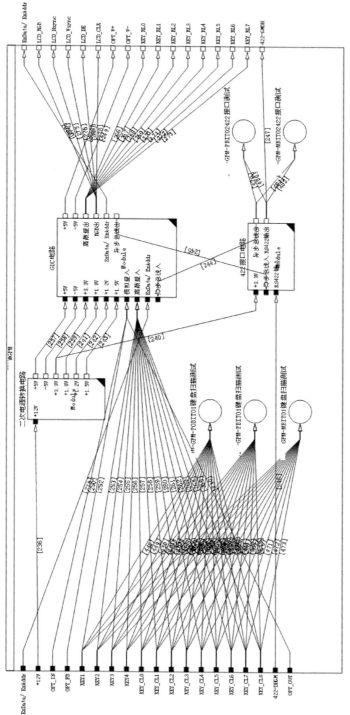

图4-33　GPM的相关性模型

4.5.2 案例的测试性评估与缺陷分析

在模型确认与更正后,进行模型的分析评估,得到的 BIT 故障检测率、故障隔离率结果见表 4-17。

表 4-17 测试性评估结果

BIT 类型	故障检测率/%	故障隔离率/%		
		到 1 个 SRU	到 2 个 SRU	到 3 个 SRU
加电 BIT	60.42	—	—	—
周期 BIT	72.93	—	—	—
维护 BIT	83.91	—	—	—
全部 BIT	83.98	91.05	91.02	100

BIT 的故障检测率不满足规定要求,通过模型分析,BIT 不能检测的故障见表 4-18,经过指标核算,确定将不能检测故障中的 1～5 号高故障率故障作为故障检测设计缺陷,进行增补测试设计使其能够被测试。

表 4-18 BIT 不能检测的故障

序　号	不能检测故障	严酷度	故障率(10^{-6}/h)
1	CPA♯模拟电压输出故障	Ⅳ	10
2	HPM♯模拟量输入 AD 变换电路♯AD 故障	Ⅳ	2.598 4
3	HPM♯离散量输入光耦电路♯光耦故障	Ⅳ	2.022 4
4	HPM♯CPU 电路♯CPLD 故障	Ⅳ	1.921 616
5	GPM♯GDC 电路♯CPLD 故障	Ⅳ	1.921 616
6	GPM♯GDC 电路♯通信接口故障	Ⅳ	0.745 84
7	HPM♯二次电源转换电路♯-5 V 故障	Ⅳ	0.608
8	HPM♯二次电源转换电路♯+5 V 故障	Ⅳ	0.608
9	GPM♯二次电源转换电路♯+5 V 故障	Ⅳ	0.608
10	GPM♯二次电源转换电路♯-5 V 故障	Ⅳ	0.608
11	HPM♯CPU 电路♯晶体振荡器故障	Ⅳ	0.529

BIT 的故障隔离率满足规定要求,无需进行故障隔离缺陷分析。

第5章 加权评分核查方法

5.1 加权评分核查概述

5.1.1 加权评分核查的含义

加权评分核查是依据装备的测试性设计要求和工作项目要求,在研制阶段,对装备、系统和设备的测试性设计全部工作进行核查,发现存在的问题,并给出测试性设计的加权综合评分。

加权评分核查本质上是一种定性评价,其作用类似于测试性设计评审,但它涉及的内容比测试性设计评审更细、更全面,能够更准确地掌握测试性设计状况。加权评分核查更多的是代表甲方或者主机单位检查研制和生产单位的工作情况,确定研制总要求或合同提出的测试性要求是否满足,尤其是检查研制人员在设计阶段是否理解这些要求,并充分考虑了测试性技术问题。

5.1.2 加权评分核查原理

加权评分核查的方法原理如图 5-1 所示。加权评分核查是在产品研制过程中获取测试性设计信息,完成加权评分核查,而且整个核查工作是由核查小组负责完成的。

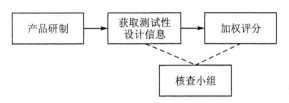

图 5-1 加权评分核查的原理

获取测试性设计信息的方法包括如下三种途径:

① 查阅文件资料:将产品测试性设计工作形成的相关文件资料收集汇总后,进

行查阅,获取测试性的设计信息;

② 问询技术人员:召集产品测试性设计的技术人员进行问询,获取测试性的设计信息;

③ 样机/实物检查与演示:对已经制作完成的样机或者实物(硬件实物、软件代码)进行检查,条件允许时进行操作演示,获取测试性的设计信息。

核查的开展方式也包括三种形式:

① 现场核查:核查小组分别到主机单位、配套单位现场,开展测试性设计核查工作;

② 集中核查:核查小组仅在主机单位开展测试性设计核查工作,配套单位提供人员和资料到主机单位配合开展工作;

③ 外送核查:主机单位汇总测试性设计资料后,将其外送到核查小组所在单位进行核查。

5.2　核查内容与评分方法

根据装备或产品的特点、测试性设计要求、测试性工作项目和核查工作的开展时机,确定适用的测试性核查内容。当核查内容较多时,应对其进行分类或者分组。

5.2.1　测试性核查的常规内容

常规的测试性核查内容一般覆盖测试性设计工作的各个方面,装备不同,核查内容也不尽相同,同一核查内容分组,其核查要点也不尽相同。这里给出两个核查内容分组与核查要点示例,供确定核查内容时参考。

(1) 测试性核查内容分组与核查要点示例 1

(a) 测试性设计要求落实,要点包括:

● 具有 BIT 功能;

● BIT 将故障隔离到外场可更换单元;

● BIT 信息应便于观察和下载;

● 预计的 BIT 故障检测率满足指标要求;

● 预计的 BIT 故障隔离率满足指标要求;

● 预计的自动测试设备(ATE)故障检测率满足指标要求;

● 预计的 ATE 故障隔离率满足指标要求。

(b) 诊断方案及固有测试性,要点包括:

● 按功能、结构合理地划分为几个外场可更换单元(LRU)和车间可更换单元(SRU),有明确的可预置初始状态;

● 运行中及各级维修诊断方法配置明确合理,所需外部测试设备必要、有效、适

用,测试设备接口方式明确;

- 测试结果的显示与存储方式明确且满足要求;
- 结合本产品特点制定了适用的测试性设计准则;
- 具体说明了各条测试性设计准则的贯彻情况,或按规定进行了固有测试性评价。

(c) 测试点和兼容性,要点包括:

- 各 LRU、SRU 均设置了观测、激励或控制用测试点,明确测试信号的检测内容、信号状态、信号正常范围、测试方式;
- 结合 FMECA 检查对故障影响系统任务或飞行安全的单元、故障率高的单元、冗余备份单元是否设置了必要的测试点;
- 结合指标检查测试点设置是否满足 BIT、原位和离位故障检测隔离的需要;
- 外部测试要求明确合理;
- LRU、SRU 测试所需激励和测量信号特性、接口、试验条件等与所用 ATE 是兼容的。

(d) BIT 设计,要点包括:

- 设计了需要的 BIT 工作模式,说明各 BIT 模式测试的项目;
- 详细说明各 BIT 模式的各项测试序号及检测内容;
- 采取了必要的防止虚警措施,如延时、滤波、表决、多次测试和适当测试容差;
- 设定了必要的 BIT 信息的存储、显示、报警和传输方式;
- 预计分析 BIT 运行时间不超过规定要求。

(e) BIT 预计,要点包括:

- BIT 预计的各项工作全部完成,预计表内容完整;
- 预计方法正确,数据计算准确;
- 预计表有关内容与 FMECA 一致,预计表列出的测试点与 BIT 设计说明一致;
- 存在问题和建议清楚。

(2) 测试性核查内容与核查要点示例 2

(a) 诊断方案,要点包括:

- 维修级别是否明确;
- 各维修级别的测试性要求是否明确;
- 产品层级划分是否明确;
- 各维修级别的测试手段是否明确,综合诊断能力是否达到 100%;
- 机内测试系统功能、组成划分与工作模式是否明确;
- 机内测试的信息处理方式是否明确;
- 外部测试方式(人工测试或自动测试)是否明确。

(b) BIT 设计,要点包括:

- 是否进行了加电 BIT、周期 BIT 等类别划分；
- 各工作模式 BIT 是否明确设计要求；
- 是否给出了每个 BIT 的具体测试项目；
- 是否给出了各 BIT 的直接监测信号、检测功能、检测故障和传感器；
- 软件 BIT 是否给出了具体的测试原理、测试流程和故障判据；
- 硬件 BIT 是否给出了具体的测试原理、测试电路和故障判据；
- 是否给出了 BIT 信息处理设计，包括 BIT 信息内容、上报/传输协议、存储方法与容量、报警、输出与下载等；
- 每个周期 BIT 是否采取了防虚警措施。

(c) 外部测试设计，要点包括：
- 是否明确了外部测试点；
- 每个测试点是否给出信号类型与正常信号范围；
- 是否进行了必要的电气隔离设计和兼容性设计；
- 是否给出了外部测试接口；
- 是否给出了产品外部测试的故障检测和故障隔离方法和流程；
- 是否进行了测试资源需求分析。

(d) 测试性设计准则，要点包括：
- 设计准则条款是否进行了适应性裁剪，去掉了不适用的内容；
- 是否具有与产品特点相关的专用准则条款。

(e) 测试性设计准则符合性检查
- 符合性分析中的条款是否覆盖了测试性设计准则的全部条款；
- 是否给出了符合与否的判别；
- 对符合条款是否给出了设计措施说明；
- 对不符合条款是否给出了原因说明和影响说明；
- 对不符合条款是否给出了处理措施建议。

(f) 测试性建模分析，要点包括：
- 产品的结构组成划分是否正确；
- 建模最低结构层次是否符合要求；
- 故障模式、故障率等数据是否正确；
- BIT 与外部测试是否正确；
- 相关性矩阵是否正确；
- 故障检测率、故障隔离率是否满足指标要求；
- 是否针对不可检测故障或故障隔离模糊组提出了改进措施。

(g) 状态监控设计，要点包括：
- 状态监控功能是否覆盖了关键的系统和部件；
- 是否给出了监控参数清单；

- 是否确定监控参数的传感器/测试点；
- 每个监控参数是否给出了信号类型；
- 是否确定了监控参数的采样周期；
- 是否确定了监控参数的传输协议；
- 是否确定了监控参数的存储位置和存储方式,存储容量是否满足要求；
- 是否确定了监控参数的下载/输出方式；
- 是否对所用传感器给出了设计说明。

5.2.2　BIT 核查的详细内容

由于 BIT 设计是目前测试性设计中的核心内容,因此很多装备针对 BIT 设计单独开展详细核查,具体核查内容可参考如下的条款。

5.2.2.1　BIT 定性设计核查的内容

(1) 功能设计,要点包括:
- BIT 是否根据设计要求提供了状态监控功能；
- 状态监控功能是否覆盖了关键的系统和部件；
- 状态监控功能的总体流程是否明确；
- BIT 是否根据设计要求提供了故障检测功能；
- 故障检测功能是否覆盖了所有的系统和部件；
- 故障检测功能的总体流程是否明确；
- BIT 是否根据设计要求提供了故障隔离功能；
- 故障隔离功能是否覆盖了所有的系统和部件；
- 故障隔离功能的总体流程是否明确；
- BIT 是否根据设计要求提供了故障/寿命预测功能；
- 故障/寿命预测功能是否覆盖了规定的系统和部件；
- 故障/寿命预测功能的总体流程是否明确；
- BIT 是否根据设计要求提供了系统重构支持功能；
- BIT 是否根据设计要求提供了虚警消除功能。

(2) 布局设计,要点包括:
- 是否设置了集中处理的 BITE 或者设备,执行 BIT 综合处理的功能；
- 系统级 BIT 的分级处理功能是否符合设计要求；
- 系统级 BIT 是否具备对飞机所有 BIT 的访问与控制功能；
- 系统级 BIT 与各级 BIT 之间的通信总线是否明确；
- 系统级 BIT 是否具备飞机对外的访问与控制功能。

(3) BIT 模式设计,要点包括:

- BIT 的工作模式分类是否满足定性设计要求;
- BIT 的工作模式是否支持起飞前 BIT;
- BIT 的工作模式是否支持飞行中 BIT;
- BIT 的工作模式是否支持飞行后 BIT;
- 起飞前 BIT 的总时间是否满足飞机出动准备时间要求。

(4) 信息处理设计,要点包括:
- BIT 信息处理功能是否完备;
- BIT 信息记录内容是否完备;
- BIT 信息存储容量是否满足要求;
- BIT 信息存储的物理位置是否满足要求;
- BIT 信息报告与驾驶舱效应设计是否满足要求;
- BIT 信息的查阅设计是否满足要求;
- BIT 信息的导出和下载设计是否满足要求。

(5) 系统重构设计,要点包括:
- 用于系统重构的 BIT 故障检测功能是否明确;
- 用于系统重构的 BIT 故障隔离功能是否明确。

5.2.2.2 BIT 定量设计核查的内容

(1) 故障检测率设计,要点包括:
- 是否具有明确的故障检测率指标要求;
- 是否确定了应进行检测的功能故障集合;
- 是否确定了应进行检测的硬件故障集合;
- 是否将故障检测率进行了进一步的分配;
- 预计的故障检测率是否能够满足指标要求;
- 预计的故障检测率是否满足系统重构要求。

(2) 故障隔离率设计,要点包括:
- 是否具有明确的故障隔离率指标要求;
- 是否确定了应进行隔离的功能故障集合;
- 是否确定了应进行隔离的硬件故障集合;
- 是否将故障隔离率进行了进一步的分配;
- 预计的故障隔离率是否能够满足指标要求;
- 预计的故障隔离率是否满足系统重构要求。

(3) 平均虚警工作时间设计,要点包括:
- 是否具有明确的平均虚警工作时间指标要求;
- 是否确定了应采用的虚警限制方法;
- 是否设计了虚警限制功能;

● 估计的平均虚警工作时间是否能够满足指标要求；
● 估计的平均虚警工作时间是否满足系统重构要求。

5.2.2.3　BIT 设计工作项目核查的内容

(1) 制定 BIT 设计方案,要点包括:
● 工作开展得是否及时；
● 报告内容格式是否符合规范要求；
● 设计方案组成是否完整。

(2) 分配 BIT 要求,要点包括:
● 工作开展得是否及时；
● 报告内容格式是否符合规范要求；
● 分配方法和分配结果是否合理。

(3) BIT 建模分析,要点包括:
● 工作开展得是否及时；
● 报告内容格式是否符合规范要求；
● 建模方法和建模结果是否合理。

(4) 制定贯彻 BIT 设计准则,要点包括:
● 工作开展得是否及时；
● 报告内容格式是否符合规范要求；
● 准则条款是否全面、合理、有效；
● 准则条款是否落实。

(5) BIT 软件/硬件详细设计,要点包括:
● 工作开展得是否及时；
● 报告内容格式是否符合规范要求；
● 详细设计内容是否全面、合理。

(6) BIT 的预计,要点包括:
● 工作开展得是否及时；
● 报告内容格式是否符合规范要求；
● 预计方法和预计结果是否合理；
● 预计结果是否满足指标要求。

5.2.3　加权评分方法

5.2.3.1　加权评分设计

加权评分是确定单个评分要点的分值,然后利用给定的权值,进行加权平均得到产品的总评分。其主要的设计内容包括：评分量值、权值和总评分计算模型。

（1）评分量值设计

每个评分要点的分数范围都在 0～100 分之间，产品的总评分的分数范围也是在 0～100 分之间。

评分人员根据核查项目要求，对产品的测试性设计的评分要点进行评价，根据评价结果进行打分。主要的评分依据如下：

- 设计内容完全符合要点要求，评 100 分；
- 设计内容较好符合要点要求，评 80 分；
- 设计内容基本符合要点要求，评 60 分；
- 设计内容涉及要点要求，不具体，评 40 分；
- 设计内容多数不符合要点要求，评 20 分；
- 缺少相关设计要求，评 0 分。

（2）权值设计

权值在设计上通常采用两级权值，第一级权值针对评分要素的分组，第二级权值针对具体的评分要点。所有的权值范围都是在"1～10"之间，越重要的分组或者要点，其权值越高。

权值应由核查小组根据核查的侧重点来统一确定。

（3）总评分计算模型

总评分的计算模型如下：

$$S_T = \frac{\sum S_{Wij}}{\sum W_{1i} \cdot W_{2j}} = \frac{\sum W_{1i} \cdot W_{2j} \cdot S_{ij}}{\sum W_{1i} \cdot W_{2j}} \tag{5-1}$$

式中：S_T——总加权评分值；

S_{ij}——单个要点的评分值；

S_{Wij}——单个要点的加权评分值；

W_{1i}——单个分组的加权值；

W_{2j}——单个要点的加权值。

该计算模型可以保证总评分不仅能反映单个要点评分的高低，而且能保证总平分是在 0～100 分之间。最后根据计算得到的总评分进行评价，例如高于 60 分记为及格，高于 80 分记为良好，高于 90 分记为优秀等。

5.2.3.2　核查表设计

加权评分核查的核查表应包括核查内容分类、具体核查要点、加权值和评分值等项，如表 5-1 所列。

表 5 - 1　加权评分核查的核查表格式

分　类	具体核查要点	加权值		评分值 S	加权值 S_w
		分类权值 W_1	要点权值 W_2		

其中,分类权值和要点权值是事先给定的,评分值和加权值是核查实施中填写的。当有多人进行评分时,评分值应统计所有评分人的平均值。

5.2.4　核查示例

某设备的加权评分核查表和评分结果见表 5 - 2。

表 5 - 2　加权评分核查示例

分　类	具体核查要点	权值 W_{1i}	权值 W_{2i}	评分 S_i	加权分 $S_{Wi} = W_1 W_2 S_i$
1 测试性设计要求满足情况	1) 具有 BIT 功能	10	10	100	10 000
	2) BIT 将故障隔离到外场可更换单元		10	100	10 000
	3) BIT 信息应便于观察和下载		10	90	9 000
	4) 预计的 BIT 故障检测率满足指标要求		10	100	10 000
	5) 预计的 BIT 故障隔离率满足指标要求		10	100	10 000
	6) 预计的 ATE 故障检测率满足指标要求		10	100	10 000
	7) 预计的 ATE 故障隔离率满足指标要求		10	100	10 000
2 诊断方案及固有测试性	1) 按功能、结构合理地划分为几个外场可更换单元(LRU)和车间可更换单元(SRU),有明确的可预置初始状态	5	4	100	2 000
	2) 运行中及各级维修诊断方法配置明确合理,所需外部测试设备必要、有效、适用,测试设备接口方式(所用 I/O 插座和检测插座)明确		10	90	4 500
	3) 测试结果的显示与存储方式明确且满足要求		8	90	3 600
	4) 结合本产品特点制定了适用的测试性设计准则		6	100	3 000
	5) 具体说明了各条测试性设计准则的贯彻情况,或按国军标规定进行了固有测试性评价		6	20	600

分　类	具体核查要点	权值 W_{1i}	权值 W_{2i}	评分 S_i	加权分 $S_{Wi}=$ $W_{1i}W_{2i}S_i$
3 测试点和 兼容性	1）各 LRU、SRU 均设置了观测、激励或控制用测试点,明确测试信号的检测内容、信号状态、信号正常范围、测试方式等,可以用列表和(或)图示方法说明	5	10	30	1 500
	2）结合 FMECA 检查对故障影响系统任务或飞行安全的单元、故障率高的单元、冗余备份单元是否设置了必要的测试点		10	60	3 000
	3）结合指标检查测试点是否设置满足 BIT、原位和离位故障检测隔离的需要		8	90	3 600
	4）外部测试要求(如测试信号类型、幅值、频率、精度、负载等)明确合理		6	50	1 500
	5）LRU、SRU 测试所需激励和测量信号特性、接口、试验条件等与所用 ATE 是兼容的		10	50	2 500
4 BIT 设计	1）设计了需要的 BIT 工作模式,说明各 BIT 模式测试的项目(可用流程图或列表说明)	10	8	70	5 600
	2）详细说明各 BIT 模式的各项测试序号及检测内容(可列表)		10	70	7 000
	3）采取了必要的防止虚警措施,如延时、滤波、表决、多次测试和适当测试容差等		10	70	7 000
	4）设定了必要的 BIT 信息的存储、显示、报警和传输方式		8	80	6 400
	5）预计分析 BIT 运行时间不超过规定要求。		6	80	4 800
5 BIT 预计	1）BIT 预计的各项工作全部完成(如分析检测与隔离情况,填预计表,分析所得数据、未检测故障和防虚警措施,写预计报告等),预计表内容完整	5	8	80	3 200
	2）预计方法正确,数据计算准确		10	100	5 000
	3）预计表有关内容(故障模式、故障率数据、双方风险等)与 FMECA 一致,预计表列出的测试点与 BIT 设计说明一致		10	90	4 500
	4）存在问题和建议清楚		6	80	2 400

总权值 $=\sum W_1\cdot W_2=1\ 780$;

总评分值 $S_T=\dfrac{\sum S_{Wi}}{\sum W_1\cdot W_2}=140\ 700/1\ 780=83.75>80$(良好分数基准)。

测试性设计核查验证结论:良好。

第6章　考虑风险的样本量确定与参数评估方法

6.1　基于二项分布的样本量确定方法

6.1.1　成败型试验原理

当试验结果只取两种对立状态时,如成功与失败、合格与不合格等,且各项试验结果彼此独立,这样的试验称为成败型试验。成败型试验有 4 个条件:

① 整个试验由 n 次相同的试验组成;

② 任何一次试验的结果是成功或失败;

③ 任一次试验结果与其他次试验无关;

④ 每次试验产品的成功概率保持不变。

如果采用有放回抽样,上述 4 条能够满足,可以采用二项分布来进行分析计算。如果采用无放回抽样,后 2 条是不能严格满足的,在这种情况下应用超几何分布可得到正确的分析。然而,在满足批量(总体)N 与抽样样本量 n 比较足够大时,二项分布也可以提供合理的分析基础。

在测试性试验中采取有放回故障抽样,在试验对象中注入或者模拟故障样本,然后运行 BIT 或 ATE,进行故障检测和隔离,其结果也可分类为两种:检测出故障或未检测出故障;隔离到规定的模糊组或没有达到规定的模糊组。因此,测试性试验可以看作成败型试验,可以采用二项分布来进行估计和评定。

同理,在产品使用过程中收集的测试性数据,包括故障检测、故障隔离、虚警等都可以看作成败型试验数据,也可以采用二项分布来进行估计和评定。

6.1.1.1　二项分布模型

对于成败型试验,如果一次试验中产品成功的概率为 q,失败的概率 $p=1-q$,进行 n 次独立重复的试验,其中失败 i 次($s=n-i$ 是成功次数)。用随机变量 X 表示失败次数,则随机变量 X 服从参数为 (n,p) 的二项分布,记为:$X \sim B(n,p)$。

二项分布的概率计算模型为

$$P\{x=i\} = \binom{n}{i}(1-q)^i q^{n-i} \qquad (6-1)$$

抽取产品的 n 个样本进行试验,如果试验结果中失败的样本数量不超过 $r(0 \leqslant r \leqslant n)$,则累积分布函数 $L(q)$ 为

$$L(q) = \sum_{i=0}^{r} \binom{n}{i}(1-q)^i q^{n-i} \qquad (6-2)$$

通常在成败型试验中,如果统计到的失败次数不大于 r,则可以接收产品,否则拒收产品,因此 $L(q)$ 也称为产品的接收概率,$1-L(q)$ 也称为产品的拒收概率。

二项分布的概率分布如图 6-1 所示。

基于二项分布模型,可以将故障检测率或者故障隔离率看作是二项分布中的成功概率 q,每次注入故障进行测试都看作一次抽样试验,注入的故障样本数量可以看作试验次数 n,不能检测或者不能隔离的故障样本数量看作是失败次数,则根据公式(6-2)可以实现样本量 n、允许的最大失败次数 r 与接收/拒收概率之间的换算。

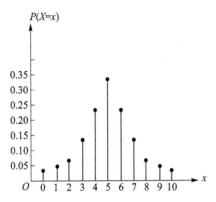

图 6-1 二项分布的概率分布图

6.1.1.2 累积分布函数的单调性分析

为了分析方便,对确定的 n、r、q,这里将累积分布函数 $L(q)$ 表示为 $B(n,r,q)$,如下式所示:

$$B(n,r,q) = \sum_{i=0}^{r} \binom{n}{i}(1-q)^i q^{n-i} \qquad (6-3)$$

① $B(n,r,q)$ 是关于 q 的单调增函数。

证明如下:

$$\frac{\partial B(n,r,q)}{\partial q} = \frac{\partial}{\partial q}\sum_{i=0}^{r}\binom{n}{i}(1-q)^i q^{n-i}$$
$$= \binom{n}{r+1}(r+1)(1-q)^r q^{n-r-1}$$
$$\geqslant 0 \qquad (6-4)$$

② $B(n,r,q)$ 是关于 n 的单调减函数。

证明如下:

$$B(n+1,r,q) - B(n,r,q) = \sum_{i=0}^{r} \binom{n+1}{i}(1-q)^i q^{n-i} - \sum_{i=0}^{r} \binom{n}{i}(1-q)^i q^{n-i}$$

$$= -\binom{n}{r}(1-q)^{r+1} q^{n-r}$$

$$\leqslant 0 \qquad\qquad (6-5)$$

③ $B(n,r,q)$ 是关于 r 的单调增函数。

证明如下：

$$B(n,r+1,q) - B(n,r,q) = \sum_{i=0}^{r+1} \binom{n}{i}(1-q)^i q^{n-i} - \sum_{i=0}^{r} \binom{n}{i}(1-q)^i q^{n-i}$$

$$= \binom{n}{r+1}(1-q)^{r+1} q^{n-r+1}$$

$$\geqslant 0 \qquad\qquad (6-6)$$

6.1.1.3　双方风险

对产品的使用方（或者订购方）来说，如果产品的成功概率低于最低可接受值 q_1，则要拒收该产品，但此时试验结果的失败数也有可能不大于 r，对应的接收概率为

$$L(q_1) = \sum_{i=0}^{r} \binom{n}{i}(1-q_1)^i q_1^{n-1} \qquad\qquad (6-7)$$

在规定了使用方的风险（或者检验水平）β 的情况下，上式的结果不应该大于 β，以限制使用方的风险，即：

$$L(q_1) = \sum_{i=0}^{r} \binom{n}{i}(1-q_1)^i q_1^{n-i} \leqslant \beta \qquad\qquad (6-8)$$

产品的生产方（或者承制方）应该按大于 q_1 的规定值 q_0 来设计产品，以增大接收概率，但也有可能试验结果的失败数还是大于 r，被拒收，其概率即为拒收概率 $1-L(q_0)$。在规定了生产方的风险（或者检验水平）α 的情况下，拒收概率结果不应该大于 α，以限制生产方的风险，即

$$1 - L(q_0) = 1 - \sum_{i=0}^{r} \binom{n}{i}(1-q_0)^i q_0^{n-i} \leqslant \alpha \qquad\qquad (6-9)$$

α、β、q_0、q_1 的关系如图 6-2（图中以光滑曲线代替了连点折线）所示。q_0、q_1 分别对应不同的概率密度曲线，对于确定的一个允许失败数 r：当产品的 $q \geqslant q_0$ 时，失败数大于 r 的概率小于或等于 α；当产品的 $q \leqslant q_1$ 分布时，失败数小于 r 的概率小于或等于 β。

由图 6-2 可知，α 和 β 是相互矛盾的。根据二项分布函数的单调性，当 r 增大时，α 减小，β 增大；当 n 增大时，β 减小，α 增大；当 n 减小时，β 增大，α 减小。为了使 α 和 β 都减小到给定的值，则需要增加试验的样本量 n 来减小 β，同时增加允许的失败数 r 来减小 α。

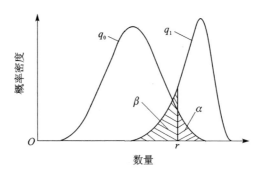

图 6-2 α、β、q_0、q_1 的关系图

6.1.2 定数试验方案

随机抽取 n 个样本进行试验,其中有 F 个失败。规定一个正整数 r,如果 $F \leqslant r$ 则认为合格,判定接收;如果 $F > r$ 则认为不合格,判定拒收,其框图如图 6-3 所示。r 为合格判定数,定数试验方案简记为 (n, r)。

在二项分布模型下,对于给定的 α、β、q_0、q_1,需要联立求解公式(6-10)和(6-11),得出多个满足这两个公式的 (n, r) 值组合,取其中 n 值最小的一组 (n, r) 作为定数试验方案。

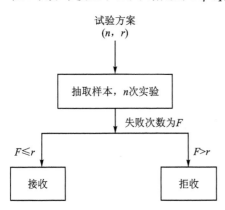

图 6-3 成败型定数抽样试验方案

$$1 - \sum_{d=0}^{r} \mathrm{C}_n^d q_0^{n-d} (1-q_0)^d \leqslant \alpha \tag{6-10}$$

$$\sum_{d=0}^{r} \mathrm{C}_n^d q_1^{n-d} (1-q_1)^d \leqslant \beta \tag{6-11}$$

以上二式的计算求解困难,这里给出几种典型试验方案数据表,以供查询。

6.1.2.1 等风险试验方案

一般 q_0、q_1 的关系用鉴别比 D 表示,$D = (1-q_1)/(1-q_0)$。GB 5080.5—85 给出了 $\alpha = \beta = 0.05$、0.10、0.20、0.30,以及 $D = 1.50$、1.75、2.00、3.00 时的试验方案表格,如表 6-1 所列。判决规则:若累计失败数不大于 r,则产品质量低于 q_1 的概率很低,接收产品;若累计失败数大于 r,则产品质量高于 q_0 的概率很低,拒收产品。

表 6 - 1 $\alpha = \beta$ 时的试验方案(1)

q_0	D	$\alpha = \beta = 0.05$		$\alpha = \beta = 0.10$		$\alpha = \beta = 0.20$		$\alpha = \beta = 0.30$	
		n	r	n	r	n	r	n	r
0.999 5	1.50	108 002	66	65 849	40	28 584	17	10 814	6
	1.75	51 726	34	32 207	21	14 306	9	5 442	3
	2.00	31 410	22	20 125	14	9 074	6	3 615	2
	3.00	10 467	9	6 181	5	2 852	2	1 626	1
0.999 0	1.50	53 998	66	32 922	40	14 291	17	5 407	6
	1.75	25 861	34	16 102	21	7 152	9	2 721	3
	2.00	15 703	22	10 061	14	4 537	6	1 807	2
	3.00	5 232	9	3 090	5	1 426	2	813	1
0.995 0	1.50	10 674	65	6 851	40	2 857	17	1 081	6
	1.75	5 168	34	3 218	21	1 429	9	544	3
	2.00	3 137	22	1 893	13	906	6	361	2
	3.00	1 044	9	617	5	285	2	162	1
0.990 0	1.50	5 320	65	3 215	39	1 428	17	540	6
	1.75	2 581	34	1 607	21	714	9	272	3
	2.00	1 567	22	945	13	453	6	180	2
	3.00	521	9	308	5	142	2	81	1
0.980 0	1.50	2 620	64	1 605	39	713	17	270	6
	1.75	1 288	34	770	20	356	9	136	3
	2.00	781	22	471	13	226	6	90	2
	3.00	259	9	153	5	71	2	40	1
0.970 0	1.50	1 720	63	1 044	38	450	16	180	6
	1.75	835	33	512	20	237	9	90	3
	2.00	519	22	313	13	150	6	60	2
	3.00	158	8	101	5	47	2	27	1
0.960 0	1.50	1 288	63	782	38	337	16	135	6
	1.75	625	33	383	20	161	8	68	3
	2.00	374	21	234	13	98	5	45	2
	3.00	117	8	76	5	35	2	20	1

q_0	D	$\alpha=\beta=0.05$		$\alpha=\beta=0.10$		$\alpha=\beta=0.20$		$\alpha=\beta=0.30$	
		n	r	n	r	n	r	n	r
0.950 0	1.50	1 014	62	610	37	269	16	108	6
	1.75	486	32	306	20	129	8	54	3
	2.00	298	21	187	13	78	5	36	2
	3.00	93	8	60	5	28	2	16	1
0.940 0	1.50	832	61	508	37	224	16	90	6
	1.75	404	32	244	19	107	8	45	3
	2.00	248	21	155	13	65	5	30	2
	3.00	77	8	50	5	23	2	13	1
0.930 0	1.50	702	60	424	36	192	16	77	6
	1.75	336	31	208	19	92	8	38	3
	2.00	203	20	125	12	55	5	25	2
	3.00	66	8	42	5	20	2	11	1
0.920 0	1.50	613	60	371	36	168	16	67	6
	1.75	294	31	182	19	80	8	34	3
	2.00	177	20	109	12	48	5	22	2
	3.00	57	8	37	5	17	2	10	1
0.910 0	1.50	536	59	329	36	149	16	60	6
	1.75	253	30	154	18	71	8	30	3
	2.00	157	20	96	12	43	5	20	2
	3.00	51	8	33	5	15	2	9	1
0.900 0	1.50	474	58	288	35	134	16	53	6
	1.75	227	30	138	18	64	8	27	3
	2.00	135	19	86	12	39	5	18	2
	3.00	41	7	25	4	14	2	8	1
0.850 0	1.50	294	54	181	33	79	14	35	6
	1.75	141	28	87	17	42	8	18	3
	2.00	85	18	53	11	21	4	12	2
	3.00	26	7	16	4	9	2	5	1
0.800 0	1.50	204	50	127	31	55	13	26	6
	1.75	98	26	61	16	28	7	13	3
	2.00	60	17	36	10	19	5	9	2
	3.00	17	6	9	3	4	1	4	1

例如,假设使用方和生产方协商后选定 $q_0=0.95,q_1=0.85$(对应 $D=3$),$\alpha=\beta=0.10$。查表 6-1 可知,试验方案 (n,r) 为 $(60,5)$,所以样本量为 60,合格判定数为 5。

当给定的 q_0 和 q_1 关系不满足上述的成功率鉴别比关系时,可以使用表 6-2 给出的数据表来确定试验方案。已知 $q_0=0.98,q_1=0.93,\alpha=\beta=0.2$,查表 6-2,得样本量 $n=60$,合格判定数 $r=2$。

表 6-2　$\alpha=\beta$ 时的试验方案(2)

q_0	q_1	$\alpha=\beta=0.10$		$\alpha=\beta=0.20$		$\alpha=\beta=0.30$	
		n	r	n	r	n	r
0.99	0.98	945	13	453	6	180	2
	0.97	308	5	142	2	81	1
	0.96	166	3	74	1	30	0
	0.95	105	2	59	1	24	0
	0.94	88	2	49	1	20	0
	0.93	75	2	42	1	17	0
	0.92	48	1	20	0	15	0
	0.91	42	1	18	0	13	0
	0.90	38	1	16	0	12	0
	0.89	34	1	14	0	11	0
	0.88	31	1	13	0	10	0
	0.87	29	1	12	0	9	0
	0.86	27	1	11	0	8	0
	0.85	25	1	10	0	8	0
	0.84	23	1	10	0	7	0
0.98	0.97	1 605	39	713	17	270	6
	0.96	471	13	226	6	90	2
	0.95	258	8	110	3	49	1
	0.94	153	5	71	2	40	1
	0.93	113	4	60	2	17	0
	0.92	82	3	37	1	15	0
	0.91	73	3	33	1	13	0
	0.90	52	2	29	1	12	0
	0.89	47	2	27	1	11	0
	0.88	43	2	24	1	10	0
	0.87	40	2	23	1	9	0
	0.86	37	2	11	0	8	0
	0.85	25	1	10	0	8	0
	0.84	23	1	10	0	7	0

q_0	q_1	$\alpha=\beta=0.10$		$\alpha=\beta=0.20$		$\alpha=\beta=0.30$	
		n	r	n	r	n	r
0.97	0.96	2 232	77	967	33	392	13
	0.95	628	24	272	10	117	4
	0.94	313	13	150	6	60	2
	0.93	201	9	95	4	35	1
	0.92	130	6	68	3	30	1
	0.91	101	5	47	2	27	1
	0.90	78	4	42	2	24	1
	0.89	71	4	27	1	11	0
	0.88	54	3	24	1	10	0
	0.87	50	3	23	1	9	0
	0.86	37	2	21	1	8	0
	0.85	34	2	19	1	8	0
	0.84	32	2	18	1	7	0
0.96	0.95	2 825	126	1 219	54	483	21
	0.94	782	38	337	16	135	6
	0.93	383	20	161	8	68	3
	0.92	234	13	98	5	45	2
	0.91	156	9	74	4	27	1
	0.90	116	7	54	3	24	1
	0.89	94	6	38	2	22	1
	0.88	76	5	35	2	20	1
	0.87	60	4	32	2	19	1
	0.86	56	4	30	2	8	0
	0.85	43	3	19	1	8	0
	0.84	40	3	18	1	7	0

q_0	q_1	$\alpha=\beta=0.10$		$\alpha=\beta=0.20$		$\alpha=\beta=0.30$	
		n	r	n	r	n	r
0.95	0.94	3 421	187	1 488	81	577	31
	0.93	935	55	413	24	162	9
	0.92	447	28	197	12	87	5
	0.91	272	18	125	8	53	3
	0.90	187	13	78	5	36	2
	0.89	138	10	60	4	33	2
	0.88	106	8	45	3	20	1
	0.87	89	7	42	3	19	1
	0.86	73	6	30	2	17	1
	0.85	60	5	28	2	16	1
	0.84	48	4	26	2	15	1
0.94	0.93	4 002	259	1 736	112	688	44
	0.92	1 073	74	469	32	182	12
	0.91	508	37	224	16	90	6
	0.90	301	23	135	10	58	4
	0.89	201	16	92	7	43	3
	0.88	155	13	65	5	30	2
	0.87	116	10	51	4	27	2
	0.86	91	8	47	4	17	1
	0.85	77	7	36	3	16	1
	0.84	64	6	34	3	15	1
0.93	0.92	4 575	342	1 971	147	783	58
	0.91	1 214	96	523	41	209	16
	0.90	566	47	245	20	102	8
	0.89	334	29	153	13	63	5
	0.88	222	20	103	9	39	3
	0.87	161	15	78	7	27	2
	0.86	125	12	55	5	25	2
	0.85	100	10	44	4	24	2
	0.84	87	9	41	4	15	1

q_0	q_1	$\alpha=\beta=0.10$		$\alpha=\beta=0.20$		$\alpha=\beta=0.30$	
		n	r	n	r	n	r
0.92	0.91	5 107	433	2 210	187	867	73
	0.90	1 356	121	587	52	230	20
	0.89	632	59	272	25	113	10
	0.88	371	36	168	16	67	6
	0.87	248	25	112	11	45	4
	0.86	182	19	80	8	34	3
	0.85	139	15	59	6	31	3
	0.84	109	12	48	5	22	2
0.91	0.90	5 664	537	2 451	232	955	90
	0.89	1 481	147	648	64	257	25
	0.88	695	72	303	31	121	12
	0.87	409	44	180	19	70	7
	0.86	270	30	120	13	50	5
	0.85	192	22	90	10	39	4
	0.84	152	18	70	8	29	3
0.90	0.89	6 172	647	2 665	279	1 045	109
	0.88	1 619	177	707	77	270	29
	0.87	748	85	320	36	128	14
	0.86	434	51	190	22	81	9
	0.85	288	35	134	16	53	6
	0.84	208	26	91	11	36	4
0.89	0.88	5 815	670	2 894	332	1 128	129
	0.87	1 742	208	757	90	306	36
	0.86	800	99	350	43	142	17
	0.85	469	60	206	26	82	10
	0.84	311	41	139	18	57	7
0.88	0.87	5 341	671	3 118	389	1 230	153
	0.86	1 862	241	806	104	313	40
	0.85	852	114	369	49	146	19
	0.84	493	68	220	30	91	12

q_0	q_1	$\alpha=\beta=0.10$		$\alpha=\beta=0.20$		$\alpha=\beta=0.30$	
		n	r	n	r	n	r
	0.86	4 936	672	3 317	447	1 294	174
0.87	0.85	1 986	277	863	120	341	47
	0.84	910	131	399	57	163	23

6.1.2.2　不等风险试验方案

对于 $\alpha\neq\beta$ 的情况,需要使用另一种试验方案设计用表,它是在分别求解式(6－10)和(6－11)的基础上确定的,适用于 α 与 β 不同值组合。当 α 和 β 值分别取 0.1、0.2、0.3, q_0 及 q_1 值分别为测试性常用指标范围 0.70～0.99 时的表格如表 6－3～表 6－8 所列。

可以按下列顺序确定试验方案:

① 按 β 值找到对应的表,在对应 q_1 值的一行可得到一行 n_1 值;

② 按 α 值找到对应的表,在对应 q_0 值的一行可得到一行 n_0 值。

比较这两行,找出在同一个 r 值下,满足 $n_0>n_1$ 条件的最小的 n_1 值,令 $n=n_1$。此 n 值和对应的 r 值即为所需试验方案中的样本量和允许最大失败次数(由于当 n 减小时, α 也减小,因此选择 n_1 值作为样本量,满足 α 要求)。

判决规则:若累计失败数不大于 r,则产品质量低于 q_1 的概率很低,接收产品;若累计失败数大于 r,则产品质量高于 q_0 的概率很低,拒收产品。

表 6－3　$\alpha\neq\beta(\beta=0.1)$ 时的试验方案设计用表

r / n_1 / q_1	0	1	2	3	4	5	6	7	8	9	10	11	12	13	14	15
0.70	7	12	16	21	25	29	33	37	41	45	49	53	57	60	64	68
0.71	7	12	17	22	26	30	34	39	43	47	51	55	59	63	67	71
0.72	8	13	18	22	27	31	36	40	44	48	53	57	61	65	69	73
0.73	8	13	18	23	28	33	37	42	46	50	55	59	63	68	72	76
0.74	8	14	19	24	29	34	39	43	48	52	57	61	66	70	75	79
0.75	9	15	20	25	30	35	40	45	50	55	59	64	69	73	78	82
0.76	9	15	21	26	32	37	42	47	52	57	62	67	72	76	81	86
0.77	9	16	22	28	33	39	44	49	54	60	65	70	75	80	85	90
0.78	10	17	23	29	35	40	46	51	57	62	68	73	78	84	89	94
0.79	10	18	24	30	36	42	48	54	60	65	71	77	82	88	93	99
0.80	11	18	25	32	38	45	51	57	63	69	75	81	86	92	98	104

续表 6 - 3

n_1\\q_1 \\ r	0	1	2	3	4	5	6	7	8	9	10	11	12	13	14	15
0.81	11	19	27	34	40	47	54	60	66	73	79	85	91	97	103	109
0.82	12	21	28	36	43	50	57	63	70	77	83	90	96	103	109	116
0.83	13	22	30	38	45	53	60	67	74	81	88	95	102	109	116	122
0.84	14	23	32	40	48	56	64	72	79	87	94	101	109	116	123	130
0.85	15	25	34	43	52	60	68	76	85	93	100	108	116	124	132	139
0.86	16	27	37	46	56	65	73	82	91	99	108	116	125	133	141	149
0.87	17	29	40	50	60	70	79	89	98	107	116	125	134	143	152	161
0.88	19	31	43	54	65	76	86	96	106	116	126	136	146	155	165	175
0.89	20	34	47	59	71	83	94	105	116	127	138	149	159	170	180	191
0.90	22	38	52	65	78	91	103	116	128	140	152	164	175	187	199	210
0.91	25	42	58	73	87	101	115	129	142	156	169	182	195	208	221	234
0.92	28	48	65	82	98	114	130	145	160	175	190	205	220	234	249	263
0.93	32	55	75	94	113	131	149	166	184	201	218	235	252	268	285	301
0.94	38	64	88	110	132	153	174	194	215	235	255	274	294	313	333	352
0.95	45	77	105	132	158	184	209	233	258	282	306	330	353	377	400	423
0.96	57	96	132	166	198	230	261	292	323	352	383	413	442	471	501	530
0.97	76	129	176	221	265	307	349	390	431	471	511	551	590	629	668	707
0.98	114	193	265	333	398	462	525	587	648	708	768	828	887	945	1 004	1 062
0.99	230	388	531	667	798	926	1 051	1 175	1 297	1 418	1 538	1 658	1 776	1 893	2 010	2 127

表 6 - 4 $\beta \neq \alpha (\alpha = 0.1)$ 时的试验方案设计用表

n_0\\q_0 \\ r	0	1	2	3	4	5	6	7	8	9	10	11	12	13	14	15
0.70	1	3	5	7	10	12	15	17	20	23	26	28	31	34	37	40
0.71	1	3	5	7	10	12	15	18	21	24	26	29	32	35	38	41
0.72	1	3	5	7	10	13	16	18	21	24	27	30	33	36	39	42
0.73	1	3	5	8	10	13	16	19	22	25	28	31	34	38	41	44
0.74	1	3	5	8	11	14	17	20	23	26	29	32	36	39	42	45
0.75	1	3	5	8	11	14	17	20	24	27	30	34	37	40	44	47
0.76	1	3	6	8	12	15	18	21	25	28	31	35	38	42	45	49
0.77	1	3	6	9	12	15	19	22	26	29	33	36	40	44	47	51
0.78	1	3	6	9	12	16	19	23	27	30	34	38	42	45	49	53

n_0 q_0 ＼r	0	1	2	3	4	5	6	7	8	9	10	11	12	13	14	15
0.79	1	3	6	10	13	17	20	24	28	32	36	39	43	47	52	56
0.80	1	3	7	10	14	17	21	25	29	33	37	41	46	50	54	58
0.81	1	4	7	10	14	18	22	26	30	35	39	43	48	52	57	61
0.82	1	4	7	11	15	19	23	28	32	37	41	46	50	55	60	64
0.83	1	4	7	11	16	20	25	29	34	39	43	48	53	58	63	68
0.84	1	4	8	12	17	21	26	31	36	41	46	51	56	62	67	72
0.85	1	4	8	13	18	22	28	33	38	43	49	54	60	65	71	77
0.86	1	5	9	14	19	24	29	35	41	46	52	58	64	70	76	82
0.87	1	5	9	15	20	26	32	38	44	50	56	62	69	75	82	88
0.88	1	5	10	16	22	28	34	41	47	54	61	67	74	81	88	95
0.89	1	6	11	17	23	30	37	44	51	58	66	73	81	88	96	104
0.90	1	6	12	19	26	33	41	48	56	64	72	80	89	97	105	114
0.91	2	7	13	21	28	36	45	53	62	71	80	89	98	108	117	126
0.92	2	7	15	23	32	41	50	60	70	80	90	100	110	121	131	142
0.93	2	8	17	26	36	46	57	68	79	91	102	114	126	138	150	162
0.94	2	10	19	30	42	54	66	79	92	106	119	133	146	160	174	188
0.95	3	11	23	36	50	64	79	95	110	126	142	159	175	192	208	225
0.96	3	14	29	45	62	80	99	118	138	157	177	198	218	239	260	281
0.97	4	18	38	59	82	106	131	157	183	209	236	263	290	318	346	374
0.98	6	27	56	88	123	159	196	234	273	313	353	393	434	476	517	559
0.99	11	54	111	176	244	317	391	467	545	624	704	785	—	—	—	—

表 6 - 5　$\alpha \neq \beta (\beta = 0.2)$ 时的试验方案设计用表

n_1 q_1 ＼r	0	1	2	3	4	5	6	7	8	9	10	11	12	13	14	15
0.70	5	9	14	18	21	25	29	33	37	40	44	48	51	55	59	62
0.71	5	10	14	18	22	26	30	34	38	42	46	49	53	57	61	65
0.72	5	10	15	19	23	27	31	35	39	43	47	51	55	59	63	67
0.73	6	11	15	20	24	28	32	37	41	45	49	53	57	61	65	69
0.74	6	11	16	20	25	29	34	38	42	47	51	55	60	64	68	72
0.75	6	11	16	21	26	31	35	40	44	49	53	58	62	66	71	75
0.76	6	12	17	22	27	32	37	41	46	51	55	60	65	69	74	78

n_1＼r＼q_1	0	1	2	3	4	5	6	7	8	9	10	11	12	13	14	15
0.77	7	12	18	23	28	33	38	43	48	53	58	63	68	72	77	82
0.78	7	13	19	24	30	35	40	45	50	56	61	66	71	76	81	86
0.79	7	14	20	25	31	37	42	48	53	58	64	69	74	79	85	90
0.80	8	14	21	27	33	39	44	50	56	61	67	72	78	83	89	94
0.81	8	15	22	28	34	41	47	53	59	65	70	76	82	88	94	100
0.82	9	16	23	30	36	43	49	56	62	68	74	81	87	93	99	105
0.83	9	17	24	32	39	45	52	59	66	72	79	85	92	98	105	111
0.84	10	18	26	34	41	48	56	63	70	77	84	91	98	105	112	119
0.85	10	19	28	36	44	52	59	67	75	82	90	97	104	112	119	127
0.86	11	21	30	39	47	55	64	72	80	88	96	104	112	120	128	136
0.87	12	23	32	42	51	60	69	78	86	95	104	112	121	129	138	146
0.88	13	24	35	45	55	65	75	84	94	103	112	122	131	140	149	159
0.89	14	27	38	49	60	71	81	92	102	112	123	133	143	153	163	173
0.90	16	29	42	54	66	78	90	101	113	124	135	146	157	169	180	191
0.91	18	33	47	60	74	87	100	113	125	138	150	163	175	187	200	212
0.92	20	37	53	68	83	98	112	127	141	155	169	183	197	211	225	239
0.93	23	42	60	78	95	112	129	145	161	178	194	210	226	241	257	273
0.94	27	49	71	91	111	131	150	169	188	207	226	245	263	282	300	319
0.95	32	59	85	110	134	157	180	203	226	249	272	294	316	339	361	383
0.96	40	74	106	137	167	197	226	255	283	312	340	368	396	424	452	479
0.97	53	99	142	183	223	263	301	340	378	416	454	491	528	566	603	639
0.98	80	149	213	275	335	394	453	510	568	625	681	737	793	849	905	960
0.99	161	299	427	551	671	790	906	1 022	1 137	1 251	1 364	1 476	1 588	1 700	1 811	1 922

表 6－6 $\beta \neq \alpha (\alpha = 0.2)$时的试验方案设计用表

n_0＼r＼q_0	0	1	2	3	4	5	6	7	8	9	10	11	12	13	14	15
0.70	1	3	6	9	11	14	17	20	23	26	29	32	35	38	41	44
0.71	1	3	6	9	12	15	18	21	24	27	30	33	36	39	42	45
0.72	1	4	6	9	12	15	18	21	24	27	31	34	37	40	44	47
0.73	1	4	6	9	12	16	19	22	25	28	32	35	38	42	45	48
0.74	1	4	7	10	13	16	19	23	26	29	33	36	40	43	47	50

续表 6-6

q_0 \ r / n_0	0	1	2	3	4	5	6	7	8	9	10	11	12	13	14	15
0.75	1	4	7	10	13	17	20	24	27	31	34	38	41	45	49	52
0.76	1	4	7	10	14	17	21	25	28	32	36	39	43	47	50	54
0.77	1	4	7	11	14	18	22	26	29	33	37	41	45	49	53	56
0.78	1	4	8	11	15	19	23	27	31	35	39	43	47	51	55	59
0.79	1	5	8	12	16	20	24	28	32	36	40	45	49	53	57	62
0.80	1	5	8	12	16	21	25	29	33	38	42	47	51	56	60	65
0.81	2	5	9	13	17	22	26	31	35	40	44	49	54	58	63	68
0.82	2	5	9	14	18	23	27	32	37	42	47	52	57	62	67	72
0.83	2	5	10	14	19	24	29	34	39	44	49	55	60	65	70	76
0.84	2	6	10	15	20	25	31	36	42	47	52	58	64	69	75	80
0.85	2	6	11	16	22	27	33	38	44	50	56	62	68	74	80	86
0.86	2	6	12	17	23	29	35	41	47	53	60	66	72	79	85	92
0.87	2	7	13	19	25	31	38	44	51	57	64	71	78	85	92	98
0.88	2	7	14	20	27	34	41	48	55	62	69	77	84	92	99	107
0.89	2	8	15	22	29	37	44	52	60	68	76	84	92	100	108	116
0.90	3	9	16	24	32	40	48	57	66	74	83	92	101	110	119	127
0.91	3	10	18	26	35	44	54	63	73	82	92	102	112	122	131	141
0.92	3	11	20	30	40	50	60	71	82	92	103	114	125	137	148	159
0.93	4	12	23	34	45	57	69	81	93	105	118	131	143	156	169	181
0.94	4	14	26	39	52	66	80	94	108	123	137	152	167	182	196	211
0.95	5	17	31	47	63	79	96	113	130	147	165	182	200	217	235	253
0.96	6	21	39	58	78	99	119	141	162	184	205	227	249	271	294	316
0.97	8	28	52	77	104	131	159	187	216	244	273	302	332	361	391	421
0.98	12	42	77	116	155	196	238	280	323	366	409	453	497	541	586	630
0.99	23	83	154	230	310	391	474	559	644	730	—	—	—	—	—	—

表 6-7 $\alpha \neq \beta(\beta = 0.3)$ 时的试验方案设计用表

q_1 \ r / n_1	0	1	2	3	4	5	6	7	8	9	10	11	12	13	14	15
0.70	4	8	12	15	19	23	26	30	34	37	41	44	48	51	55	58
0.71	4	8	12	16	20	24	27	31	35	38	42	46	50	53	57	60
0.72	4	8	13	17	21	24	28	32	36	40	44	48	51	55	59	63

续表 6－7

n_1 \ r q_1	0	1	2	3	4	5	6	7	8	9	10	11	12	13	14	15
0.73	4	9	13	17	21	25	29	33	37	41	45	49	53	57	61	65
0.74	4	9	14	18	22	26	31	35	39	43	47	51	55	59	64	68
0.75	5	10	14	19	23	27	32	36	40	45	49	53	58	62	66	70
0.76	5	10	15	19	24	29	33	38	42	47	51	56	60	64	69	73
0.77	5	10	15	20	25	30	35	39	44	49	53	58	63	67	72	77
0.78	5	11	16	21	26	31	36	41	46	51	56	61	66	70	75	80
0.79	6	11	17	22	28	33	38	43	48	53	59	64	69	74	79	84
0.80	6	12	18	23	29	34	40	45	51	56	62	67	72	78	83	88
0.81	6	13	19	25	31	36	42	48	54	59	65	70	73	82	87	93
0.82	7	13	20	26	32	38	44	51	57	63	68	74	80	86	92	98
0.83	7	14	21	28	34	41	47	54	60	66	73	79	85	91	98	104
0.84	7	15	22	29	36	43	50	57	64	70	77	84	91	97	104	110
0.85	8	16	24	31	39	46	53	61	68	75	82	90	97	104	111	118
0.86	8	17	25	34	42	50	57	65	73	91	88	96	104	111	119	126
0.87	9	19	27	36	45	53	62	70	79	87	95	103	112	120	128	136
0.88	10	20	30	39	49	58	67	76	85	94	103	112	121	130	139	148
0.89	11	22	33	43	53	63	73	83	93	103	113	122	132	142	151	161
0.90	12	24	36	47	58	70	81	91	102	113	124	135	145	156	167	177
0.91	13	27	40	53	65	77	90	102	114	126	138	150	162	174	185	197
0.92	15	30	45	59	73	87	101	114	128	142	155	169	182	195	209	222
0.93	17	35	51	68	84	100	115	131	146	162	177	193	208	223	239	254
0.94	20	40	60	79	98	116	135	153	171	189	207	225	243	261	279	296
0.95	24	19	72	95	117	140	162	184	205	227	249	270	292	313	334	356
0.96	30	41	90	119	147	175	202	230	257	284	311	328	365	391	418	445
0.97	40	81	120	158	198	233	270	306	343	297	415	451	487	522	558	593
0.98	60	122	180	238	294	350	405	460	514	569	623	677	730	784	873	891
0.99	120	244	361	476	589	700	811	920	1 029	1 138	1 246	1 354	1 462	1 569	1 676	1 782

表 6－8　$\beta \neq \alpha (\alpha = 0.3)$ 时的试验方案设计用表

n_0 \ r q_0	0	1	2	3	4	5	6	7	8	9	10	11	12	13	14	15
0.70	1	4	7	10	13	16	19	22	25	28	31	34	37	41	44	47
0.71	2	4	7	10	13	16	20	23	26	29	32	35	39	42	45	48
0.72	2	4	7	11	14	17	20	23	27	30	33	37	40	43	47	50
0.73	2	5	8	11	14	18	21	24	28	31	35	38	41	45	48	52

n_0 / q_0 \ r	0	1	2	3	4	5	6	7	8	9	10	11	12	13	14	15
0.74	2	5	8	11	15	18	22	25	29	32	36	39	46	47	50	54
0.75	2	5	8	12	15	19	22	26	30	34	37	41	45	48	52	56
0.76	2	5	9	12	16	20	23	27	31	35	39	43	47	50	54	58
0.77	2	5	9	13	17	20	24	28	32	36	40	44	48	53	57	61
0.78	2	5	9	13	17	21	25	30	34	38	42	46	51	55	59	63
0.79	2	6	10	14	18	22	27	31	35	40	44	49	53	57	62	66
0.80	2	6	10	14	19	23	28	32	37	42	46	51	56	60	65	70
0.81	2	6	11	15	20	25	29	34	39	44	49	54	58	63	68	73
0.82	2	7	11	16	21	26	31	36	41	46	51	56	62	67	72	77
0.83	2	7	12	17	22	27	33	38	43	49	54	60	65	71	76	82
0.84	3	7	13	18	23	29	35	40	46	52	58	63	69	75	81	87
0.85	3	8	13	19	25	31	37	43	49	55	61	68	74	80	86	92
0.86	3	8	14	20	27	33	39	46	52	59	66	72	79	86	92	99
0.87	3	9	15	22	29	36	42	49	56	64	71	78	85	92	99	106
0.88	3	10	17	24	31	38	46	53	61	69	76	84	92	100	107	115
0.89	4	10	18	26	34	42	50	58	67	75	83	92	100	109	117	126
0.90	4	11	20	28	37	46	55	64	73	82	91	101	110	119	129	138
0.91	4	13	22	31	41	51	61	71	81	91	102	112	122	132	143	153
0.92	5	14	24	35	46	57	68	80	91	103	114	126	137	149	161	172
0.93	5	16	28	40	53	65	78	91	104	117	130	143	157	170	183	197
0.94	6	19	32	47	61	76	91	106	121	136	152	167	183	198	214	229
0.95	7	22	39	56	73	91	109	127	145	164	182	200	219	238	256	275
0.96	9	28	48	70	92	114	136	159	181	204	227	250	273	297	320	343
0.97	12	37	64	93	122	151	181	211	242	272	303	333	364	395	426	457
0.98	18	55	96	139	182	227	271	316	362	408	453	500	546	592	639	685
0.99	36	110	192	277	364	452	542	632	723	—	—	—	—	—	—	—

例如,选定 $q_1 = 0.85, q_0 = 0.95, \beta = 0.1, \alpha = 0.2$,设计试验方案 (n, r)。用表 6 - 3 中 $\beta = 0.1$ 部分得到对应 $q_1 = 0.85$ 的一行数据,用表 6 - 6 中 $\alpha = 0.2$ 部分得到对应 $q_0 = 0.95$ 的一行数据,如表 6 - 9 所列。

表 6 - 9　选择到的一组数据

r		0	1	2	3	4	5	6	…
① $\beta=0.1$, $q_1=0.85$	n_1	15	25	34	43	52	60	68	…
② $\alpha=0.2$, $q_0=0.95$	n_0	5	17	31	47	63	79	96	…

比较①和②两行,很明显,当 $r=3$ 时满足 $n_0>n_1$,此时最小 n_1 值为 43,则试验方案为(43,3),所以试验样本量为 43。

6.1.2.3　只考虑使用方风险的试验方案

同时考虑 q_0、q_1、α 和 β 4 个参量时的试验方案是标准抽样方案,当只考虑最低可接受值 q_1 和使用方风险 β 时,就是考虑使用方风险的试验方案,也称为最低可接受值抽样方案。

在选定 q_1 和 β 值后,可由式(6-11)求出参数 n 和 r 值。此方程有无穷多组解,可用表 6-3、表 6-5、表 6-7 中的对应 β 值部分查出多组解,在选定了一组解作为试验方案后,试验样本量也就确定了。判决规则:若累计失败数不大于 r,则产品质量低于 q_1 的概率很低,接收产品。

例如,当选定 $q_1=0.85$,$\beta=0.1$ 时,由表可查得一系列方案:(15,0)、(25,1)、(34,2)、…、(100,10)等,如果选择了(34,2)作为试验方案,则试验样本量就为 34。

6.1.2.4　最小样本量试验方案

根据最低可接受值试验方案的分析,可以知道当 β 一定时,试验的允许失败数越小,则试验的样本量也越小,因此,最小样本量出现在允许失败数为零的情况下。此时可以查表 6-3、表 6-5、表 6-7 中的对应 β 值部分 $r=0$ 的一栏确定最小样本量试验方案和样本量。判决规则为:若累计失败数不大于 0,则产品质量低于 q_1 的概率很低,接收产品。

由于表 6-3~表 6-8 提供的数据并不充分,因此下面推导出相应的最小样本量的计算公式。

将 $r=0$ 代入式(6-11)中,得到

$$L(q_1)=q_1^n \leqslant \beta \qquad (6-12)$$

根据上式可以计算出最小样本量,令 $\beta=1-C$,C 为置信度,则最小样本量的计算公式如下:

$$n_{\min}=\frac{\ln(1-C)}{\ln q_1} \qquad (6-13)$$

最小样本量的含义可以理解为:如果试验的样本量小于最小样本量,即使全部样本都是成功的,得到的置信下限也是小于最低可接受值的,因此小于最小样本量的试验方案是没有意义的。

不同置信度和 q_1 下的最小样本量计算结果如表 6 - 10 所列。

表 6 - 10　最小样本量表

n ╲ C ／ q_1	0.50	0.60	0.70	0.75	0.80	0.85	0.90	0.95	0.99
0.50	1	2	2	2	3	3	4	5	7
0.55	2	2	2	3	3	4	4	5	8
0.60	2	2	3	3	4	4	5	6	9
0.65	2	3	3	4	4	5	6	7	11
0.70	2	3	4	4	5	6	7	9	13
0.75	3	4	5	5	6	7	8	11	16
0.80	4	5	6	7	8	9	11	14	21
0.81	4	5	6	7	8	9	11	15	22
0.82	4	5	7	7	9	10	12	16	24
0.83	4	5	7	8	9	11	13	17	25
0.84	4	6	7	8	10	11	14	18	27
0.85	5	6	8	9	10	12	15	19	29
0.86	5	7	8	10	11	13	16	20	31
0.87	5	7	9	10	12	14	17	22	34
0.88	6	8	10	11	13	15	18	24	36
0.89	6	8	11	12	14	17	20	26	40
0.90	7	9	12	14	16	18	22	29	44
0.91	8	10	13	15	18	21	25	32	49
0.92	9	11	15	17	20	23	28	36	56
0.93	10	13	17	20	23	27	32	42	64
0.94	12	15	20	23	27	31	38	49	75
0.95	14	18	24	28	32	37	45	59	90
0.96	17	23	30	34	40	47	57	74	113
0.97	23	31	40	46	53	63	76	99	152
0.98	35	46	60	67	80	94	114	149	228
0.99	69	95	120	138	161	189	230	299	459

6.1.2.5　只考虑生产方风险的试验方案

将式(6 - 10)变形可以得到下式,其中 α、q_0 是已知参数,而试验方案 (n,r) 是需要求解的未知参数。

$$\sum_{i=0}^{r} \binom{n}{i} (1-q_0)^i q_0^{n-i} \geqslant 1-\alpha \tag{6-14}$$

求解时,首先给定 r 值,然后在 $n \geqslant r$ 的前提下计算出满足上式的 n 的最大值,据此可以得到试验方案 (n,r),从而就确定了试验的样本量。判决规则:若累计失败数大于 r,则产品质量高于 q_0 的概率很低,拒收产品(不合格)。

对于确定的 α、q_0,采用这种方法可以得到多个试验方案,每个试验方案对应一个不同的 r 值,在应用时,可以直接查表 6-4、表 6-6、表 6-8 中的 α 部分选取试验方案。

6.1.2.6 无放回抽样的影响

在抽样检验中,常用的抽样方式有 2 种:无放回抽样和有放回抽样。无放回抽样指每次抽取一个样本进行观测后不放回去,再去抽取第 2 个样本,连续抽取 n 个样本。有放回抽样指每次抽取一个样本进行观察后放回去,再抽取第 2 个样本,连续抽取 n 个样本。

而对于二项分布试验,为了保证试验的独立性,即每次试验结果出现的概率不依赖于其他各次试验的结果,要求进行有放回抽样。测试性试验采用有放回抽样时,完全符合二项分布条件,采用二项分布可实现准确计算。

为了节省试验资源,测试性试验也会采用无放回抽样,已经抽取过的故障模式不再抽取,在产品的故障模式数量很大而抽取的故障模式数相对于产品故障模式总数较小的情况下,可以当作有放回抽样处理,以二项分布为依据来进行计算,但这种计算是存在误差的。

对于无放回抽样,假设产品的总量为 N,其中含 D 个次品,次品率为 $p_1 = D/N$,从该批产品中随机抽出 n 个,其中所含的次品数 X 是服从超几何分布的随机变量,次品数的实现值不大于 r 的概率为

$$P\{X \leqslant r\} = \sum_{i=0}^{i=r} \frac{\binom{Np_1}{i} \binom{N-Np_1}{n-i}}{\binom{N}{n}} \tag{6-15}$$

对于有放回抽样,假设产品的次品率为 p_2,从该批产品中随机抽出 n 个,其中所含的次品数 X 是服从二项分布的随机变量,次品数的实现值不大于 r 的概率为

$$P\{X \leqslant r\} = \sum_{i=0}^{r} \binom{n}{r} p_2^i (1-p_2)^{n-i} \tag{6-16}$$

则 p_1 和 p_2 的绝对误差为

$$p_1 - p_2 = \frac{r - (n-1)p_2}{2N} \tag{6-17}$$

根据上式可以对具体的情况计算出绝对误差的数值。令 $N = kn$,则上式变为

$$|p_1 - p_2| = \left| \frac{1}{2k} \left(\frac{r}{n} - \frac{n-1}{n} p_2 \right) \right| \approx \left| \frac{1}{2k} \left(\frac{r}{n} - p_2 \right) \right| \leqslant \frac{1}{2k} \tag{6-18}$$

由上式可知,为了减小无放回抽样造成的计算误差,应增大 k 值,一般的要求是 $k \geqslant 10$,此时可能的最大误差不超过 0.05。

前述方法确定的试验方案中,r/n 值很小,p_2 值也很小,因此不要求具有较高的 k 值。通常测试性试验要求 $k=4$,即总的预选样本量 N 为试验样本量 n 的 4 倍。例如,取 $k=4$、$\alpha=\beta=0.10$、$q_0=0.95$、$q_1=0.90$,定数试验方案为(187,13),则 $r/n=0.069\ 5$,关心的 p 值范围为 $0.1 \sim 0.05$,此时 p 值的最大绝对误差为 0.003 75。

因此,在选择无放回抽样时,二项分布的试验样本量 n 不应大于候选样本量的 $1/4$。

6.1.2.7　试验方案的参量控制

在实际应用中,定数试验方案通常都要求双方风险相等,或者只考虑使用方风险,因此等风险试验方案和最低可接受值试验方案在应用中使用得最多。在工程应用中,使用这些试验方案需要确定相应的成功率数值和风险值,具体原则如下。

(1) q_0 值和 q_1 值

在研制要求中明确了测试性参数的规定值和最低可接受值,则 q_0 为规定值,q_1 为最低可接受值,采用考虑双方风险的试验方案。

在研制要求中只对测试性参数给出了一个要求值,则 q_1 为该要求值,此时可以采用最低可接受值试验方案。如果采用考虑双方风险的试验方案,需要人为给定 q_0 值。

(2) 风险值 α 和 β

在研制要求中明确了验证的风险值 α 和(或)β,则直接采用该值;如果在研制要求中,只明确了验证的置信度 C,则取 $\alpha=\beta=1-C$;如果在研制要求中没有相关要求,则通常可取 $\alpha=\beta=0.2$。

6.1.3　截尾序贯试验方案

除了定数试验方案以外,在二项分布下还可以采用截尾序贯实验方案。根据生产方风险 α、使用方风险 β、测试性指标规定值 q_0 和鉴别比 D,可以查阅表 6-11 中的截尾序贯试验方案数据,获得截尾序贯试验方案所需的 4 个参数:

① h——试验图纵坐标截距;

② s——试验图接收和拒收线斜率;

③ n_t——截尾试验数;

④ r_t——截尾失败数。

依据这 4 个参数可作出序贯试验图,图 6-4 即为序贯试验图的一个示例。

判决规则:当 $r \leqslant sn_s-h$ 时,接收;当 $r \geqslant sn_s+h$,拒收;当 $sn_s-h<r<sn_s+h$

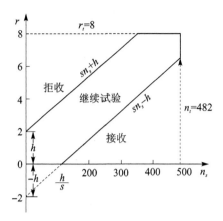

图 6-4 序贯试验图示例

时,继续试验。当 $n_s = n_t$ 时,若 $r < r_t$,接收;若 $r \geqslant r_t$,拒收。其中 r 为累计失败数, n_s 为累计试验数,即为可能的最大样本量。

表 6-11 成功率的截尾序贯试验表

q_0	D	s	$\alpha=\beta=0.05$			$\alpha=\beta=0.10$			$\alpha=\beta=0.20$			$\alpha=\beta=0.30$		
			h	n_t	r_t	h	n_t	r_t	h	n_t	r_t	h	n_t	r_t
0.999 5	1.50	0.000 62	7.257 4	207 850	122	5.415 7	125 370	73	3.416 9	50 249	29	2.088 4	17 641	10
	1.75	0.000 67	5.258 0	97 383	60	3.923 7	58 035	36	2.475 6	22 665	14	1.513 1	3 201	5
	2.00	0.000 72	4.244 9	57 176	38	3.167 6	33 121	22	1.998 6	13 361	9	1.221 5	4 393	3
	3.00	0.000 91	2.677 7	17 223	14	1.998 2	9 873	8	1.260 7	3 434	3	0.770 5	1 945	2
0.999 0	1.50	0.001 25	7.252 9	102 220	121	5.412 3	61 291	72	3.414 8	25 125	29	2.087 1	8 819	10
	1.75	0.001 34	5.254 5	47 677	60	3.921 0	20 040	36	2.473 9	11 334	14	1.512 0	4 093	5
	2.00	0.001 44	4.241 8	23 536	38	3.165 4	16 563	22	1.997 1	6 930	9	1.220 6	2 197	3
	3.00	0.001 82	2.675 3	8 609	14	1.996 4	4 932	8	1.259 6	1 718	3	0.739 8	973	2
0.995	1.50	0.006 17	7.217 1	20 038	119	5.385 6	12 037	71	3.397 9	5 025	29	2.076 8	1 766	10
	1.75	0.006 70	5.226 3	9 269	59	3.900 0	5 561	35	2.460 6	2 269	14	1.503 9	917	5
	2.00	0.007 22	4.217 3	5 458	37	3.147 1	3 296	22	1.985 6	1 384	9	1.213 6	439	3
	3.00	0.009 11	2.655 7	140	13	1.981 8	971	8	1.250 4	342	3	0.764 2	194	2
0.990	1.50	0.012 33	7.172 3	9 803	177	5.352 2	5 012	70	3.370 9	2 508	29	2.063 9	883	10
	1.75	0.013 41	5.191 0	4 530	58	3.873 7	2 765	35	2.444 0	1 129	14	1.493 8	406	5
	2.00	0.014 44	4.186 6	2 634	36	3.124 2	1 638	22	1.971 1	691	9	1.204 7	220	3
	3.00	0.018 24	2.631 3	767	13	1.963 5	482	8	1.238 8	173	3	0.757 2	97	2
0.980	1.50	0.024 67	7.082 7	4 713	133	5.285 3	2 856	68	3.334 7	1 196	28	2.038 1	439	10
	1.75	0.026 82	5.120 4	2 169	56	3.821 0	1 329	34	2.410 8	560	14	1.473 5	204	5
	2.00	0.028 89	4.125 2	1 263	35	3.078 4	767	21	1.942 2	340	9	1.187 1	108	3
	3.00	0.036 55	2.582 2	374	13	1.926 9	284	8	1.215 7	83	3	0.743 1	48	2
0.970	1.50	0.037 01	6.993 1	3 015	109	5.218 4	1 833	66	3.292 5	760	27	2.012 3	291	10
	1.75	0.040 85	5.049 8	1 389	54	3.768 3	827	32	2.377 5	371	14	1.453 1	134	5
	2.00	0.043 36	4.063 7	817	34	3.032 5	481	20	1.913 3	193	8	1.169 4	73	3
	3.00	0.054 93	2.532 9	228	12	1.890 1	152	8	1.192 5	57	3	0.728 9	32	2

q_0	D	s	$\alpha=\beta=0.05$			$\alpha=\beta=0.10$			$\alpha=\beta=0.20$			$\alpha=\beta=0.30$		
			h	n_t	r_t	h	n_t	r_t	h	n_t	r_t	h	n_t	r_t
0.960	1.50	0.049 36	6.903 4	2 220	107	5.151 5	1 356	65	3.250 3	571	27	1.986 5	216	10
	1.75	0.053 69	4.979 1	1 017	53	3.715 5	619	32	2.344 2	255	13	1.432 8	101	5
	2.00	0.057 85	4.002 2	589	33	2.986 5	361	20	1.884 3	146	8	1.151 7	55	3
	3.00	0.073 30	2.483 5	170	12	1.853 2	99	7	1.169 3	43	3	0.714 6	24	2
0.950	1.50	0.061 71	6.813 7	1 721	105	5.084 6	1 047	63	3.208 0	436	26	1.930 7	176	10
	1.75	0.067 14	4.908 3	781	51	3.662 7	476	31	2.310 9	201	13	1.412 4	79	5
	2.00	0.072 36	3.940 6	455	32	2.940 6	286	20	1.855 3	116	8	1.133 9	43	3
	3.00	0.091 03	2.433 7	133	12	4.816 1	79	7	1.145 9	32	3	0.700 3	19	2
0.940	1.50	0.074 07	6.724 0	1 419	103	5.017 6	857	62	3.165 8	363	26	1.934 9	126	9
	1.75	0.090 60	4.837 5	636	50	3.609 9	383	30	2.277 6	167	13	1.392 0	65	5
	2.00	0.086 99	3.878 8	366	31	2.894 5	238	20	1.826 2	94	8	1.116 3	36	3
	3.00	0.110 57	2.383 8	103	11	1.778 9	62	7	1.122 3	26	3	0.683 0	16	2
0.930	1.50	0.086 43	6.634 2	1 177	100	4.950 6	722	61	3.123 5	299	25	1.909 1	108	9
	1.75	0.094 07	4.766 6	533	49	3.557 0	327	30	2.244 2	143	13	1.371 6	56	5
	2.00	0.101 44	3.817 0	303	30	2.848 4	192	19	1.797 1	82	8	1.098 4	31	3
	3.00	0.129 30	2.333 6	86	11	1.741 4	54	7	1.098 7	23	3	0.671 5	13	2
0.920	1.50	0.098 80	6.544 4	1 008	98	4.883 6	609	59	3.081 2	249	24	1.883 2	93	9
	1.75	0.107 55	4.695 6	455	48	3.504 0	276	30	2.210 8	115	12	1.351 2	48	5
	2.00	0.116 02	3.755 1	264	30	2.802 2	158	18	1.768 0	70	8	1.080 6	26	3
	3.00	0.148 14	2.283 1	74	11	1.703 7	46	7	1.074 9	19	3	0.657 0	11	2
0.910	1.50	0.111 17	6.454 6	881	86	4.816 6	589	57	3.038 9	220	24	1.857 4	85	9
	1.75	0.121 05	4.624 6	395	47	3.451 0	236	29	2.177 4	102	12	1.330 8	43	5
	2.00	0.130 62	3.693 1	234	30	2.755 9	132	17	1.738 8	63	8	1.062 7	22	3
	3.00	0.167 09	2.232 3	64	11	1.665 8	39	6	1.051 0	17	3	0.642 4	10	2
0.900	1.50	0.123 55	6.364 7	772	85	4.749 5	461	56	2.996 6	190	23	1.831 5	75	9
	1.75	0.134 56	4.553 5	343	46	3.398 0	212	28	2.143 9	92	12	1.310 3	38	5
	2.00	0.145 24	3.630 9	204	28	2.709 5	119	17	1.709 5	49	7	1.044 8	20	3
	3.00	0.186 17	2.181 2	54	10	1.627 7	32	6	1.026 9	15	3	0.627 7	9	2
0.850	1.50	0.185 55	5.914 4	457	84	4.413 5	278	51	2.784 6	114	21	1.702 0	53	8
	1.75	0.202 36	4.196 8	204	41	3.131 8	119	24	1.975 9	55	12	1.207 7	21	4
	2.00	0.218 82	3.318 4	115	25	2.476 3	69	15	1.562 4	31	7	0.954 9	13	3
	3.00	0.283 79	1.919 5	31	9	1.432 4	19	6	0.903 8	9	3	0.552 4	6	2
0.800	1.50	0.247 74	5.462 8	304	75	4.076 5	187	46	2.572 0	77	19	1.572 0	28	7
	1.75	0.270 63	3.837 6	137	37	2.863 7	81	22	1.806 8	36	10	1.104 3	13	4
	2.00	0.293 30	3.002 0	78	23	2.240 2	44	13	1.413 4	20	6	0.863 9	10	2
	3.00	0.386 85	1.643 3	17	7	1.226 3	12	5	0.773 7	5	2	0.472 9	4	2

　　例如,假设选定 $q_0=0.95$, $D=2$, $\alpha=\beta=0.1$,则由表 6-11 可查得 $s=0.072\ 36$, $h=2.940\ 6$, $n_t=286$, $r_t=20$,即最大的样本量为 286。

　　合格判定线 L_0 为

$$sn_s - h = 0.072\ 36n_s - 2.940\ 6$$

　　不合格判定线 L_1 为

$$sn_s + h = 0.072\ 36n_s + 2.940\ 6$$

将各次试验后的累积结果标在试验图上,连成折线,根据伸展情况做出判断。

截尾序贯试验方案的确定过程比定数试验复杂,最大的累计试验样本量可能会超过等效的定数试验的试验样本量。

当产品的性能与规定值接近时,对同一试验,采用截尾序贯试验方案和定数试验方案得到的试验结果可能是不同的。例如,当 $q_0=0.95$、$D=2$、$\alpha=\beta=0.1$ 时,其定数试验方案为(187,13),如果试验中只有前 5 个样本失败,则根据定数试验方案判定为接收产品;而根据截尾序贯试验方案则在做完第 5 个样本后就判断拒收产品。这是由于定数试验方案是在二项分布的基础上直接推导出的,而截尾序贯试验方案是在二项分布的基础上进行似然比而近似推导出的,不如定数试验方案准确。因此,只有当事先(例如根据预计)已知产品的性能比规定值好得多或差得多时,才应采用序贯试验方案,不仅可以实现正确判决,而且可以大量节约样本量。

6.2　基于正态分布的样本量确定方法

6.2.1　正态分布函数关系

根据棣莫弗-拉普拉斯(De Moivre-Laplace)定理,设随机变量 X(试验失败次数)服从二项分布 $B(n,1-q)$,q 为成功率,则对于任意区间 $(a,b]$,有

$$P\{a<X\leqslant b\}=\lim_{n\to\infty}P\left\{\frac{a-n(1-q)}{\sqrt{nq(1-q)}}<\frac{X-n(1-q)}{\sqrt{nq(1-q)}}\leqslant\frac{b-n(1-q)}{\sqrt{nq(1-q)}}\right\}$$

$$=\Phi\left[\frac{b-n(1-q)}{\sqrt{nq(1-q)}}\right]-\Phi\left[\frac{a-n(1-q)}{\sqrt{nq(1-q)}}\right] \tag{6-19}$$

即当 n 充分大时,随机变量 X 近似服从正态分布 $N(n(1-q),nq(1-q))$。

抽样试验中,如果规定了使用方风险 β,则成功率 $q\leqslant q_1$ 时出现试验的失败数 X 不大于 r 的概率(接收概率)不应该大于 β,即

$$P\{X\leqslant r\mid q\leqslant q_1\}=\Phi\left[\frac{r-n(1-q_1)}{\sqrt{nq_1(1-q_1)}}\right]\leqslant\beta \tag{6-20}$$

同样,如果规定了生产方的风险 α,则成功率 $q\geqslant q_0$ 时试验的失败数 X 不大于 r 的概率不应该低于 $1-\alpha$,即

$$P\{X\leqslant r\mid q\geqslant q_0\}=\Phi\left[\frac{r-n(1-q_0)}{\sqrt{nq_0(1-q_0)}}\right]\geqslant1-\alpha \tag{6-21}$$

将上二式展开可以得到

$$r\leqslant n(1-q_1)-Z_{1-\beta}\sqrt{nq_1(1-q_1)} \tag{6-22}$$

$$r \geqslant n(1-q_0) + Z_{1-\alpha} \sqrt{nq_0(1-q_0)} \qquad (6-23)$$

6.2.2　样本量确定方法

（1）精确方法

为了保证根据试验结果作出接收和拒收判决时，同时满足正态分布条件下的使用方和生产方的风险要求，必须保证样本量 n 和失败数 r 满足式（6 - 22）和式（6 - 23）。因为样本量 n 和失败次数 r 必须为整数，并考虑到存在下面的关系：

- $n \geqslant r$；
- 当其他参数不变时，n 减小，则风险 α 减小；
- 当其他参数不变时，n 增大，则风险 β 减小。

为了求出满足风险要求的 n，可以通过从 0 开始递增 r 值，求出满足式（6 - 22）和式（6 - 23）的对应 n 值，当由式（6 - 23）求出的 n 值大于由式（6 - 22）求出的 n 值时，取此时的式（6 - 22）计算的 n 值为试验的样本量，并可以得到试验方案 (n, r)。

（2）近似方法

采用上述的计算方法比较繁琐，因此这里推导出样本量 n 的近似计算公式，联立式（6 - 22）和式（6 - 23），可以得到样本量 n 为

$$n \geqslant \frac{\left(Z_{1-\alpha} \sqrt{q_0(1-q_0)} + Z_{1-\beta} \sqrt{q_1(1-q_1)}\right)^2}{(q_0 - q_1)^2} \qquad (6-24)$$

由于没有考虑到 r 只能取整数的情况，因此上式得到的 n 偏小，对应的使用方风险会略微大一些。

一般情况下 $\alpha = \beta$，当 q_0 和 q_1 相差很小时，令 $q_0 - q_1 = 2\delta$，并可以近似认为 $q_0(1-q_0) = q_1(1-q_1)$，则上式近似为

$$n = \frac{(Z_{1-\alpha})^2 q_{\text{S}}(1-q_{\text{S}})}{\delta^2} \qquad (6-25)$$

式中：n——样本量；

　　　　$Z_{1-\alpha}$——正态分布的 $1-\alpha$ 百分位；

　　　　q_{S}——指标值；

　　　　δ——允许的偏差值，推荐范围是 $0.01 \sim 0.07$。

由于正态分布是二项分布的极限分布，因此，当样本量 n 充分大时，可以直接采用正态分布来近似，但存在近似误差。近似误差来自两个方面：一是二项分布属于离散型分布，正态分布属于连续型分布；二是参数 q 的对二项分布的图形对称性的影响。为了保证近似偏差足够小，应对样本量的大小进行控制和约束。

6.3 样本量的分配与抽样方法

进行测试性试验时一般需要进行故障样本量的分配。样本量分配方法是以产品的复杂性和可靠性为基础的。如果采用固定样本试验,可用按比例分层抽样方法进行样本分配;如果采用可变样本量的序贯试验法,则可采用按比例的简单随机抽样方法。

6.3.1 比例分层抽样分配

首先分析试验产品构成层次和故障率,按故障相对发生频率 C_p 把确定的样本量 n 分配到产品各组成单元。然后用同样方法再把组成单元的样本量 n_i 分配给其组成部件,计算公式如下:

$$C_{pi} = \frac{Q_i \lambda_i T_i}{\sum Q_i \lambda_i T_i} \qquad (6-26)$$

$$n_i = n C_{pi} \qquad (6-27)$$

式中: Q_i ——第 i 个单元的数量;

λ_i ——第 i 个单元的故障率;

T_i ——第 i 个单元的工作时间系数,等于该单元工作时间与全程工作时间之比。

样本量分配的示例如表 6-12 所列,当采用有放回抽样方式时,直接按分配的样本量确定每个单元的故障样本量;当采用无放回抽样方式时,应确保各单元的候选故障样本数量达到 4 倍以上。

表 6-12 样本量的分配示例

雷达组成	具体单元	故障率 λ_i (1/10^6 h)	产品数量 Q_i	工作时间系数 T_i	$Q_i \lambda_i T_i$	相对发生频率 $C_{pi} = \frac{Q_i \lambda_i T_i}{\sum Q_i \lambda_i T_i}$	固定样本 $n=50$		可变样本
							候选样本量 $N_i = 4nC_{pi}$	分配样本量 $n_i = nC_{pi}$	累计范围 $\sum C_{pi} \times 100$
天 线	天 线	105	1	1.0	105	0.177	35	9	00~17
发射接收机					106	0.179	36	9	
	IF—A	23	1	1.0	A=23	A=0.039	A=8	A=2	
	IF—B	21	1	1.0	B=21	B=0.035	B=7	B=2	
	放大器	21	1	1.0	C=21	C=0.035	C=7	C=2	18~35
	调制器	18	1	1.0	D=18	D=0.031	D=6	D=1	
	电 源	23	1	1.0	E=23	E=0.039	E=8	E=2	
	发射机	10	1	1.0	10	0.017	3	1	36~37

雷达组成	具体单元	故障率 λ_i (1/10^6 h)	产品数量 Q_i	工作时间系数 T_i	$Q_i\lambda_i T_i$	相对发生频率 $C_{pi}=\dfrac{Q_i\lambda_i T_i}{\sum Q_i\lambda_i T_i}$	固定样本 $n=50$		可变样本
							候选样本量 $N_i=4nC_{pi}$	分配样本量 $n_i=nC_{pi}$	累计范围 $\sum C_{pi}\times 100$
频率跟踪器	频率跟踪器	400	1	0.7	280	0.472	94	23	38~84
		20	4	0.7	56	0.094	19	5	85~93
雷达位置控制器	雷达位置控制器	35	1	0.8	28	0.047	10	2	94~97
偏移角指示器	偏移角指示器	10	1	0.8	8	0.014	3	1	98~99
合　计		—	—	—	593	1.00	200	50	—

注：当采用序贯试验法时要删去固定样本分配栏。

6.3.2　比例简单随机抽样分配

该方法是根据故障相对发生频率 C_{pi} 乘以 100 所确定的累计范围,利用 00~99 均匀分布的随机数表,在全体样本中随机抽取。例如,当随机数是 39 时,从表 6 - 12 中可见 39 落在 38~84 中,即从频率跟踪器中抽取。

6.3.3　故障模式的选择

将全部故障样本,按故障模式的相对发生频率乘以 100 所确定的累计范围,进行随机抽样来选出要注入的故障模式,选择示例如表 6 - 13 所列。对于无放回抽样,抽取一个故障模式之后,需要删除该故障模式,重新计算剩余候选故障模式的相对发生频率,然后再进行下一次抽样。

表 6 - 13　故障模式选择示例

单　元	故障模式	相对发生频率	累计范围
接收机	1. 元件超差	0.20	00~19
	2. 元件短路或开路	0.35	20~54
	3. 调谐失灵	0.45	55~99

6.3.4　随机数生成方法的影响

6.3.4.1　伪随机数

采用数学方法生成随机数是进行随机抽样的基础,这样产生的随机数其实并不是真的随机数,因而称为伪随机数。伪随机数需要通过检验,证明具有随机数的性质才可将其作为随机数使用。所谓的检验,就是确认产生的随机数列是符合独立同分布的均匀分布 $U(0,1)$,具体检验包括均匀性检验、独立性检验和组合规律检验等。

生成随机数的数学方法主要包括平方取中法和线性同余法。

平方取中法是由冯·诺伊曼提出的一种产生均匀伪随机数的方法。此法开始取一个偶数位的长整数,称为种子,将其平方后,得双倍长度整数,然后取中间规定长度位作为下一个种子数,并将此数变换成一个(0,1)上的随机数。以此类推,即可得到一系列随机数。该方法的缺点是随机数周期短,容易退化为一常数,甚至退化为零。

线性同余法是由莱默尔提出的一种产生均匀伪随机数的方法,其计算公式如下:

$$x_{i+1} = (ax_i + c)(\mathrm{mod}\ m)$$

$$\eta_{i+1} = x_{i+1}/m \qquad\qquad (6-28)$$

式中: m——模数;

　　　 a——乘数;

　　　 c——增量;

　　　 x_i——随机数列;

　　　 η_i——均匀分布伪随机数。

线性同余法是当今使用最普遍的方法,编程语言中的常见的 rand 函数就是采用的该方法,对于典型的参数配置,得到的伪随机数序列通常是能够通过均匀性检验、独立性检验和组合规律检验的。

虽然线性同余法应用广泛,但也存在随机性导致的均匀性差的问题,尤其在小样本情况下更为明显。这表明,采用线性同余法产生伪随机数,总会出现某次得到的伪随机数序列不服从,甚至远离均匀分布的情况。

均匀性差的主要影响是对于相同的样本量,如果进行多次的重复抽样,得到测试性参数评估结果稳定性差。如图 6-5 所示的案例数据,横坐标是样本量,纵坐标是故障检测率的点估计值,最上部的连线对应 20 次重复抽样结果中的最高值,最下部的连线对应 20 次重复抽样结果中的最低值,中间的连线对应平均值。

从图中可以看到,虽然样本量不断变化,但故障检测率的均值几乎没有变化,可以认为是产品故障检测率的真值;同时随着样本量的增加,单次抽样评估结果的稳

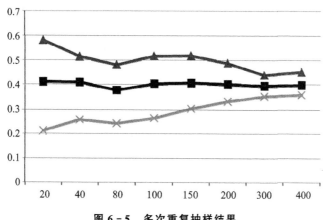

图 6-5　多次重复抽样结果

定性也越好,越靠近均值。

6.3.4.2　准随机数

如果在生成随机数时,通过牺牲随机性来提高均匀性,得到随机数称为准随机数。目前有 3 种准随机序列可用来生成均匀分布随机数,分别是 Halton 序列、sobol 序列和 Latin 超立方体序列。这里以 Halton 序列为例进行说明。

Halton 序列是以质数为基底产生的序列,同一质数得到的序列完全相同。Halton 序列的计算公式如下:

$$h(n,b) = \sum_{k=0}^{m} d_k b^{-(k+1)} \tag{6-29}$$

式中:b——质数基底;

　　　n——序列值位置序号(从 1 开始);

　　　h——序列值;

　　　m——n 按 b 进制编码的码长(从 0 开始);

　　　d_k——b 进制编码中第 k 位数值。

以质数 2 为基底,应用上式生成 Halton 序列前 7 个数的过程如表 6-14 所列。

表 6-14　生成 Halton 序列

位置 n	二进制码	序列值
1	001	$0×(1/8)+0×(1/4)+1×(1/2)=0.5$
2	010	$0×(1/8)+1×(1/4)+0×(1/2)=0.25$
3	011	$0×(1/8)+1×(1/4)+1×(1/2)=0.75$
4	100	$1×(1/8)+0×(1/4)+0×(1/2)=0.125$
5	101	$1×(1/8)+0×(1/4)+1×(1/2)=0.625$
6	110	$1×(1/8)+1×(1/4)+0×(1/2)=0.375$
7	111	$1×(1/8)+1×(1/4)+1×(1/2)=0.875$

准随机序列是固定的随机数序列,基于准随机序列进行多次重复抽样试验结果与单次抽样试验结果无差别。如图 6 - 6 所示的案例数据,其中以"＊"标识的连线就是利用 Halton 序列抽样的故障检测率评估结果,其余三条连线同图 6 - 5。

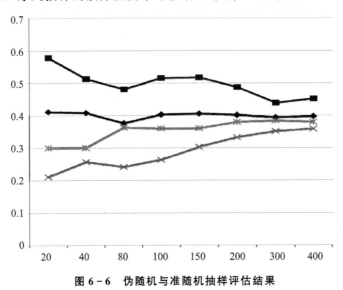

图 6 - 6　伪随机与准随机抽样评估结果

从图中可以看到,相同样本量进行多次准随机数抽样,由于随机序列相同,抽中的故障样本相同,得到的评估结果也是相同的;随着样本量的增加,准随机抽样评估结果不断靠近伪随机抽样评估结果的均值,偏差量也小于伪随机抽样评估结果对均值的最大偏差。

准随机数抽样的缺点包括:小样本量时评估结果与伪随机抽样评估结果均值也存在较大偏差;由于没有随机性,只有均匀性,在样本量小于故障模式数量时,即使多次重复抽样,也存在永远不能被抽到的故障。

6.4　测试性参数估计

6.4.1　点估计

故障检测率、故障隔离率、虚警率的点估计公式与第 1 章中的参数定义公式相同,这里给出一个通用的点估计计算公式为

$$\hat{q} = \frac{n - F}{n} \tag{6-30}$$

式中:$\hat{q}$——测试性参数点估计值,如 FDR、FIR、1 - FAR(故障指示成功率)的点估

计值。

n——样本量。对 FDR，n 为故障总数；对 FIR，n 为检测出的故障数量；对 $1 -$ FAR，n 为报警次数。

F——失败样本数量。对 FDR，F 为没有成功检测出的故障数量；对 FIR，F 为没有成功隔离出的故障数量；对 $1 -$ FAR，F 为虚警次数。

平均虚警间隔时间的点估计计算公式见第 1 章中的式(1-9)，这里不再重复列出。

6.4.2　单侧置信限估计

（1）三个率的二项分布模型置信限

故障检测率、故障隔离率需要计算单侧置信下限；虚警率需要计算单侧置信上限，等价于计算故障指示成功率的下限。基于二项分布的统一计算公式如下：

$$\sum_{i=0}^{F}\binom{n}{i}q_{L}^{n-i}(1-q_{L})^{i}=1-C \tag{6-31}$$

式中：q_{L}——FDR、FIR、1-FAR 的单侧置信下限。

C——置信度。

n——样本量。对 FDR，n 为故障总数；对 FIR，n 为检测出的故障数量；对 $1 -$ FAR，n 为报警次数。

F——失败样本数量。对 FDR，F 为没有成功检测出的故障数量；对 FIR，F 为没有成功隔离出的故障数量；对 $1 -$ FAR，F 为虚警次数。

令 FAR_{U} 表示虚警率的单侧置信上限，则 $FAR_{U}=1-q_{L}$。

（2）三个率的正态分布模型置信限

当采用近似的正态分布时，三个率的单侧置信限计算模型如下：

当 $0.1<\hat{q}<0.9$ 时，置信度为 C 的下限 q_{L} 用下式计算：

$$q_{L}=\hat{q}-Z_{C}\sqrt{\frac{\hat{q}(1-\hat{q})}{n}} \tag{6-32}$$

同上，对虚警率是通过故障指示成功率进行换算。

当 $\hat{q}\geqslant0.9$ 或 $\hat{q}\leqslant0.1$ 时，置信度为 C 的下限 q_{L} 用下式计算：

$$q_{L}=\begin{cases}\dfrac{2\lambda}{2n-K+1+\lambda} & \text{当}\ \hat{q}\leqslant0.1\ \text{时}\\[3mm]\dfrac{n+k-\lambda'}{n+k+\lambda'} & \text{当}\ \hat{q}\geqslant0.9\ \text{时}\end{cases} \tag{6-33}$$

式中：n——样本量；

K——n 次试验中成功的次数；

$\lambda=\dfrac{1}{2}x_{a}^{2}(2K)$；

$$\lambda' = \frac{1}{2} x_{1-\alpha}^2 \left[2(n-k) + 2 \right] 。$$

同上,对虚警率,通过故障指示成功率进行换算。

(3) 平均虚警间隔时间的单侧置信下限

平均虚警间隔时间的单侧置信下限计算公式如下:

$$T_{\mathrm{BFA-L}} = \frac{2T}{\chi_{2N_{\mathrm{FA}}+2,1-C}^2} \tag{6-34}$$

式中:$T_{\mathrm{BFA-L}}$——平均虚警间隔时间的单侧置信下限;

T——累计工作时间;

$\chi^2(\cdot)$——卡方分布函数;

N_{FA}——累计虚警次数;

C——置信度。

6.5 辅助工具软件

6.5.1 软件总体功能

基于二项分布进行试验方案确定和置信限估计可以通过查询典型数据表得到结果数据,但实际应用中常常出现超出数据表范围的情况,由于数学公式的计算复杂,因此难以通过人工计算得到结果,需要利用计算辅助工具实现自动计算。

这里介绍一款作者主持开发的试验方案确定与参数评估软件,该软件的主要功能组成见图6-7。

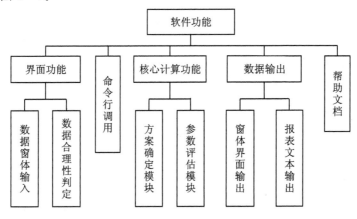

图6-7 试验方案确定与参数评估软件的功能组成

6.5.2　软件的核心计算功能

软件的核心计算功能包括二项分布下的定数试验方案确定与测试性参数评估功能,其他功能包括输入数据控制与输出数据处理等。软件的主界面如图 6-8 所示,各项计算功能介绍如下。

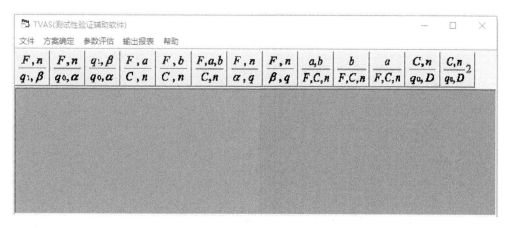

图 6-8　软件的主界面

(1) 考虑使用方风险的试验方案确定

当采用考虑使用方风险的试验方案时,需要给定失败数 F 的范围、最低可接受值 q_1 以及使用方风险 β,软件计算出失败数的范围内的所有试验方案,如图 6-9 所示。

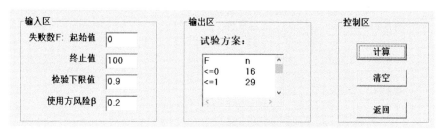

图 6-9　考虑使用方风险的试验方案确定

(2) 考虑生产方风险的试验方案确定

当采用考虑生产方风险的试验方案时,需要给定失败数 F 的范围、规定值 q_0 以及生产方风险 α,软件计算出失败数的范围内的所有试验方案,如图 6-10 所示。

(3) 考虑双方风险的试验方案确定

当采用考虑双方风险的试验方案时,需要给定规定值 q_0、最低可接受值 q_1、生产方风险 α 以及使用方风险 β,软件计算出失试验方案,如图 6-11 所示。

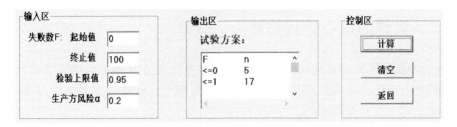

图 6-10　考虑生产方风险的试验方案确定

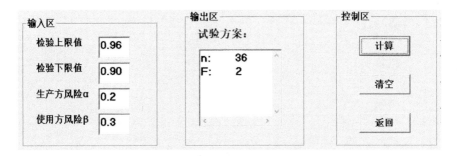

图 6-11　考虑双方风险的试验方案确定

（4）单侧置信下限估计

进行单侧置信下限估计时，需要给定置信度 C、样本量 n 和失败数 F，软件自动计算出点估计值和单侧置信下限，如图 6-12 所示。

图 6-12　单侧置信下限估计

（5）单侧置信上限估计

进行单侧置信上限估计时，需要给定置信度 C、样本量 n 和失败数 F，软件自动计算出点估计值和单侧置信上限，如图 6-13 所示。

（6）置信区间估计

进行置信区间估计时，需要给定置信度 C、样本量 n 和失败数 F，软件自动计算出点估计值和置信区间，如图 6-14 所示。

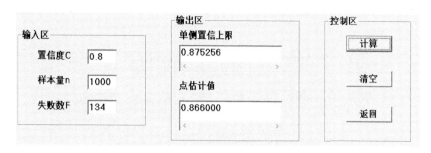

图 6-13　单侧置信上限估计

图 6-14　置信区间估计

（7）数据表生成

软件还可以生成文本格式和 Excel 格式的考虑使用方风险的试验方案数据表、考虑生产方风险的试验方案数据表、考虑双方风险的试验方案数据表、单侧置信下限数据表、单侧置信上限数据表和置信区间数据表。其中,生成单侧置信下限数据表的示例见图 6-15。

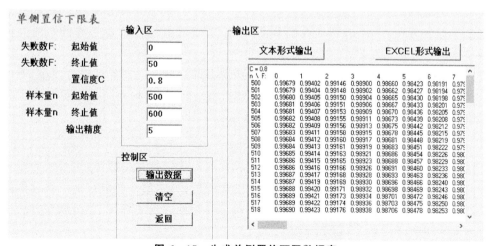

图 6-15　生成单侧置信下限数据表

第7章 基于故障覆盖充分性的样本选择方法

7.1 覆盖充分性基本概念

7.1.1 故障样本选取存在的问题

考虑风险确定样本量与随机选取故障样本虽然具有成熟的数学理论基础,但在实际应用中也存在着许多问题,具体如下。

(1) 确定故障样本量

考虑风险的确定故障样本量方法主要包括二项分布方法和正态分布方法。在二项分布方法中,如果采用只考虑生产方风险或者使用方风险方法,会得到样本量不断递增的无穷多个可行试验方案。显然样本量越大,抽样试验结果的稳定性越好,但针对特定的产品,目前还没有办法确定最合适的样本量;考虑双方风险虽然能确定一个风险最佳样本量,但需要提供验证参数的规定值和最低可接受值,目前很多装备都只有一个数值,不支持这种计算;基于正态分布方法确定样本量本身就是近似方法,计算结果存在误差,而且计算模型中的参数 δ 的数值需要人为给定。

这种考虑风险的确定故障样本量方法的主要问题就是与产品的设计脱节,所确定的故障样本量对一个产品来说,评估结果的稳定性很好,但对另一个更复杂产品的稳定性就会很差。

(2) 故障抽样

故障抽样应是在产品的故障总体中随机抽取出规定数量的故障,组成试验用的故障样本集(以下简称样本集)。根据统计抽样理论,样本集应能较好地反映总体的特性,但在试验前,如何确定抽取的样本集对总体特性的反映程度,也是风险方法没有解决的问题。

另外,从产品的全部故障模式集合中抽样是保证样本集对总体特性的良好反映的前提,应避免只在已设计测试的故障模式集中抽样形成样本集,否则再大的样本量、再稳定的抽样方法也不能得到客观的结果。如何判别样本集的代表性,也是风险方法没有解决的问题。

由于风险方法具有的这些问题,尤其是故障抽样的代表性问题,没有得到有效解决,导致美国在型号测试性试验中无法对样本集进行控制,试验中注入的故障都是设计了测试的故障,试验结果的 BIT 故障检测率和故障隔离率普遍高于外场统计结果,如表 7-1 所列,失去了试验检验的意义,并最终导致美国军方在测试性标准中放弃了测试性试验工作项目,只采用长时间外场使用数据评估进行验证。

表 7-1　试验和实际外场使用情况对比　　　　　　　　%

产　品	BIT 故障检测率		BIT 故障隔离率	
	试　验	外场使用	试　验	外场使用
F-16 雷达	94	24～40	98	73～85
F-16 飞控系统	100	83	92	73.6
F-16 多路传输设备	90	49	93	69
F-18 雷达	90	47	85	73

因此,为了分析样本集对产品设计特性的代表性,应该建立一种故障对设计特性覆盖情况的分析处理方法。

7.1.2　度量的概念模型

7.1.2.1　度量的要素组成

现代度量理论是一个数学分支,它适用于自然科学、社会科学和工程研究各个分支的关于度量的逻辑基础和基本原理。根据该理论,任何一个度量都必须具备如下的 4 大要素:

① 被度量的客体;

② 所欲度量的属性;

③ 赋予客体的数值或符号;

④ 客体与数值相联系的映射。

基于这 4 大要素,可以给出度量通用组成定义:

● 经验关系系统 $Q=(Q,R)$,其中 Q 为被度量客体的集合,$R=\{R_1,R_2,\cdots,R_n\}$ 为 Q 上的一系列关系;

● 数值关系系统 $N=(N,P)$,其中 N 为数值或者符号的一个集合,$P=\{P_1,$

$P_2, \cdots, P_n$} 为 N 上的一系列关系。

● 存在映射 $M: Q \rightarrow N$，则 $M(x)$ 为客体 x 在被度量属性方面的度量值。

度量在本质上就是用人们熟悉的数值系统来精确地刻画人们所不太熟悉的或者难以客观地、准确地掌握的属性。映射 M 可以看作一种运算，将数值系统中的元素赋给经验关系系统中的客体。

7.1.2.2 充分性评估的要素组成

由于在样本选取中所要建立的充分性评估属于度量范畴，因此同样具有上述的4大要素：

① 被度量的客体：样本集及其相关数据；

② 欲度量的属性：样本集相对于产品故障模式集的充分程度；

③ 赋予客体的数值或符号：实数数值或者逻辑数值；

④ 使客体与数值相联系的映射：充分性的函数运算。

由于研究的问题是样本集对产品故障模式集特性的代表性，因此可以将客体粗略地分为三个部分：产品故障模式集、样本集和特性，三者之间的关系如图 7 - 1 所示。

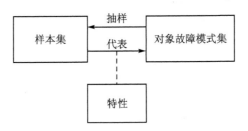

图 7 - 1 充分性度量客体的组成

产品的故障模式集是由产品的所有故障模式构成的集合。一个产品是由有限多个组件构成的，由于每个组件的故障模式数量不是无穷多的，因此产品的故障模式集存在，而且所包含的故障模式数量是有限的。

样本集是根据产品的故障模式集抽样得到的进行注入试验的故障模式集合，它是产品故障模式集的子集。因此样本集的所有可能成分完全是由产品故障模式集决定的。由于产品故障模式集存在，因此样本集也是存在的，集合中的元素数量也是有限的。

为了度量样本集对产品故障模式集的代表性，必须确定产品故障模式集所具有的特性，作为代表性度量和判断的依据。

7.1.3　样本集充分性的定义及性质

7.1.3.1　样本集充分性的定义

当对客体进行定量化的度量时,可以考虑映射到实数数值系统,这种方式的映射也可称为度量函数形式;当对客体进行定性化的度量时,可以考虑映射到二值逻辑的数值系统,这种方式也可称为谓词形式。下面给出这两种形式的充分性常规定义。

定义 7.1:度量函数形式的充分性定义。样本集的充分性 M 是一个从样本集 F_S、产品故障模式集 F_U、特性 A 到实数区间 $[0,1]$ 的映射函数。$M(F_S,F_U,A)=r$ 表示样本集 F_S 对故障模式集 F_U 的代表性在特性 A 上的充分度为 r。r 越大,代表性也好。

在度量函数形式的充分性定义中,客体与数值系统的映射关系如图 7-2 所示。

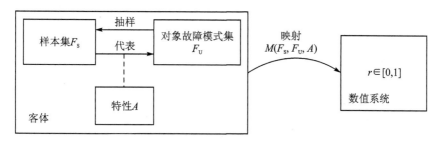

图 7-2　度量函数形式充分性定义的客体与数值系统映射

定义 7.2:谓词形式的充分性定义。样本集的充分性 C 是一个定义在 $F_S \times F_U \times A$ 上的谓词,即 $C: F_S \times F_U \times A \rightarrow \{true, false\}$。$C(F_S,F_U,A)=true$ 表示样本集 F_S 对故障模式集 F_U 的代表性在特性 A 上是充分的;否则,该样本集 F_S 是不充分的。

在谓词形式的充分性定义中,客体与数值系统的映射关系如图 7-3 所示。

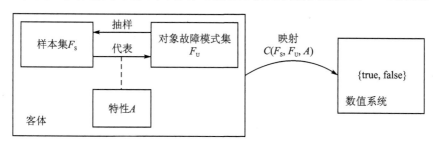

图 7-3　谓词形式充分性定义的客体与数值系统映射

为了便于表述,将度量函数形式的充分性定义简称为充分性度量,将谓词形式的充分性定义简称为充分性准则。

充分性度量和充分性准则在本质上是等价的,即两种形式的充分性定义可以相互转换。

对任意一个充分性度量 M 以及一个充分性要求 r,可以定义一个谓词形式的充分性准则 C_r,当且仅当 M 充分度大于或等于 r 时,样本集是 C_r 充分的。其数学表达为

$$C_r(F_S, F_U, A) = \text{true} \Leftrightarrow M(F_S, F_U, A) \geqslant r \qquad (7-1)$$

另一方面,给定一个谓词形式的充分性准则 C,可以定义一个度量形式的充分性准则 M_C,如下式:

$$M_C(F_S, F_U, A) = \frac{\|F_S\|}{\|\Delta_C(F_S)\|} \qquad (7-2)$$

式中:$\|F_S\|$——样本集 F_S 在特性 A 方面的一个度量数值;$\Delta_C(F_S)$——满足条件 $F_S' \supseteq F_S$ 和 $C(F_S', F_U, A) = \text{true}$ 的所有样本集 F_S' 中的最小样本集。

7.1.3.2 样本集充分性的基本性质

根据样本集充分性的定义,可以得到充分性的如下性质。

(1) 空样本集不充分性

空的样本集 F_S 对任何故障模式集 F_U 的代表性都是不充分的。即

$$\forall F_U. \neg (F_S = \varnothing \land F_S \in C(F_U)) \qquad (7-3)$$

这一性质说明,如果样本集 F_S 中不含有任何故障模式,则其一定是不充分的。

(2) 有限性

对任意的故障模式集 F_U 均存在有限的而且充分的样本集 F_S。即

$$\forall F_U, \exists F_S. (F_S \in C(F_U)) \land (|F_S| < \infty) \qquad (7-4)$$

式中:$|F_S|$ 为集合 F_S 的基数。

这一性质说明,由于对任何产品都存在一个非空有限的故障模式集 F_U,因此可以找到一个充分的样本集 F_S,而且其中的故障模式数量是有限的。

(3) 单调性

若样本集 F_{S1} 对产品故障模式集 F_U 是充分的,而且 $F_{S1} \subseteq F_{S2}$,则 F_{S2} 对产品故障模式集 F_U 也是充分的。即

$$\forall F_U. (F_{S1} \in C(F_U) \land F_{S1} \subseteq F_{S2}) \Rightarrow F_{S2} \in C(F_U) \qquad (7-5)$$

这一性质说明,如果样本集是充分的,则对其增加新的故障模式后形成的样本集仍然是充分的。

（4）复杂性

对任意产品的故障模式集 F_U，都存在一个自然数 n，使得一个含有 n 个以上故障模式的样本集 F_S 对其是充分的，即

$$\forall F_U, \exists n \geqslant 1. (|F_S| \geqslant n \Rightarrow F_S \in C(F_U)) \qquad (7-6)$$

同样，存在一个自然数 m，使得一个含有 m 个以下故障模式的样本集 F_S 对其是不充分的，即

$$\forall F_U, \exists m \geqslant 1. (|F_S| < m \Rightarrow F_S \notin C(F_U)) \qquad (7-7)$$

这一性质说明，如果样本集要达到充分，则其中所包含的故障模式数量必然要受到约束。复杂性是空样本集不充分性、有限性、单调性的综合表现。

7.1.4 样本集充分性的计算模型

7.1.4.1 产品故障模式信息的元组模型

定义 7.3：产品的故障模式信息。定义如下三元组：

$$I_U = (F_U, A_U, P_U) \qquad (7-8)$$

式中：I_U——故障模式信息元组模型；

F_U——非空有限的产品故障模式集合，$F_U = \{f_1, f_2, \cdots, f_m\}$，$f_i(i=1,2,\cdots,m)$ 为产品的一个具体的故障模式，m 为故障模式数量，各个故障模式之间不存在因果关系；

A_U——特性 A 取值集合，$A_U = \{a_1, a_2, \cdots, a_q\}$，$a_j(j=1,2,\cdots,q)$ 为特性 A 的一个具体取值，q 为该特性各种取值的数量，各个取值之间不存在包含关系；

P_U——从 F_U 到 A_U 的映射函数，$P_U: F_U \rightarrow A_U$；$P_U(f_i)$ 表示根据映射 P_U 确定的故障模式 f_i 对应的特性取值集合，$P_U(f_i) \subseteq A_U$。

映射 P_U 会将故障模式 f 映射到 1 个或者多个可能的特性值 a。为了便于分析，这里将映射 P_U 分为两种情况：简单映射情况，复杂映射情况。下面分别对其进行分析。

（1）简单映射情况

定义 7.4：简单映射。在产品的故障模式信息元组模型 $I_U = (F_U, A_U, P_U)$ 中，如果下式成立，则称映射 P_U 为简单映射。

$$\forall f \in F_U. (P_U(f) \subseteq A_U) \wedge (|P_U(f)| = 1) \qquad (7-9)$$

式中：$|P_U(f)|$ 为集合 $P_U(f)$ 的基数。

在简单映射情况下，映射 P_U 使集合 F_U 中每一个故障模式仅关联集合 A_U 中一个特性值。

定义 7.5：简单映射下的故障模式等价。在故障模式信息元组模型 $I_U = (F_U, A_U, P_U)$ 中,故障模式集合 F_U 的两个不同元素 f_1 和 f_2,映射 P_U 将其映射到集合 A_U 中的同一个元素上,即

$$\exists f_1, f_2 \in F_U. (f_1 \neq f_2) \wedge (P_U(f_1) = P_U(f_2)) \qquad (7-10)$$

则称 f_1 和 f_2 关于特性 A 等价。

定义 7.6：简单映射下的故障模式等价集合。在故障模式信息元组模型 $I_U = (F_U, A_U, P_U)$ 中,任取 $a \in A_U$,定义集合 $F_a \subseteq F_U$,如果

$$\forall f \in F_U. (f \in F_a) \Rightarrow (P_U(f) = \{a\}) \qquad (7-11)$$

而且

$$\forall f \in F_U. (f \notin F_a) \Rightarrow (P_U(f) \neq \{a\}) \qquad (7-12)$$

则称集合 F_a 是特性 A 在取值 a 下的故障模式等价集合,简称为故障模式等价集合。

(2) 复杂映射情况

定义 7.7：复杂映射。在故障模式信息元组模型 $I_U = (F_U, A_U, P_U)$ 中,如果下式成立,则称映射 P_U 为复杂映射。

$$\forall f \in F_U. (P_U(f) \subseteq A_U) \wedge (|P_U(f)| \geqslant 1) \qquad (7-13)$$

式中：$|P_U(f)|$ 为集合 $P_U(f)$ 的基数。

在复杂映射情况下,映射 P_U 使集合 F_U 中的每一个故障模式关联集合 A_U 中的一个或者多个特性值。

定义 7.8：复杂映射下的故障模式等价。在故障模式信息元组模型 $I_U = (F_U, A_U, P_U)$ 中,对故障模式集合 F_U 的两个不同元素 f_1 和 f_2,其映射输出集合 $P_U(f_1)$ 和 $P_U(f_2)$ 存在相同的元素,即

$$\exists f_1, f_2 \in F_U. (f_1 \neq f_2) \wedge (P_U(f_1) \bigcap P_U(f_2) \neq \varnothing) \qquad (7-14)$$

则称 f_1 和 f_2 关于特性 A 等价。

定义 7.9：复杂映射下的故障模式等价集合。在故障模式信息元组模型 $I_U = (F_U, A_U, P_U)$ 中,任取 $a \in A$,定义集合 $F_a \subseteq F_U$,如果

$$\forall f \in F_U. (f \in F_a) \Rightarrow (a \in P_U(f)) \qquad (7-15)$$

而且

$$\forall f \in F_U. (f \notin F_a) \Rightarrow (a \notin P_U(f)) \qquad (7-16)$$

则称集合 F_a 是特性 A 在取值 a 下的故障模式等价集合,简称为故障模式等价集合。

对于复杂映射情况,一个故障模式可以存在于多个不同的故障模式等价集合中。针对这种情况,给出如下的阶数定义。

定义 7.10：故障模式的阶数。在故障模式信息元组模型 $I_U = (F_U, A_U, P_U)$ 中,故障模式集合 F_U 的元素 f 在不同故障模式等价集合中出现的次数,称为故障模式 f 关于属性 A 的阶数,用 W_f 表示。W_f 等于 f 在映射 P_U 作用下的输出集合 $P_U(f)$ 包含的元素数量,即

$$W_f = \mid P_U(f) \mid \tag{7-17}$$

根据简单映射和复杂映射的定义可知,在简单映射情况下,故障模式的阶数为 1;在复杂映射情况下,故障模式的阶数大于或等于 1。

定义 7.11:故障模式等价集合的故障率。假设故障模式等价集合 F_a 中含有 K 个故障模式,则所有故障模式的故障率之和称为故障模式等价集合 F_a 的故障率,即

$$\lambda_a = \sum_{i=1}^{K} \lambda_{fi} \tag{7-18}$$

式中:λ_a——故障模式等价集合 F_a 的故障率;

λ_{fi}——第 i 个故障模式的故障率;

K——故障模式等价集合 F_a 中的元素数量。

7.1.4.2　样本集的故障模式信息元组模型

定义 7.12:样本集的故障模式信息元组模型。定义如下三元组:

$$I_S = (F_S, A_S, P_S) \tag{7-19}$$

式中:I_S——样本集的故障模式信息元组模型;

F_S——非空有限的样本集合,$F_S = \{f_1, f_2, \cdots, f_n\}$,$f_i(i=1,2,\cdots,n) \in F_U$,$n$ 为样本量;

A_S——特性 A 的取值集合,$A_S = \{a_1, a_2, \cdots, a_r\}$,$r$ 为集合 A_S 中的元素数量,$A_S \subseteq A_U$;

P_S——从 F_S 到 A_S 的映射函数,$P_S:F_S \rightarrow A_S$;P_S 是 P_U 在改变定义域之后的变形。

由于 F_S 是从 F_U 抽样得到的,而且 $A_S \subseteq A_U$,P_S 是 P_U 在改变定义域之后的变形,因此样本集的故障模式信息元组模型的成员完全是从产品的故障模式信息元组模型继承而来的,因此也存在着故障模式等价、故障模式等价集合等相应的概念,这里从略。

7.1.4.3　可计算的样本集充分性定义

定义 7.13:样本集的充分性度量。已知样本集的故障模式信息元组模型为 $I_S = (F_S, A_S, P_S)$,其对应的产品故障模式信息元组模型为 $I_U = (F_U, A_U, P_U)$,则样本集 F_S 关于特性 A 的充分性度量 M_A 为

$$M_A = \frac{\mid A_S \mid}{\mid A_U \mid} = \frac{r}{q} \tag{7-20}$$

式中:$\mid A_S \mid$——集合 A_S 的基数;

$\mid A_U \mid$——集合 A_U 的基数。

根据故障模式等价集合的定义,可以得到集合 F_U 在属性 A 上的等价集合数量

N_{EA},以及集合 F_S 在属性 A 上的等价集合数量 N'_{EA},则样本集 F_S 关于特性 A 的充分性度量 M_A 还可表示为

$$M_A = \frac{N'_{EA}}{N_{EA}} \qquad (7-21)$$

因此,充分性是在故障模式等价集合划分的基础上,度量样本集中的故障模式等价集合类别占产品的故障模式等价集合类别的比例,这一数值越高,说明样本集的结构与产品故障模式集的结构越接近,相应的代表性就越好。

由于集合 $A_S \supseteq A_U$,因此下式成立:

$$0 \leqslant |A_S| \leqslant |A_U| \qquad (7-22)$$

这就保障了充分性度量 M_A 满足 $0 \leqslant M_A \leqslant 1$ 的数值范围。

在充分性度量的基础上,可以转换得到充分性准则。为了得到最佳的代表性,这里给出了最严格的充分性准则定义。

定义 7.14:样本集的充分性准则。已知样本集的故障模式信息元组模型为 $I_S = (F_S, A_S, P_S)$,其对应的产品故障模式信息元组模型为 $I_U = (F_U, A_U, P_U)$,则样本集 F_S 的充分性准则 C_A 为:当且仅当样本集 F_S 关于特性 A 的充分性度量 $M_A = 1$ 时,样本集是关于特性 A 充分的,记为 $C_A = \text{true}$;否则就是不充分的,记为 $C_A = \text{false}$。即

$$(M_A = 1) \Leftrightarrow (C_A = \text{true}) \qquad (7-23)$$

或者

$$(M_A < 1) \Leftrightarrow (C_A = \text{false}) \qquad (7-24)$$

满足充分性准则 $C_A = \text{true}$ 的内在含义是要求 $A_S = A_U$,以保证样本集 F_S 可以覆盖特性 A 的所有取值。由于特性 A 的每一个取值 a 都有对应的故障模式等价集合 F_a,因此为了满足 $C_A = \text{true}$,样本集至少包含产品每个故障模式等价集合中的一个元素,即

$$(\forall a \in A_U. \exists (f \in F_S \wedge f \in F_a)) \Leftrightarrow (C_A = \text{true}) \qquad (7-25)$$

7.2 典型的充分性度量和准则

7.2.1 典型特性的选择和确定

故障模式具有相关的多种性质或者状态,如故障位置、故障类别、故障表现、故障机理、故障发生时间、严重程度、故障率、故障影响、严酷度、危害度、检测与隔离特性等等。在这些特性的基础上,可以选择、综合和确定出用于体现样本集代表性的

典型特性。

选择和确定时要考虑的原则和因素如下：

- 在试验中的故障是以模拟/注入方式产生的，不是自然发生的；
- 已经在试验过程中考虑的特性不再选用；
- 在试验前不能确定数值的特性不再选用；
- 尽量选用与产品设计、使用过程相关的特性；
- 能够反映故障检测的能力和要求；
- 能够反映故障隔离的能力和要求；
- 能够反映故障测试的手段；
- 含义相近的特性进行合并或者综合。

根据这些原则，对上述的特性综合处理后，得到如下的 3 个典型特性：结构特性、功能特性和测试特性。下面对它们进行简单的说明。

（1）结构特性

结构特性是指产品所具有的硬件层次结构，一般包括系统、LRU、SRU、功能子电路（元器件组）和元器件等不同的层次。测试性的故障隔离能力要求是与产品的结构相关的，例如要求将系统的故障隔离到 LRU，LRU 的故障隔离到 SRU，SRU 的故障隔离到功能子电路甚至单个元器件等。因此产品的结构特性在一定程度上反映了故障模式的故障隔离特性。

（2）功能特性

功能特性是指产品设计实现的功能。一般情况下产品都具有多种功能，产品的各种故障模式对其功能都具有不同的影响，或者说产品具有多种的功能故障模式。

测试性设计的目的是提高整个产品的故障可检测性和可隔离性，但往往要求对具有较高严酷度等级的故障模式具有最大的检测和隔离能力，尤其对影响到产品任务的关键故障模式要求具有 100% 的检测能力。对于 BIT，往往还提出了在产品运行过程中提供监控系统功能是否正常的定性要求。此外，通过对产品的功能测试来判断是否存在故障和进行故障诊断也是 BIT 设计和外部测试设计的重要手段。因此产品的功能设计对产品的测试性设计有很大的影响，并在一定程度上反映了故障模式的故障检测特性。

（3）测试特性

测试特性是指产品设计实现的各种测试，包括了 BIT 的各个测试项目及外部测试的各个测试项目。每个具体测试项目不仅在策略、硬件线路和软件实现上不同，而且所能测试的故障模式也存在着很大的差别，因此测试特性在一定程度上综合反映了故障模式的故障检测和隔离特性。

为了便于故障检测和隔离,产品中设计的具体测试一般都较多,例如某雷达的周期 BIT 具有 106 个测试,启动 BIT 具有 321 个测试。一个测试能够按设计要求检测到相应的故障模式,并不能保证其他的测试也能达到规定的设计要求。

在将模型中的特性具体化为结构特性、功能特性和测试特性之后,可以建立相应的 3 种典型的充分性度量和准则:结构覆盖充分性度量 M_D 和准则 C_D,功能覆盖充分性度量 M_G 和准则 C_G,测试覆盖充分性度量 M_T 和准则 C_T,如图 7-4 所示。

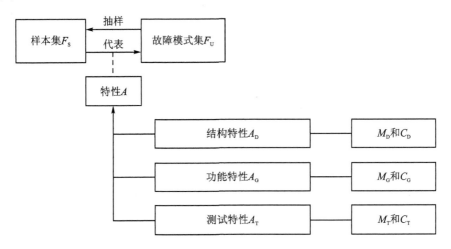

图 7-4 典型的充分性度量和准则

7.2.2 结构覆盖充分性度量和准则

定义 7.15:样本集的结构覆盖充分性度量。已知样本集的故障模式信息元组模型为 $I_s=(F_s,A_s,P_s)$,其对应的产品故障模式信息元组模型为 $I_U=(F_U,A_U,P_U)$,当特性 A 为结构特性 A_D 时,则样本集关于结构特性 A_D 的充分性度量 M_D 为

$$M_D = \frac{|A_{S/D}|}{|A_{U/D}|} \tag{7-26}$$

式中:$|A_{U/D}|$——为由产品决定的结构特性 A_D 取值集合 $A_{U/D}$ 的基数;

$|A_{S/D}|$——为由样本集决定的结构特性 A_D 取值集合 $A_{S/D}$ 的基数。

定义 7.16:样本集的结构覆盖充分性准则。已知样本集的结构覆盖充分性度量为 M_D,则样本集的结构覆盖充分性准则 C_D 为:当且仅当 $M_D=1$ 时,样本集是关于结构特性充分的,记为 $C_D=\text{true}$;否则就是不充分的,记为 $C_D=\text{false}$。即

$$(M_D=1)\Leftrightarrow(C_D=\text{true}) \tag{7-27}$$

或者

$$(M_D < 1) \Leftrightarrow (C_D = \text{false}) \tag{7-28}$$

满足该准则的含义是要求样本集能够覆盖产品特定层次的所有结构单元,如覆盖全部的 LRU、或者全部的 SRU、或者全部的功能子电路、或者全部的元器件等。

7.2.3　功能覆盖充分性度量和准则

定义 7.17:样本集的功能覆盖充分性度量。已知样本集的故障模式信息元组模型为 $I_S = (F_S, A_S, P_S)$,其对应的产品故障模式信息元组模型为 $I_U = (F_U, A_U, P_U)$,当特性 A 为功能特性 A_G 时,则样本集关于功能特性 A_G 的充分性度量 M_G 为

$$M_G = \frac{|A_{S/G}|}{|A_{U/G}|} \tag{7-29}$$

式中:$|A_{U/G}|$——由产品决定的功能特性 A_G 取值集合 $A_{U/G}$ 的基数;

$\quad\quad |A_{S/G}|$——由样本集决定的功能特性 A_G 取值集合 $A_{S/G}$ 的基数。

定义 7.18:样本集的功能覆盖充分性准则。已知样本集的功能覆盖充分性度量为 M_G,则样本集的功能覆盖充分性准则 C_G 为:当且仅当 $M_G = 1$ 时,样本集是关于功能特性充分的,记为 $C_G = \text{true}$;否则就是不充分的,记为 $C_G = \text{false}$。即

$$(M_G = 1) \Leftrightarrow (C_G = \text{true}) \tag{7-30}$$

或者

$$(M_G < 1) \Leftrightarrow (C_G = \text{false}) \tag{7-31}$$

满足该准则的含义是要求样本集能够覆盖产品特性层次的所有功能。

7.2.4　测试覆盖充分性度量和准则

定义 7.19:样本集的测试覆盖充分性度量。已知样本集的故障模式信息元组模型为 $I_S = (F_S, A_S, P_S)$,其对应的产品故障模式信息元组模型为 $I_U = (F_U, A_U, P_U)$,当特性 A 为测试特性 A_T 时,则样本集关于 BIT 测试特性 A_T 的充分性度量 M_T 为

$$M_T = \frac{|A_{S/T}|}{|A_{U/T}|} \tag{7-32}$$

式中:$|A_{U/T}|$——由产品决定的测试特性 A_T 取值集合 $A_{U/T}$ 的基数;

$\quad\quad |A_{S/T}|$——由样本集决定的 BIT 测试特性 A_T 取值集合 $A_{S/T}$ 的基数。

定义 7.20:样本集的测试覆盖充分性准则。已知样本集的 BIT 测试覆盖充分性度量为 M_T,则样本集的测试覆盖充分性准则 C_T 为:当且仅当 $M_T = 1$ 时,样

本集是关于测试特性充分的,记为 $C_T = \text{true}$;否则就是不充分的,记为 $C_T = \text{false}$。即

$$(M_T = 1) \Leftrightarrow (C_T = \text{true}) \qquad (7-33)$$

或者

$$(M_T < 1) \Leftrightarrow (C_T = \text{false}) \qquad (7-34)$$

满足该准则的含义是要求样本集能够覆盖产品的所有测试项目。

7.2.5　综合充分性度量和准则

典型充分性度量和准则都是从一种特性的角度出发来评价样本集的充分性,如果要从几个角度同时综合评价样本集的充分性,就需要使用多个典型充分性度量和准则。

定义 7.21:样本集的综合充分性度量。样本集的综合充分性度量记为 M_I,它等于对样本集选用的所有典型充分性度量 M 的平均值,即

$$M_I = \frac{1}{K} \sum_{i=1}^{K} M_i \qquad (7-35)$$

式中:M_i——对样本集选用的第 i 个典型充分性度量;

K——对样本集选用典型充分性度量的数量。

例如,当 3 种典型的充分性度量 M_D、M_G、M_T 都选用时,样本集的综合充分性度量为

$$M_I = \frac{1}{3}(M_D + M_G + M_T) \qquad (7-36)$$

由于典型充分性度量满足 $0 \leqslant M \leqslant 1$,因此综合充分度量也满足 $0 \leqslant M_I \leqslant 1$,符合定义 7.1 中的充分性度量映射到数值系统的范围要求。

定义 7.22:样本集的综合充分性准则。样本集的综合充分性准则 C_I 为:当且仅当样本集的综合充分性度量 $M_I = 1$ 时,样本集是综合充分的,记为 $C_I = \text{true}$;否则就是不充分的,记为 $C_I = \text{false}$。即

$$(M_I = 1) \Leftrightarrow (C_I = \text{true}) \qquad (7-37)$$

或者

$$(M_I < 1) \Leftrightarrow (C_I = \text{false}) \qquad (7-38)$$

根据典型充分性准则和综合充分性准则的定义可以知道,综合充分性准则得到满足等价于选用的所有典型充分性准则得到满足。

对于前面的例子,样本集的综合充分性准则为

$$(M_I = \text{true}) \Leftrightarrow (M_D = \text{true}) \wedge (M_G = \text{true}) \wedge (M_T = \text{true}) \qquad (7-39)$$

7.3　覆盖充分性与风险方法结合的样本选择方法

7.3.1　样本集的充分性度量

覆盖充分性与风险方法相结合的直接应用是对风险方法抽取的故障样本集进行充分性度量,确认达到的充分程度。

（1）单特性充分性度量

可以选择结构、功能、测试中的一种特性进行充分性度量,通用的应用流程如图 7-5 所示。

具体过程如下:

首先,根据产品的设计资料确定 $I_U = (F_U, A_U, P_U)$ 的要素:故障模式集合 F_U、特性取值集合 A_U、映射关系 P_U,然后根据 P_U 确定产品的所有故障模式等价集合 F_a。

其次,根据已经确定的样本量,采用考虑故障率的随机抽样方法建立样本集 F_S,并根据映射关系确定出 A_S。

最后,利用相应的充分性度量计算公式求出充分性度量 M_A。

根据得到的充分性度量结果可以确定样本集的充分程度,据此可以在试验前评价样本集是否具有代表性,如果充分性度量 $M_A = 1$,则满足 $C_A = \text{true}$,则样本集在特性 A 上是充分的。

（2）综合充分性度量

对样本集进行综合充分性度量的应用流程如图 7-6 所示。

具体过程如下:

首先,确定需要分析的典型特性 A_D、A_G、A_T,根据产品的设计资料确定出模型 I_U 的所有要素,并得到典型特性 A_D、A_G、A_T 的所有故障模式等价集合 F_a。

然后,根据确定的样本量,采用考虑故障率比率的随机抽样方法建立样本集 F_S,并得到样本集的模型 I_S 中关于典型特性的要素。

最后,在此基础上计算出相应的典型充分性度量 M_D、M_G、M_T 和综合充分性度量 M_I。

根据得到的综合充分性度量结果可以确定样本集的综合充分程度,据此可以在试验前评价样本集是否具有代表性,当 $M_I = 1$ 时,F_S 满足 $C_I = \text{true}$,则样本集在 3 种特性上都是充分的。

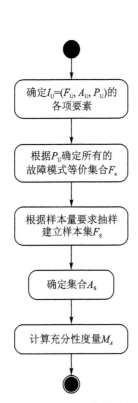

图 7 - 5　样本集的单特性
充分性度量流程

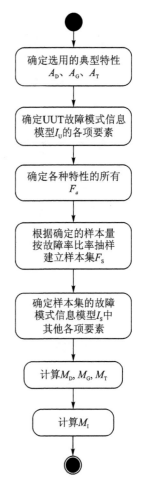

图 7 - 6　样本集的综合
充分性度量流程

7.3.2　样本集的充分性择优

　　覆盖充分性与风险方法相结合的第二种应用是基于充分性度量选择充分性高的样本集。当试验的样本量 n 不能改变时,可以重复多次抽样产生 r 组样本集,分别计算其综合充分性度量 M_I,选择 M_I 数值最大的样本集作为最终的试验用样本集。

　　(1) 单特性充分性度量

　　可以选择结构、功能、测试中的一种特性进行充分性度量对样本集择优,流程如图 7 - 7 所示。

　　(2) 综合充分性度量

　　可以选择结构、功能、测试全部特性的综合充分性度量对样本集择优,流程如

图 7 - 8 所示。

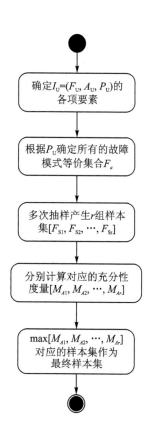

图 7 - 7　样本集的单特性
充分性度量与择优流程

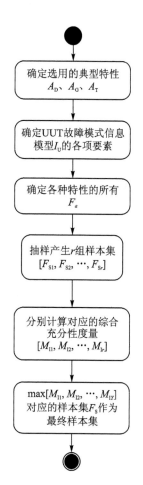

图 7 - 8　样本集的综合
充分性度量与择优流程

7.3.3　样本集的充分性增补

　　覆盖充分性与风险方法相结合的第 3 种应用是基于充分性度量进行样本集的增补,提高样本集的充分性。如果试验的样本量 n 可以增加,则首先确定出特性的哪些取值没有被覆盖,然后进行有针对性的样本补充选择。

　　(1)单特性充分性度量

　　可以选择结构、功能、测试中的一种特性进行充分性度量对样本集增补,流程如图 7 - 9 所示。

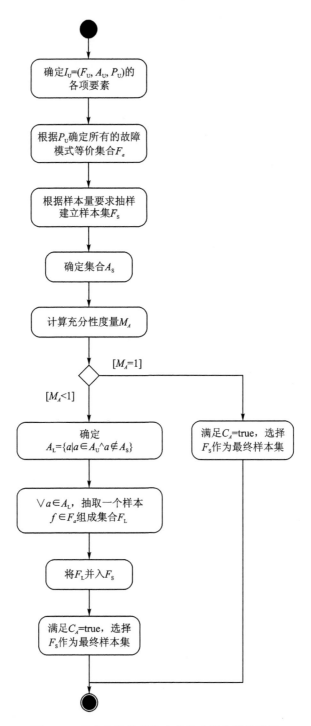

图 7-9 样本集的单特性充分性度量与增补流程

首先,根据产品的设计资料确定 $I_U = (F_U, A_U, P_U)$ 的要素和所有故障模式等价集合 F_a,对建立的样本集 F_S 确定出 A_S,然后利用相应的充分性度量计算公式求出充分性度量 M_A。

如果 $M_A = 1$,则满足 $C_A = true$,选择 F_S 作为最终的试验用样本集。

如果 $M_A < 1$,则首先确定出哪些特性取值没有被覆盖,然后在其故障模式等价集合中分别选择 1 个样本组成增补集合 F_L,将 F_L 增补到样本集 F_S 中后作为试验用样本集,确保其满足 $C_T = true$。

（2）综合充分性度量

可以选择结构、功能、测试全部特性的综合充分性度量对样本集增补,流程如图 7 - 10 所示。

首先,确定需要分析的典型特性 A_D、A_G、A_T,根据产品的设计资料确定出模型 I_U 的所有要素,并得到典型特性 A_D、A_G、A_T 的所有故障模式等价集合 F_a;对样本集 F_S 确定模型 I_S 中关于典型特性的要素;计算出相应的典型充分性度量 M_D、M_G、M_T 和综合充分性度量 M_I。

当 $M_I = 1$ 时,F_S 满足 $C_I = true$,则可以选择 F_S 作为最终的试验用样本集。

当 $M_I < 1$ 时,F_S 不满足 $C_I = true$。分析哪些典型充分性准则没有得到满足,并从相应的故障模式等价集合中抽取一个样本构成补充集合 F_L,将 F_L 合并到 F_S 中,得到最终的试验用样本集,且满足 $C_I = true$。

7.4　基于覆盖充分性准则的样本选择方法

7.4.1　不考虑故障率的样本选择

在不考虑故障率的情况下,可以认为产品的每个故障模式的故障率相同,此时可以无需确定样本量,可以直接抽样建立满足充分性准则的样本集。

（1）单特性充分性准则

可以选择结构、功能、测试中的一种特性的充分性准则进行样本选择,得到样本集,通用流程如图 7 - 11 所示。

首先,确定产品故障模式信息模型 $I_U = (F_U, A_U, P_U)$ 中的各项要素,根据映射关系 P_U 确定出所有的故障模式等价集合 F_a。

然后,根据不同映射情况分别进行分析。当映射 P_U 是简单映射时,故障模式等价集合之间不存在交集,因此可以在每个故障模式等价集合中分别抽取一个故障模

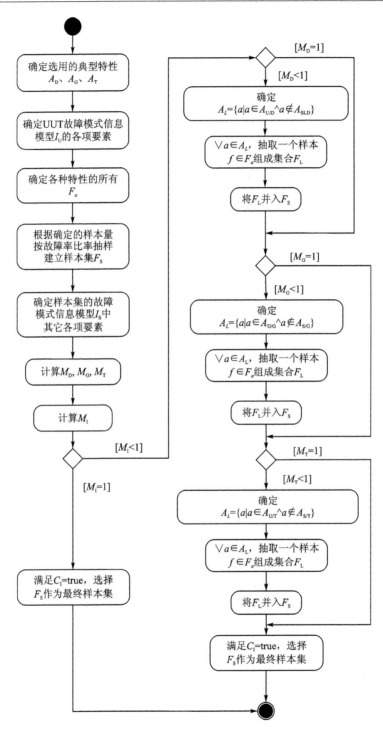

图 7-10 样本集的综合充分性度量与增补流程

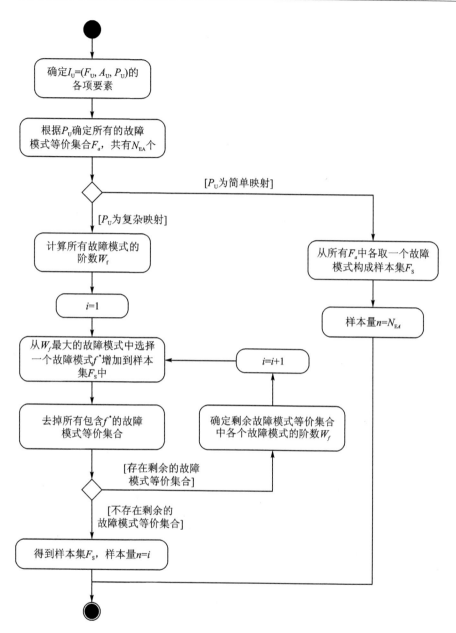

图 7 - 11　不考虑故障率根据典型充分性准则进行样本选取的流程

式组成样本集 F_S,样本量与故障模式等价集合的数量相等。

当映射 P_U 是复杂映射时,故障模式等价集合之间存在交集,因此应该优先选择交集中的故障模式作为样本。在得到故障模式的阶数后,选中阶数最大的任意一个故障模式加入到样本集中,并将包含该故障模式的所有等价集合排除,并在剩余的等价类集合中重复这一循环,直到不存在剩余的等价集合为止。据此可以得到最终

的样本集 F_S,其样本量与循环的次数相等。

如果所有故障模式等价集合不相交,则循环的次数与故障模式等价集合的数量相等。

(2）综合充分性准则

可以选择结构、功能、测试特性的综合充分性准则进行样本选择,得到样本集,通用流程如图 7 - 12 所示。

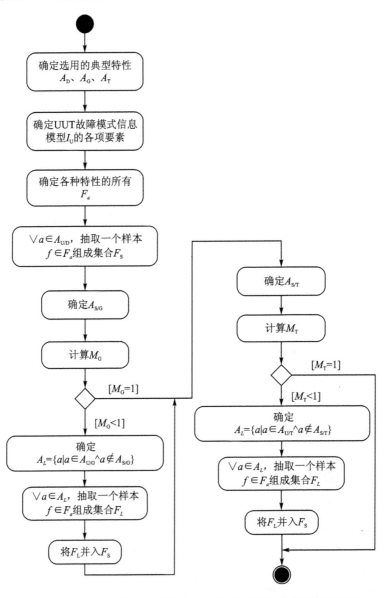

图 7 - 12　不考虑故障率根据综合充分性准则进行样本选取的流程

首先,确定需要分析的典型特性 A_D、A_G、A_T,根据产品的设计资料确定出信息模型 I_U 的所有要素,并得到典型特性 A_D、A_G、A_T 的所有故障模式等价集合 F_a。

然后,在典型特性 A_D 对应的所有故障模式等价集合中各抽取一个组成初步的样本集 F_S。确定该样本集对应的特性取值集合 $A_{S/G}$,并计算典型充分性度量 M_G。

如果 $M_G<1$,分析哪些功能故障没有得到覆盖,并从 A_G 相应的故障模式等价集合中各抽取一个样本构成补充集合 F_L,将 F_L 合并到 F_S 中,然后判断 A_T 特性的情况。如果 $M_G=1$,则直接判断 A_T 特性的情况。

确定该样本集对应的特性取值集合 $A_{S/T}$,并计算典型充分性度量 M_T。

如果 $M_T<1$,分析哪些 BIT 测试模糊组没有得到覆盖,并从相应的故障模式等价集合中各抽取一个样本构成补充集合 F_L,将 F_L 合并到 F_S 中,使 F_S 满足综合充分性准则。

如果 $M_T=1$,则 F_S 已经满足综合充分性准则。

至此,样本集建立过程完毕。

7.4.2　考虑故障率的样本选择

在考虑故障率的情况下,产品的每个故障模式的故障率不再完全相同,此时应该首先根据充分性准则确定出所需的样本量,然后再进行故障模式抽样,建立满足充分性准则的样本集。

(1) 单特性充分性准则

在考虑故障率进行抽样时,故障率最小的故障模式等价集合抽到的样本数量也应最少。为了保证故障率最小的等价集合能至少抽到 1 个样本,总的样本量也必须达到一定的数量。因此,可以根据下式确定样本量:

$$n=\frac{\lambda_U}{\lambda_{\min}} \tag{7-40}$$

式中:n——样本量;

λ_U——全部故障模式的总故障率;

$\lambda_{\min}=\min\{\lambda_{a_i}\}$——故障模式等价集合故障率的最小值,$a_i \in A_U$,($i=1$,$2,\cdots,|A_U|$)。

根据单特性充分性准则建立样本集的流程如图 7-13 所示。

首先,确定产品故障模式信息模型 $I_U=(F_U,A_U,P_U)$ 中的各项要素,根据映射关系 P_U 确定出所有的故障模式等价集合 F_a,共有 m 个。

然后,求出每个故障模式等价集合的故障率 λ_a,得到其中最小的故障率 $\lambda_{\min}$,确定产品的故障率 λ_U,计算出样本量 n。

在确定样本量值后,可以分两步建立样本集:

第一步,在每个故障模式等价集合中根据故障模式的故障率比率抽取一个故障

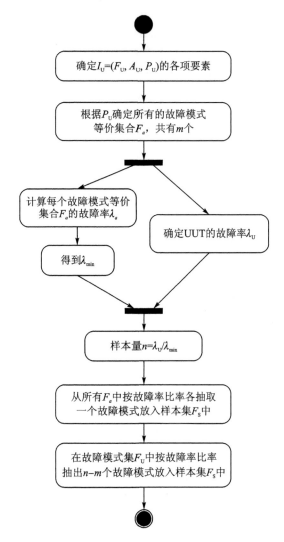

图 7 - 13 考虑故障率根据典型充分性准则进行样本选取的流程

模式构成初步的样本集 F_S；

第二步，在整个 F_U 内根据故障模式的故障率比率随机抽取 $n-m$ 个故障模式，与初步样本集合并构成最终的样本集 F_S。

至此，满足充分性准则的样本集建立完毕。

（2）综合充分性准则

可以根据下式确定样本量：

$$n_0 = \max\left\{\frac{\lambda_U}{\lambda_i}\right\}, \quad i = 1, 2, \cdots, k \tag{7-41}$$

式中：n_0——考虑故障率计算出的样本量；

k——选用的典型充分性准则数量；

λ_U——产品的总故障率；

λ_i——第 i 个特性 A_i 对应的最小故障模式等价集合故障率。

此外，还要考虑多个充分性准则的交叉情况，此时可以根据下式确定样本量：

$$n_1 = \sum_{i=1}^{k} N_{EAi} - (k-1) \qquad (7-42)$$

式中：n_1——考虑准则交叉情况计算出的样本量；

k——选用的典型充分性准则数量；

N_{EAi}——第 i 个特性 A_i 的取值集合基数。

综合考虑这两种情况，可以确定最终的样本量：

$$n = \max\{n_0, n_1\} \qquad (7-43)$$

考虑故障率时依据综合充分性准则建立样本集的流程如图 7-14 所示。

首先，确定需要分析的典型特性 A_D、A_G、A_T，根据产品的设计资料确定出信息模型 I_U 的所有要素，并得到典型特性 A_D、A_G、A_T 的所有故障模式等价集合 F_a。

然后，确定所需的故障率数据等，根据式（7-41）~式（7-43）计算出样本量 n。

在确定样本量之后，在相应的故障模式等价集合中抽取一个故障模式构成初步的样本集，此时样本集中的故障模式数量为 m。然后再从整个故障模式集合 F_U 中，按故障率比率随机抽取 $n-m$ 个故障模式加入样本集中，完成样本的选取任务。

（3）样本量确定的修正方法

在上述确定样本量方法的应用中，会出现故障模式等价集合故障率最小值过小导致的样本量过大问题，因此给出了如下的样本量修正计算公式如下：

$$n_i = \begin{cases} \dfrac{\lambda_i}{\lambda_0}, & \lambda_i \geqslant \lambda_0 \\ 1, & \lambda_i < \lambda_0 \end{cases} \quad \text{（计算结果 4 舍 5 入取整）} \qquad (7-44)$$

$$n = \sum_{i=1}^{m} n_i \qquad (7-45)$$

式中：n_i——第 i 个故障模式等价集合对应的分配样本量；

λ_i——第 i 个故障模式等价集合的故障率（$10^{-6}/h$），可安排故障率从大到小排序；

λ_0——选定的基准故障率（$10^{-6}/h$），以代替故障模式等价集合故障率的最小值，防止样本量过大；

n——故障样本量；

m——应覆盖的产品功能单元（或功能故障模式）总数。

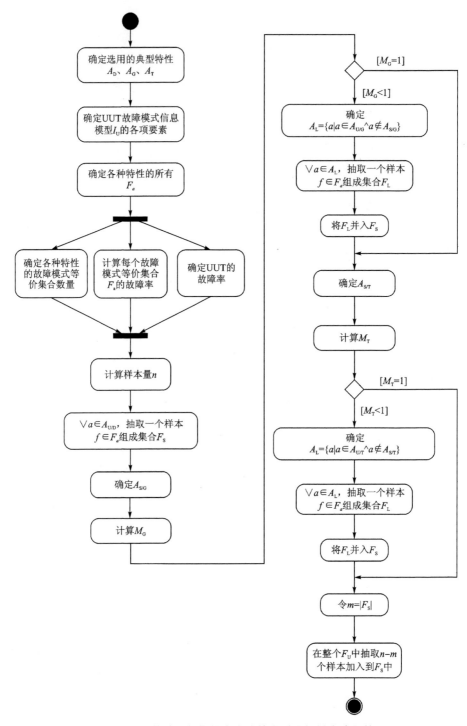

图 7 - 14　考虑故障率根据综合充分性准则进行样本选取的流程

7.5 覆盖充分性的计算案例

7.5.1 案例的特性数据

某控制设备属于 LRU 级产品,其 SRU 级结构单元集合的数据如表 7-2 所列,共有 5 个 SRU。

表 7-2 结构单元集合的组成

序 号	SRU 编号	SRU 名称	SRU 故障率(10^{-6}/h)
1	01	控制电路板	260.25
2	02	控制计算机	32.36
3	03	接口电路板	207.55
4	04	信号转接板	6.32
5	05	电源板	8.75

根据产品设计资料提供的功能说明,结合产品的功能框图和详细设计电路图,通过与计人员合作分析,确定了控制设备的功能,并去掉了完全由控制计算机软件实现的子功能。最后确定控制设备共有 22 个子功能,映射到各 SRU 的功能如表 7-3 至表 7-7 所列。

表 7-3 控制电路板的功能数据

序 号	功能编号	功能名称	功能故障	功能对应的故障率(10^{-6}/h)
1	01-FN01	开关指令传递	开关指令传递故障	13.72
2	01-FN02	CNL 信号传递	CNL 信号传递故障	15.21
3	01-FN03	CNL 信号译码	CNL 信号译码故障	4.94
4	01-FN04	模数转换	模数转换错误	4.34
5	01-FN05	校正稳定	不能校正稳定	35.01
6	01-FN06	级联滤波	级联滤波故障	9.34
7	01-FN07	伺服分解	不能伺服分解	47.13
8	01-FN08	自检	无法自检	21.64

表 7-4　控制计算机的功能数据

序　号	功能编号	功能名称	功能故障	功能对应的故障率(10^{-6}/h)
1	02-FN01	系统正常启动	系统不能启动	20.61
2	02-FN02	总线接口功能	总线接口错误	2.22
3	02-FN03	算法数据存取	算法数据存取错误	8.83

表 7-5　接口电路板的功能数据

序　号	功能编号	功能名称	功能故障	功能对应的故障率(10^{-6}/h)
1	03-FN01	目标信号处理	目标信号处理错误	40.11
2	03-FN02	开关指令传递	开关指令传递故障	25.07
3	03-FN03	CNL 信号生成	CNL 信号生成错误	10.04
4	03-FN04	加速度频率代码转换	加速度频率代码转换错误	19.26
5	03-FN05	角速度频率代码转换	角速度频率代码转换错误	23.53
6	03-FN06	串行接口功能	串行接口错误	40.36

表 7-6　信号转接板的功能数据

序　号	功能编号	功能名称	功能说明	功能对应的故障率(10^{-6}/h)
1	04-FN01	开关指令转接	开关指令传递故障	0.74
2	04-FN02	目标信号转接	目标信号转接错误	2.23
3	04-FN03	CNL 信号传递	CNL 信号传递故障	2.83

表 7-7　电源板的功能数据

序　号	功能编号	功能名称	功能说明	功能对应的故障率(10^{-6}/h)
1	05-FN01	公共电源变换	公共电源变换故障	1.84
2	05-FN02	+5 V 直流供电	+5 V 直流供电故障	1.95
3	05-FN03	±15 V 直流供电	±15 V 直流供电故障	1.65
4	05-FN04	±12 V 直流供电	±12 V 直流供电故障	1.65

在 5 个 SRU 中,只有控制计算机和控制电路板设计了 BIT。根据其设计资料,分析确定的 BIT 数据如表 7-8 和表 7-9 所列,共有 BIT 测试项目 4 个。

表 7 - 8　控制电路板的 BIT 数据

序　号	BIT 编号	BIT 名称	测试内容说明	可测试故障的故障率(10^{-6}/h)
1	01 - B01	伺服控制输出测试	输入特定的信号后,将控制输出电压与期望值比较	231.06

表 7 - 9　控制计算机的 BIT 数据

序　号	BIT 编号	BIT 名称	测试内容说明	可测试故障的故障率(10^{-6}/h)
1	02 - B01	CPU 测试	应用标准化的各类测试	20.71
2	02 - B02	ROM 测试	ROM 各单元校验和测试	2.8
3	02 - B03	RAM 测试	写入和读取数据比较判断	1.01

7.5.2　样本集数据

采用风险方法确定样本量 $n = 78$(具体计算分析过程略),根据故障率比率进行故障模式的随机抽样,建立每个 SRU 的样本集如表 7 - 10～表 7 - 14 所列。

表 7 - 10　控制电路板的样本集

序　号	元器件标识	故障模式	关联功能	关联 BIT
1	D_52VD1	参数漂移	—	—
2	D_52VD2	短路	01 - FN07	01 - B01
3	D_52VD2	开路	01 - FN07	01 - B01
4	D_52VD2	参数漂移	—	—
5	D_52VD4	开路	01 - FN07	01 - B01
6	D_52VD4	短路	01 - FN07	01 - B01
7	D_52VD4	参数漂移	—	—
8	D_52VD5	参数漂移	—	—
9	D_VD19	开路	01 - FN08	01 - B01
10	D_VD7	短路	01 - FN02	01 - B01
11	Q_56V10	开路	01 - FN02	01 - B01
12	Q_56V13	短路	01 - FN08	01 - B01
13	Q_56V14	性能退化	—	—
14	Q_56V15	性能退化	—	—
15	Q_56V6	短路	01 - FN02	01 - B01

序　号	元器件标识	故障模式	关联功能	关联 BIT
16	Q_56V8	性能退化	—	—
17	Q_56V9	短路	01 - FN02	01 - B01
18	X_56RR1	开路	01 - FN02	01 - B01
19	X_56RR2	开路	01 - FN01	01 - B01
20	X_56RR9	开路	01 - FN08	01 - B01
21	X_56T1	短路	01 - FN02	01 - B01
22	X_56T6	开路	01 - FN02	01 - B01
23	X_56T6	输出性能退化	—	—
24	X_56V17	开路	01 - FN08	01 - B01
25	X_52S1	开路	01 - FN05	01 - B01
26	X_52S1	开路	01 - FN05	01 - B01
27	X_52S1	开路	01 - FN05	01 - B01
28	X_52S1	模拟输出失效	01 - FN05	01 - B01
29	X_52S1	开路	01 - FN05	01 - B01
30	X_52S2	短路	01 - FN05	01 - B01
31	X_52S2	开路	01 - FN05	01 - B01
32	X_52S2	模拟输出失效	01 - FN05	01 - B01
33	X_52S2	输入性能退化	—	—
34	X_52S2	短路	01 - FN05	01 - B01
35	X_52S2	短路	01 - FN05	01 - B01
36	X_52S2	输出性能退化	—	—
37	X_52S2	输入性能退化	—	—
38	X_52S3	输出性能退化	—	—
39	X_52S3	短路	01 - FN05	01 - B01

表 7 - 11　控制计算机的样本集

序　号	元器件标识	故障模式	关联功能	关联 BIT
1	D62	性能退化	02 - FN03	02 - B03
2	D62	开路	02 - FN03	02 - B03
3	GM	开路	02 - FN01	—
4	GM	短路	02 - FN01	—
5	GM	参数漂移	02 - FN01	—

表 7 - 12　接口电路板的样本集

序　号	元器件标识	故障模式	关联功能	关联 BIT
1	P1D13	开路	03 - FN01	—
2	P1R7	开路	03 - FN01	—
3	P1R8	开路	03 - FN01	—
4	P1R9	开路	03 - FN01	—
5	P1R3	短路	03 - FN03	—
6	P1R4	短路	03 - FN03	—
7	P1R5	参数漂移	—	—
8	P1R5	开路	03 - FN01	—
9	P1R5	短路	03 - FN01	—
10	P1R6	开路	03 - FN01	—
11	P1R6	短路	03 - FN02	—
12	P1R6	参数漂移	—	—
13	P2R12	开路	03 - FN04	—
14	P2R14	参数漂移	—	—
15	P2R14	短路	03 - FN04	—
16	P2R15	开路	03 - FN04	—
17	P2R15	短路	03 - FN04	—
18	P2T3	开路	03 - FN05	—
19	P2XT1	开路	03 - FN05	—
20	P2C5	参数漂移	—	—
21	P2C7	开路	03 - FN05	—
22	P2R13	短路	03 - FN05	—
23	P3B1	开路	03 - FN06	—
24	P3B2	开路	03 - FN06	—
25	P3R19	短路	03 - FN06	—
26	P3R1	参数漂移	—	—
27	P3R2	开路	03 - FN06	—
28	P3R2	参数漂移	—	—
29	P3D2	性能退化	03 - FN06	—
30	P3C1	参数漂移	—	—
31	P3C18	开路	03 - FN06	—
32	P3R3	开路	03 - FN06	—

表 7-13　信号转接板的样本集

序　号	元器件标识	故障模式	关联功能	关联 BIT
1	WYT5	接触不良	04-FN02	—

表 7-14　电源板的样本集

序　号	元器件标识	故障模式	关联功能	关联 BIT
1	J1	参数漂移	05-FN02	—

7.5.3　样本集的充分性度量

样本集的综合充分性度量结果如表 7-15 所列,SRU 级结构覆盖充分度是 1,功能覆盖充分度是 0.727,测试覆盖充分度是 0.5,综合充分度是 0.742,因此不满足综合充分性准则。

表 7-15　样本集的综合充分性度量

特　性	结构特性	功能特性	测试特性
UUT 的故障模式集	$|A_{U/D}|=5$	$|A_{U/G}|=22$	$|A_{U/T}|=4$
样本集	$|A_{S/D}|=5$	$|A_{S/G}|=16$	$|A_{S/T}|=2$
典型充分性度量	$M_D=1$	$M_G=0.727$	$M_T=0.5$
综合充分性度量	$M_I=0.742$		

由于样本量可以改变,因此通过对各种特性覆盖的统计分析,确定为使 M_G 和 M_T 达到 1 可以有选择性地增加 8 个样本到样本集中。此时就可以使综合充分性度量 $M_I=1$,满足综合充分性准则。

7.5.4　根据覆盖充分性准则确定样本量

如果要直接应用综合充分性准则来控制样本选取,并考虑按故障率比率进行抽样,则需要确定样本量,计算过程如表 7-16 所列,最后综合结果为样本量 $n=508$。

表 7-16　根据覆盖充分性准则确定样本量

特　性	最小故障率 $\lambda_{min}(10^{-6}/h)$	λ_U/λ_{min}	n_0
结构特性	6.32	82	
功能特性	1.65	311	508
测试特性	1.01	508	

根据充分性准则进行故障抽样可以得到新的故障样本集,具体略。

7.6　辅助工具软件介绍

覆盖充分性的应用需要大量的迭代抽样,采用手工方式实现工作量较大,需要辅助工具软件支持快速抽样与评估。这里以作者主持开发的一款充分性评价辅助工具为案例进行介绍。

7.6.1　软件功能结构框架

样本集充分性评价软件系统的包图如图 7 - 15 所示,整个软件可以分为 3 个包。

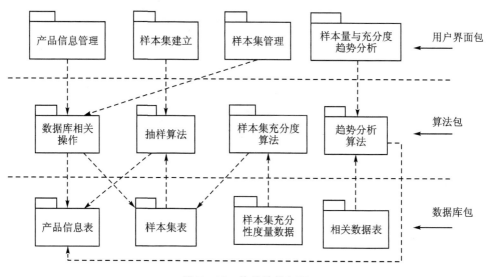

图 7 - 15　软件结构包图

① 用户界面包。其中有产品信息管理、样本集建立、样本集管理、样本量与充分度趋势分析等界面包。

② 算法包。其中有数据库相关操作、抽样算法、样本集充分度计算、趋势分析算法等包。所有界面的功能实现都依赖于这些算法包的正确实现。例如,数据库相关操作依赖于数据库中的产品信息表和样本集表。样本集量与充分度趋势分析算法依赖于数据库中的产品信息表。

③ 数据库包。其中有产品信息表、样本集表、样本集充分性度量数据、趋势分析相关信息表等数据包。样本集表的生成依赖于抽样算法。充分性度量数据依赖于充分度算法。趋势分析后的相关数据依赖于分析算法。

7.6.2　软件主要功能

样本充分性评价软件可以实现产品信息管理、充分性度量并可与传统方法配合抽样建立样本集、样本量和充分度趋势分析等主要功能,软件的主界面如图 7 - 16 所示。

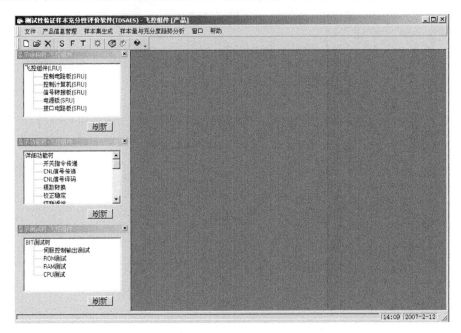

图 7 - 16　软件的主界面

软件支持建立覆盖充分性的各属性数据,图 7 - 17 给出了产品故障信息表管理界面。

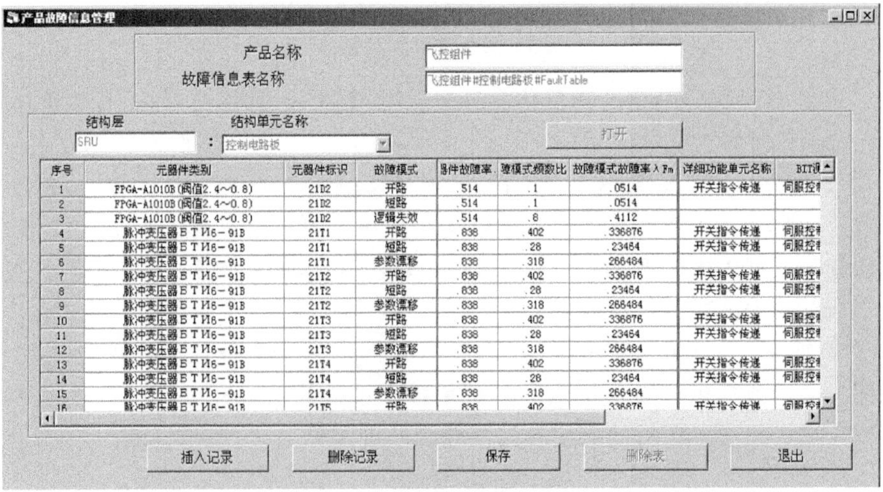

图 7 - 17　故障信息管理界面

软件可选择不同的属性进行覆盖充分性度量,设置界面如图 7-18 所示。

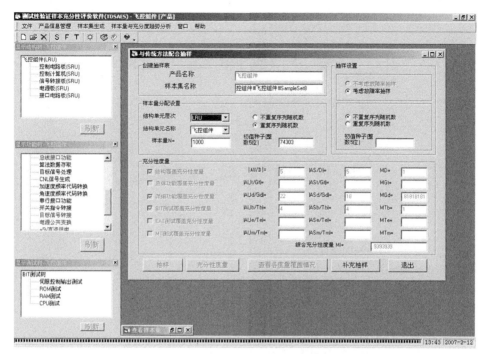

图 7-18　设置参数进行抽样及充分性度量

软件可以对样本量变化的抽样结果进行充分度趋势显示,如图 7-19 所示。

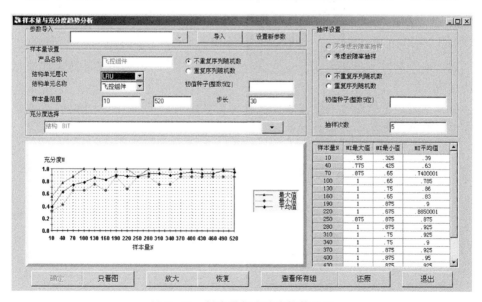

图 7-19　样本量与充分度趋势分析

第8章　故障注入技术

8.1　故障注入概述

8.1.1　故障注入的定义

故障注入具有广义定义和狭义定义,具体如下。

(1) 广义定义

故障注入是把原网络(正常设备)映射成一个新网络(故障设备)的转换。

该定义说明,在广义上故障注入技术是一种改变网络状态的手段,可以应用的对象范围和技术方法非常广泛。

例如,故障注入既可以用于硬件产品,也可以用于软件产品;既可以用于电子类产品,也可以用于非电子类产品;既可以用于产品实物,也可以用于产品模型。

(2) 狭义定义

故障注入是为了验证测试性能力,在被测单元(UUT)中引入实际故障或模拟故障的过程。

该定义限定了故障注入在测试性试验与验证领域的应用情况,此时的故障注入必须考虑测试性试验与验证存在的各种约束条件。

8.1.2　故障注入方法分类

故障注入具有多种分类方法,例如可以根据被注入对象类型进行分类、根据注入手段进行分类、根据产品层次进行分类等,具体如下。

(1) 根据对象类型进行分类

根据被注入对象的软硬件区别,故障注入技术可分类为:

● 硬件故障的注入:在硬件对象中,注入硬件故障。
● 软件故障的注入:在软件对象中,注入软件故障。

（2）根据注入手段进行分类

根据故障注入是否具有物理接触可以将其分类为：

- 接触式故障注入：故障注入操作与被注入对象之间具有物理接触；
- 非接触式故障注入：故障注入操作与被注入对象之间没有物理接触。

根据故障注入过程是否采用自动化方式，可以将其分类为：

- 手动故障注入：采用手工（或者人工）方式将故障注入到被测对象（UUT）中，采用手工方式将注入的故障从 UUT 中撤出；
- 自动故障注入：采用自动化（或者半自动化）方式进行故障的注入和撤出，只在准备阶段和结束阶段需要人工操作或者干预。

根据注入故障是否可以撤出可以将故障注入技术分类为：

- 损坏型故障注入：注入的故障不能够撤销，导致 UUT 需要进行换件维修；
- 可撤销故障注入：注入的故障可以撤销，无需进行换件维修；

（3）根据结构层次进行分类

根据被注入对象的结构层次不同，可以将故障注入技术分类为：

- 元器件级故障注入：注入的故障都是元器件级的功能故障；
- 功能电路级故障注入：注入的故障都是固件级的功能故障；
- 板级故障注入：注入的故障都是电路板级的功能故障；
- 设备（系统）级故障注入：注入的故障都是设备（系统）级的功能故障。

与此相对应，根据故障注入的位置层次的不同，可以将故障注入技术分类为：

- 元器件内部故障注入：故障注入位置在元器件内部，即注入或者模拟的故障都是元器件内部发生的故障；
- 元器件管脚故障注入：故障注入位置在元器件的管脚上，即注入或者模拟的故障或者是发生在元器件管脚上，或者是内部故障在元器件管脚上的表现；
- 内嵌软件故障注入：故障注入或者模拟是通过指令或者软件来实现的，包括利用固件中的微指令或者宏指令进行故障注入；
- 信号线故障注入：在一个或者一组信号线上注入故障或者模拟故障特征。这些信号线可能是电路板上的印刷导通线、电路板间的连通导线（或者接插件），其作用可以是电源线、模拟量信号线、数字量信号线或者总线等。

8.1.3　故障注入的约束条件

基于测试性试验的需求，故障注入存在的约束条件如下。

（1）实物对象注入

测试性试验是检验特定技术状态下的产品实物内 BIT 或者外部测试设备的故障检测和隔离能力。这要求只能对产品的实物注入故障，而不能利用产品的物理模型和仿真模型。因此,所有基于产品模型而非实物的故障注入技术都无法使用。

(2) 确定性约束

测试性试验中要注入的故障模式是确定的,故障效果是确定的,能否被检测出来的结论也是确定的。许多非确定性的故障注入方法,如等离子轰击、强电磁干扰等,会产生不确定故障效果,不能用于测试性试验。

(3) 非破坏性

故障注入可能会损坏产品,但测试性试验需要依次注入大量的故障,不能允许某一次故障注入损坏产品而导致试验过程中止。这要求只能采用不具有破坏性的故障注入技术。

(4) 可重复性

在测试性验证过程中,为了准确确认 BIT 或者外部测试设备对注入故障的反应,一个故障往往需要反复多次注入,因此要求采用可以重复的故障注入技术。

8.2 故障注入方法

8.2.1 硬件故障注入方法

8.2.1.1 元器件级故障注入方法

元器件是组成电子系统的最小可更换单元,系统中的绝大多数故障都可以隔离到某个元器件上,即元器件级的故障是造成系统故障的主要原因。因此元器件级故障模式注入方法是检验产品测试性能力的最适用方法。

(1) 基于元器件插座的故障注入

为了保证故障注入具有意义,并且不会造成破坏性结果,可以采用工程样机或者试验件进行故障注入,这些样机或者试验件可以包含元器件插座,以保证故障注入不具有破坏性,而且尽可能提高各类故障的可注入性。

基于元器件插座,可以进行如下几种方式的故障注入。

1) 元器件管脚开路

这种故障注入方式是从电路中移走配置插座的元器件的特定管脚。首先,需要将元器件从插座中拔出,小心地将该元器件特定的管脚弯曲到合适的角度,注意不要造成管脚的断裂。然后,将该元器件重新插入插座中,此时弯曲的管脚露在插座外面,并未与插座产生电气连接。必要时,可以采用纸或者绝缘胶带确保外露管脚的绝缘,避免与其他管脚或者插座产生电气接触。移开的管脚不接到电源或者地上。

这种方式适用于在元器件的所有管脚注入开路故障。

2）元器件输入管脚短路到电源或者地线

首先,将具有插座的元器件的特定输入管脚移出,操作同上。然后,将该元器件重新插入插座中,操作同上。使用短路线将该管脚短路到电源或者地线。

这种方式不需要对元器件的管脚进行解焊,避免了对元器件或者元器件所在的电路板造成损坏,可以注入输入管脚上的固定逻辑 1、固定逻辑 0 等数字电路故障,以及模拟电路的短路故障。

3）元器件输出管脚短路到电源或者地线

这种故障注入方式是从电路中移走配置插座的元器件的特定输出管脚,并在该处注入外部电压。

首先,将具有插座的元器件的特定输出管脚移出,操作同上。然后,将一根导线的一端插入到插座的空出位置(该位置对应到元器件弯曲的管脚)。将该元器件重新插入插座中,此时弯曲的管脚露在插座外面,并未与插座产生电气连接。必要时,可以采用纸或者绝缘胶带确保外漏管脚的绝缘,避免与其他管脚、导线或者插座产生电气接触。最后,导线的另一端连接到电源或者地线上。

这种方式适用于在元器件的输出节点上注入电压,同时避免了对元器件内部输出信号驱动器的损坏。这种方式可以注入固定逻辑 1、固定逻辑 0 等数字电路故障,以及模拟电路的短路故障。

4）元器件输出管脚节点注入故障信号

这种故障注入方式是从电路中移走配置插座的元器件的特定输出管脚,并在该处注入外部产生的故障信号。

首先,将具有插座的元器件的特定管脚移出,操作同上。然后,将该元器件重新插入插座中,操作同上。将一根导线的一端插入到插座的空出位置,导线的另一端连接到特定的故障信号发生源上。

这种方式可以在元器件的输出连接上注入多种故障信号,同时避免了对元器件内部输出信号驱动器的损坏。

5）不同管脚间故障的注入

通过合理利用插座和导线,可以注入不同管脚间的短路或者干扰性故障。当通过分析发现这种短路连接存在损坏元器件的可能时,可以通过计算在导线上串接合适的负载电阻,避免损坏元器件。

6）将元器件从电路板上完全取下

将元器件从插座中拔出。需要注意的是,必须在电路断电的情况下才能将元器件取下。对配有插座的元器件来说,这种方式不会造成元器件的损坏。

这种方式模拟了元器件完全损坏的情况,即元器件的所有输入和输出管脚都呈现开路故障。

7）利用故障的元器件代替正常的元器件

将正常的元器件从插座中拔出,然后将真实发生故障的同型元器件插入插座中。要注意的是,必须在电路断电的情况下才能执行这种操作。

这种故障注入方式适用于模拟参数漂移故障,其他可以模拟的故障取决于保留的该类元器件的故障件的类型。

8）注入延迟故障

这种故障注入方式是从电路中移出配置插座的元器件的特定管脚,并在管脚和空置的插座之间增加电容或者长导线,借此引入信号延迟。

首先,将具有插座的元器件的特定输出管脚移出,操作同上。然后,将该元器件重新插入插座中,操作同上。将长导线或者电容器的一端插入到插座的空出位置(该位置对应到元器件弯曲的管脚),另一端接到弯曲的管脚上。

在注入这种故障之前,需要进行细致的电路分析,确定在受影响的管脚上施加适当量值的信号延迟。

9）通断盒方式故障注入

对于配置了插座的数字逻辑器件,可以在器件与插座之间插入通断盒(也称为可控插座),并附加必要的辅助控制,实现特定时序下的故障注入,基于可控插座的故障注入方法如图 8-1 所示。

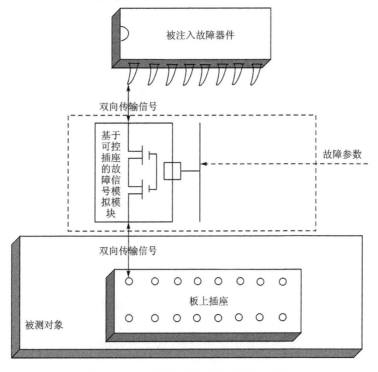

图 8-1　基于可控插座的故障注入方法

这种故障注入的实质是在通过一对场效应晶体管串接在被注入元器件和板上插座之间,不注入故障时,晶体管导通,被注入元器件与板上插座之间直接连接;注入故障时,晶体管处于截止状态,任何事先准备好的信号都可被施加到被注入元器件或板上插座中。

图 8-2 给出了一种通断盒设计示例。在该图中,8 路事先准备好的信号通过一个多路复用器 M1(8∶1)选出 1 路信号给被注入元器件的管脚;而另一个多路复用器 M2(8∶1)则负责从 8 路事先准备好的信号中选出 1 路信号给板上插座相应位置。一对场效应晶体管和一对多路复用器对应一个管脚。至于故障注入的方向可以做成被测对象上决定器件管脚状态的信号的函数 $S(A,B,C)$。

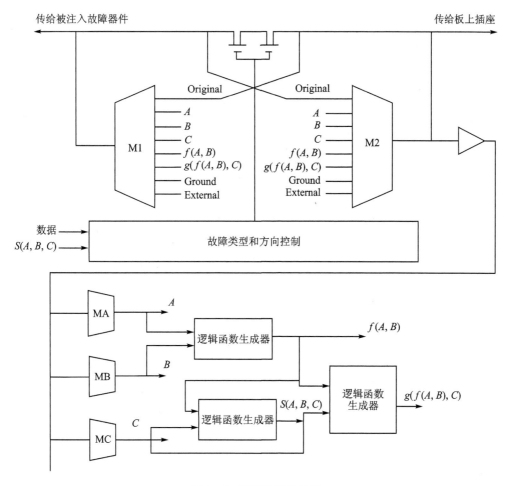

图 8-2　通断盒设计示例

通断盒方式故障注入适用于数字逻辑器件,它利用开关器件产生短路、开路和固定逻辑值来模拟不正确的数字输入和输出。这种故障注入方法需要建立故障注入与测试之间的通信联系,实现对逻辑模式序列中的特定模式注入故障,而不是在整个逻辑模式序列期间只能注入固定故障。

（2）基于连通导线的故障注入

1）元器件管脚短路到电源或者地线

这种故障注入方式使用导线将给定的元器件管脚连接到电源或者地线上。这需要将导线的一端连接到电源或者地线上，并将导线的另一端连接或者接触到相应的元器件管脚上。在不会导致元器件损坏的情况下，为了方便操作，可以使用元器件所在电路的电源进行短路。

通常，这种故障可以施加到被隔离的输入管脚，或者该管脚的驱动信号可以被关闭。如果管脚不能进行隔离，则应该在短路线上串接电阻负载，以起到短路连接时的缓冲作用。

这种方式可以注入固定逻辑1、固定逻辑0等数字电路故障，以及短路、参数漂移等模拟电路故障。

2）将元器件的两个管脚短接

这种故障注入方式使用导线或者跳线端子将元器件的两个管脚连接到一起。应该通过事前分析确认这种短接不会造成元器件的损坏，否则应考虑在导线上串接适当的负载电阻或者电容，起到缓冲和隔离的作用。

这种方式可以注入元器件或者接插件的相邻管脚短路故障。

（3）基于焊接拔插的故障注入

1）特定管脚的焊接拔插

采用焊接拔插方式，将元器件的特定管脚直接从电路板上焊开，并小心地将该元器件特定的管脚弯曲到合适的角度，注意不要造成管脚的断裂，可以直接模拟管脚的开路故障。

在此基础上，利用导线可以实现管脚对电源或者地线的短路故障注入。

事后需要通过焊接操作恢复管脚对电路板的连接。

2）整个元器件的焊接拔插

采用焊接拔插方式，将元器件完全从电路板上取下来，模拟元器件的开路故障。

（4）基于边界扫描的故障注入

边界扫描技术用于检测高密度的专用集成电路（ASIC），它直接涉及到集成电路的内部，并利用串行传输方式加载位序列到集成电路的输入和输出端，控制和隔离集成电路。边界扫描和测试访问接口（TAP）相配合，提供了电路边界管脚的可控性和可观性，消除了与电路之间的物理接触。图8-3给出了边界扫描寄存器单元的实现示例。

器件各个管脚上的边界扫描寄存器单元相互连接形成移位寄存器链。电路板上各器件的边界扫描寄存器可以串行连接形成一个路径，也可以是多个独立边界扫描路径，如图8-4所示。

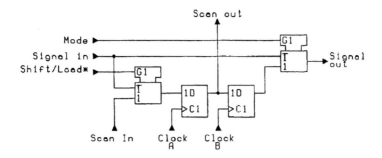

图 8 - 3　边界扫描寄存器单元电路结构

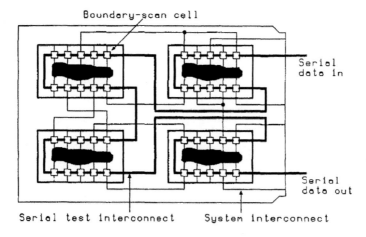

图 8 - 4　边界扫描链

　　该串行路径允许将测试数据移入到每个器件输出/输入管脚关联的所有边界扫描寄存器单元,通过信号控制取代器件管脚的真正输出。

　　利用边界扫描的这种功能,可以对集成电路的管脚进行故障注入,实现特定的逻辑故障,如加载固定 0、固定 1 等。边界扫描方式故障注入适用于具有边界扫描设计的数字器件,需要配置必要的自动化外部测试控制设备,提供边界扫描接口能力和故障逻辑数据生成加载能力。

　　(5) 反向驱动方式故障注入

　　反向驱动(Back-Driving)指在 TTL 数字电路中施加短时间的大电流激励,改变输入位置的逻辑电平。通过反向驱动技术,可以过度激励元器件的输出,控制被测元器件的输入。其实质是在被测器件的输入级(前级驱动器件的输出级)灌入或拉出瞬态大电流,迫使其电平按要求变高或者变低,达到对被测器件在线施加测试激励的目的。在上述思想的启示下,将其拓宽,应用到故障注入领域中,即应用反向驱动技术,将被故障注入器件管脚强制为高或低,来产生故障。

　　一般情况下,一个电路节点由一个输出驱动若干个输入,如图 8 - 5 所示。决定电路节点电位的是驱动器件的输出而不是被驱动器件的输入。如图 8－5 中 U3 其 X 管脚输入(节点 O)的电位就是由 U1 的 Y 管脚决定的。

以图 8－6 为例说明反向驱动的基本原理。图中给出了 TTL 器件的输出结构，该电路的输出管脚由 Q1 和 Q2 组成。

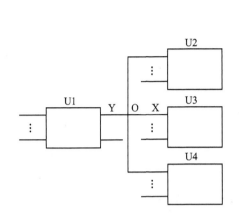

图 8－5 芯片输入输出之间连接图

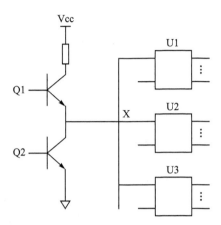

图 8－6 后驱动原理

1) 在输出管脚强制灌入瞬态大电流，可以将其电平强制瞬态拉高。

假设 TTL 器件输出管脚为低电平，就是 Q1 处于截止状态，Q2 处于饱和导通状态，此时器件输出端电压 $V_{out} = V_{ce2}$ 为低电平。而如果在节点 X 处灌入足够大的电流，则使 Q2 脱离饱和状态进入放大区，会导致 V_{ce2} 增大，从而使 V_{out} 升高达到拉高输出电平的目的。

2) 在输出管脚强制拉出瞬态大电流，可以将其电平强制瞬态拉低

假设 TTL 器件输出管脚为高电平，就是 Q2 处于截止状态，Q1 处于饱和状态，此时器件输出端电压 $V_{out} = V_{cc} - V_{ce1} - V_r$ 为高电平。如果在节点 X 处向外拉一足够大电流，导致 V_{ce1} 和 V_r 增大，从而达到输出电位被拉低的目的。

对 5 V 供电的 TLL 和 CMOS 器件来说，逻辑 0 最高阈值规定为 0.8 V，逻辑 1 最低阈值为 3.5 V。即要求在故障注入固低故障时，电压必须低于 0.8 V，而注入固高故障时，电压必须高于 3.5 V。

由于反向驱动技术需要在被注入器件的输出级电路拉出或灌入瞬态大电流，必将在电路的相应位置产生较大发热，如果时间过长，将导致电路的性能下降甚至完全损坏。所以，在实施后驱动故障注入时，要对注入电流的时间加以控制。施加激励的控制器应提供适当的后驱动电流脉冲，脉冲宽度在 10～100 ms 内。这种方法需要准确的时序，并需要采用专用针床测试器或者探针测试器来实现。

这种方式注入的故障持续时间短，不能长时间保持，使用不当会导致一次性检测、周期检测或者有防虚警设计的 BIT、外部自动测试设备等不能正确检测出来。

8.2.1.2　功能电路级故障注入方法

对于功能电路,前述的元器件级故障注入方法都可以考虑使用。除了这些方法之外,还有以下一些特有方法,可用于功能电路的故障注入。

(1) 电压求和的故障注入

电压求和方法最早是应用在 BIT 中,该方法利用运算放大器实现多个监测电压的求和,然后送入窗口比较器进行判别是否超限,实现故障检测。在上述思想的启示下,将其拓宽应用到故障注入领域中,通过电压求和方式,使运算放大器的输出表现故障状态。

电压求和方式故障注入的原理如图 8-7 所示。V_{in1} 和 V_{out} 分别为放大电路的输入和输出,在正常情况下它们的关系是:

$$V_{out} = -V_{in1} \times \frac{R_f}{R_1}$$

当故障注入器将探针移至运算放大器的反相端时,有

$$V_{out} = -V_{in1} \times \frac{R_f}{R_1} - V_{in2} \times \frac{R_f}{R_2}$$

其中,R_2 为故障注入器中的电阻,V_{in2} 为故障注入器的可控电压,由此可以看出通过在改变 V_{in2},可以改变 V_{out},由此实现故障注入。

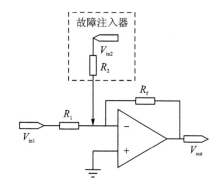

图 8-7　基于电压求和的故障注入方法原理

(2) 微处理器模拟的故障注入

该技术与微处理器开发系统所用的方法非常相似。

将待测电路板上的微处理器替换为同型号的,但受测试器控制的另一个微处理器(例如,接入式模拟器,ICE)。该模拟微处理器执行来自模拟存储器的测试程序,这与被测电路板上的存储器完全相同。理想情况下,执行测试程序的模拟处理器可以施加测试模式到电路板上的不同器件,受测试的典型器件包括总线外围器件和存储器。

微处理器模拟的故障注入方式如下:

① 修改期望的测试值。该操作可以在测试执行前完成,也可以在使用该期望值进行测试结果比较之前的任何时间完成。在工作完全正常的情况下,当测试执行完毕时,借此可以给出故障指示。

② 注入错误数据。在预定的断点位置上,暂停测试执行,注入错误数据然后恢复测试执行。这种错误数据可以由操作人员人工注入,也可以利用应用软件自动注入。

③ 误导测试执行。采用跳过某些程序段或者改变地址的方式来误导测试的执

行,产生期望的故障表现。

(3) 存储器模拟

即测试器采用自己的存储器来替代被测电路板上的存储器。此时,电路板上的微处理器执行的测试程序是加载到测试器存储器上的测试程序。

(4) 总线周期模拟

使用测试器的硬件来模拟微处理器总线接口活动。微处理器可以看作由一个算术引擎和一个连接引擎到外部区域的总线接口组成。在正常运行时,总线接口在引擎的控制下产生规定的波形,将数据传输到存储器或者 I/O 空间,以及从存储器或者 I/O 空间传入数据。总线周期模拟方法同样是执行存储器的读写周期,但受到测试程序员的控制,而不是受到微处理器控制。例如,这种周期可以用于发送命令到串口,或者从软驱控制器读取数据。

8.2.1.3　电路板级故障注入方法

对于电路板,前述的元器件级和功能电路级故障注入方法都可以考虑使用。除了这些方法之外,还有以下一些特有方法,可用于电路板的故障注入。

(1) 电路板的线路故障注入

在电路板内,各元器件之间通过板上的印刷线路进行信号联系。可以在线路上注入故障,包括开路,相邻线路间短路、干扰,以及线路上其他故障信号的注入。这种注入方法可以利用线路上的过孔来实现,也可以直接阻断连线,前者可能是对电路有损坏,后者则一定会损坏电路。

(2) 接插件故障注入

利用电路板对外接口的接插件注入故障。当接插件采用软连接线时,可以直接在软连接线实现开路或短路故障注入。对硬连接的接插件,可以设计专用扩展板(或提升板),扩展板的一端接通被测电路板上的接插件,另一端接通与该接插件匹配的其他接插件。通过扩展板上的开关,对通过的信号提供必要的开路和短路操作。

(3) 从底板上取下电路板

这种故障模拟了没有正确安装的电路板。

(4) 基于专用试验板的故障注入

对于难以直接注入故障的电路板,可以使用特殊设计的专用试验件代替,在试验件上注入故障。

8.2.1.4　设备级故障注入方法

对于设备,前述的元器件级、功能电路级、电路板级故障注入方法都可以考虑使用。除了这些方法之外,还有以下一些特有方法,可用于设备级的故障注入。

（1）在设备底板上注入故障

通常,设备内部的各电路板是通过底板建立电气连接的,此时可以考虑在底板上进行故障注入。为了实现这种故障注入,可以在底板上直接注入故障,或者利用扩展板来方便故障注入。

当采用在底板上直接注入故障时,需要对底板进行适应性改造,便于故障注入。即在底板设计上增加信号通断控制功能,通过外部控制可以对其进行操作。

此外,在不修改底板设计的情况下,还可以使用扩展板来方便故障注入和移除。将扩展板扩充到电路板与底板之间,扩展板上配有开关,对通过的信号提供必要的开路和短路。

（2）在设备对外接口上注入故障

设备存在与外部联系的输入和输出接口,如电源接口、模拟量接口、离散量接口和总线接口等,可以在对外接口上注入设备的故障。为了方便在接口上注入故障,可以使用扩展线缆进行故障的注入和撤出。扩展线缆的一端接通被测设备上的接口,另一端接通与该接口匹配的外部接头。

通常,在扩展线缆上应该配有开关,以对通过的信号提供必要的开路和短路操作。

（3）将设备从系统中完全断开

这种故障模拟了系统内设备没有连接的情况。

（4）连接线上注入故障

当设备内的电路板之间存在连线或设备之间存在非总线式信号线时,可以将对外的特定信号线直接拔出或剪断,实现开路故障注入。也可以采用开关式故障注入方法进行线路故障注入,原理如图 8-8 所示。

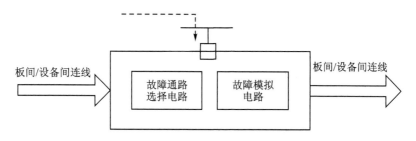

图 8-8　开关式故障注入方法

将开关式故障注入器串接在被测对象的板间或设备间,注入故障时,通过故障通路选择电路要注入故障的通路,利用故障模拟电路模拟出需要注入的信号特征。

开关式故障注入技术可以注入的线路故障包括:短路、断路、固定逻辑 1、固定逻辑 0、输出错误、线上搭接电阻、线与线间搭接电阻和线与地间搭接电阻等。

(5) 总线上注入故障

设计专用的总线故障注入设备,串入到设备间的总线中,实现总线故障注入。系统总线故障注入的实质是在期望的地址上,根据注入条件的要求,将原有传输的信号断开,用故障信号取代原有信号。其原理如图 8-9 所示,通过总线收发装置接收传递的总线信号,将期望信号与正在传输的信号进行比较,判断其是否是需要注入故障的信号,如果不是,则将原有信号直接通过总线收发装置传递输出;如果是,则控制电路将原有传输数据信号断开,将期望的数据通过总线收发装置传递输出。条件允许时,这种方法也可用于电路板之间的总线故障注入。

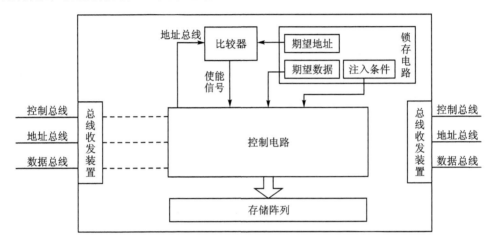

图 8-9 总线故障注入方法

(6) 使设备处于断电不工作状态

模拟设备的供电故障。

(7) 使设备工作在特定状态

模拟设备的特殊功能故障模式。

(8) 将设备从系统中完全断开

模拟设备没有安装的情况。

8.2.2 软件故障注入方法

软件故障注入是通过软件方法,在机器指令可以访问到的范围内,通过修改状态变量、条件或数据来模拟硬件或者系统故障的发生。目前很多设备都具有内嵌的软件部分,并且具有调试开发接口和对应的外部调试计算机,可以方便地实现软件代码的修改、编译和下载。因此,软件故障注入无需增加新的硬件,也不会损坏目标系统的硬件环境。

由于大多数的 BIT 测试都是采用嵌入式软件实现的,或者包含软件处理的部分,因此软件故障注入方法可以用于 BIT 诊断能力的验证。

根据注入方式,软件故障注入可分为动态注入和静态注入。

动态注入是在程序运行期间,根据需要,在特定的状态或条件下,通过某种触发机制,触发故障注入,使程序将要执行的指令和数据等发生变化。常用的触发机制有定时引发和异常/陷阱触发。

静态注入指的是在目标程序可执行代码在运行之前,预先修改代码,实现故障的代码注入,然后执行修改的代码,测试完毕后再改回原来的代码。

目前,在测试性试验中多采用静态注入方式。

8.3 典型故障注入工具

8.3.1 探针故障注入设备

在电路板上,对元器件管脚或者功能电路节点注入短路故障、固高故障(对电源短路)、固低故障(对地短路)是使用频度非常高的故障注入手段。为了方便实施故障注入和撤销,并防止故障注入导致元器件的损坏,需要在注入线路中增加保护电阻。

这里以作者主持研制的一款探针故障注入设备为例进行说明(发明专利号:ZL201210116280.3)。

8.3.1.1 注入原理

探针故障注入设备的工作原理见图 8 - 10。通过构建一个多路交联切换故障注入电路,实现对电路节点或者元器件管脚的故障注入。

该故障注入电路包括:变电阻器 R_1、R_2,探针 T1、T2、T3、T4,一组开关 K,一个选择开关 K1,引线组 L,电缆组 M。注入时需要使用芯片电源引脚 VDD,芯片接地引脚 GND,芯片输入引脚 1 和 3。

用一组开关 K 控制,通过探针 T1、T2、T3、T4 完成可变电阻器 R_1 或者 R_2、数字芯片输入引脚 1 和 3 与该芯片电源引脚 VDD 或接地引脚 GND 的线路电性连接,经调节 R_1 或者 R_2 电阻值的大小,实现数字电路芯片输入引脚 1 和 3 的信号固高或固低故障的注入。

可变电阻器 R_1、R_2 用于调节线路电阻大小,由大到小缓慢匀速地调节其阻值,确保线路电流安全。探针 T1、T2、T3、T4 用以连接数字电路芯片的电源引脚 VDD、

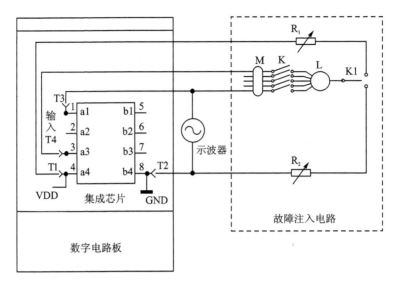

图 8 - 10　探针故障注入设备的工作原理

接地引脚 GND、输入引脚 1 和 3。

开关 K 用于控制连接线路的通断,实现单路或者多路故障的注入。

选择开关 K1 用于选择与该芯片电源引脚 VDD 或接地引脚 GND 的电性连接,从而注入固高或固低故障。

8.3.1.2　设备实现

根据上述原理,研制实现的探针式故障注入设备如图 8 - 11 所示,在功能上不仅具有上述的故障注入功能,还配置有切换操作指示灯以及参数测量端口。

图 8 - 11　探针故障注入设备

探针故障注入设备已经成功用于测试性试验中的故障注入操作,图 8 - 12 给出了使用该设备进行某电路芯片输出管脚固高故障注入和撤销的波形记录。

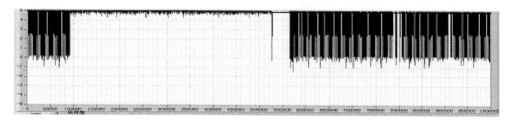

图 8 - 12　固高故障的注入与撤销的信号波形

8.3.2　自动化开关式故障注入系统

在电路板之间、设备之间的连线上注入故障是常用的故障注入手段。当信号线数量多时,采用手工方法注入单线路、多线路的各类开路、短路故障操作工作量大。这里以作者主持研制的一款自动化开关式故障注入系统为对象进行说明。

8.3.2.1　系统功能结构设计

（1）功能设计

自动化开关式故障注入系统的总体功能组成如图 8 - 13 所示,具体说明如下。

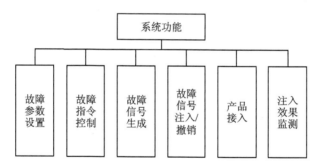

图 8 - 13　故障注入系统功能

- 故障参数设置功能:用户可以根据需要设置注入故障的类型及其相关参数,例如注入时间长度、匹配电阻参数值、注入的信号通道和故障撤销方式等。这是用户对故障注入系统进行控制的直接接口。
- 故障指令控制功能:将用户设置的注入故障参数变换为控制故障信号生成和故障信号注入的一组具体操作指令,在指令的控制下,完成指定故障的注入与撤销。
- 故障信号生成功能:提供了多种类型基本故障和组合故障的模拟功能,利用操作指令可以选择一种需要的故障信号。
- 故障信号注入/撤销功能:实现了将故障信号注入到受试产品中,以及将注入的故障信号从产品中撤销。

● 注入效果监测功能：对故障注入过程中的特定信号进行监控,确认故障注入后对产品相关信号的物理影响效果。

● 产品接入功能：实现受试产品与故障注入系统的连接。

(2) 结构组成

开关式故障注入系统结构组成如图 8-14 所示,各模块作用说明如下。

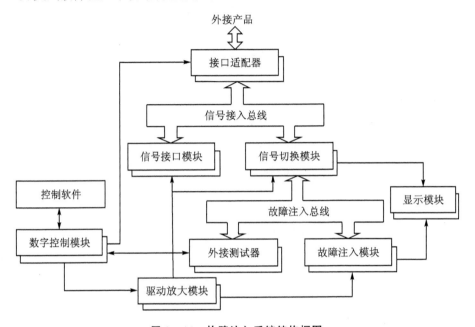

图 8-14 故障注入系统结构框图

● 控制软件：用于设定和控制故障注入的各种参数,接收外接测试器传来的故障检测结果,并对故障注入结果进行分析和处理。

● 数字控制模块：接收控制软件的指令,产生故障注入的各控制信息。

● 驱动放大模块：将控制信号放大后驱动信号接口模块、信号切换模块以及故障注入模块。

● 接口适配器：用于实现受试产品与故障注入系统之间连接和匹配。不同类型的受试产品,其接口适配器不同,以提高故障注入的通用性。

● 信号接入总线：通过接口适配器将大量的受试产品信号线同时接入到故障注入系统内,避免注入大量故障时的重新连线,以提高故障注入的可操作性。

● 信号接口模块：提供受试产品信号线的接口,确保在未注入故障时受试产品可以正常工作。

● 信号切换模块：根据故障注入需求,将特定的信号接入总线中的信号切换到故障注入总线上。

- 故障注入总线：在该总线上可以进行具体的故障注入操作。
- 故障注入模块：实现多种类型的故障注入操作。
- 外接测试器：用于检测故障注入总线的信号实时变化,确认故障注入效果。
- 显示模块：显示信号接入总线中通过信号切换模块切换到故障注入总线上的信号通道,以及在这些通道上注入的故障类型。

8.3.2.2　典型功能模块设计

（1）信号切换模块

在信号切换模块的设计中,合并了信号接口模块。将故障注入系统连接到受试产品后,在未注入故障时通过信号接口功能确保 UUT 正常工作,在注入故障时通过信号切换功能对指定信号通道注入故障,图 8 - 15 给出了信号切换模块的功能原理图。

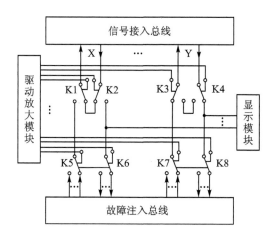

图 8 - 15　信号切换模块的功能原理图

当继电器 K1、K2 处于图中位置时,提供了信号 X 的接口功能;当继电器 K3、K4 处于图中位置时,信号 Y 被选中切换到故障注入总线上,通过继电器 K7 和 K8 选择具体切换到的故障注入总线通道。驱动放大模块控制继电器动作,显示模块给出选中的通道标识。

（2）故障注入模块

故障注入模块提供的故障类型包括：信号短路、信号开路、信号固低、信号固高、信号错误、信号串接电阻、信号与地间搭接电阻和多信号间搭接电阻等。这里仅对信号串接电阻、两信号间搭接电阻的功能原理进行举例说明。

图 8 - 16 为信号串接电阻的功能原理图。根据需要可选择多个电阻的不同组合进行阻值匹配,由数字控制模块控制驱动放大模块进行阻值选择。通过继电器 K1 和 K2 操作,将电阻串入指定的故障注入总线通道。

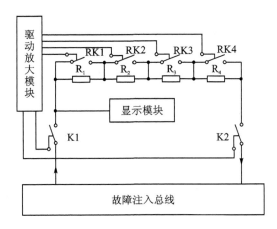

图 8 - 16　信号串接电阻的功能原理图

图 8 - 17 为两信号间搭接电阻的功能原理图。数字控制模块控制驱动放大模块使 K1 和 K2 闭合,K3 和 K4 闭合,实现故障注入总线中指定两通道之间的搭接电阻故障。

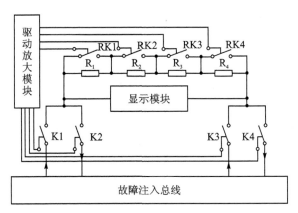

图 8 - 17　两信号间搭接电阻的功能原理图

（3）控制软件

控制软件主要功能原理如图 8 - 18 所示。在进行参数建立时,通过用户界面建立故障注入参数,形成与产品相关的故障注入参数输入数据文件。在故障加载时,从中取出故障注入参数,并自动生成与产品无关的控制字,控制故障注入系统向产

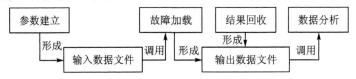

图 8 - 18　控制软件的功能原理

品注入故障。同时根据控制信息及其与之相关的注入效果收集信息形成输出数据文件,以供分析。

8.3.2.3　系统实现

自动化开关时故障注入系统在实现上包括控制计算机、故障注入设备和接口适配器等部分。系统具有 40 路通道的信号接入能力和 3 通道组合的故障注入能力。

其中,故障注入设备的部分内部硬件如图 8 - 19 所示,显示面板如图 8 - 20 所示,控制软件主体界面如图 8 - 21 所示。

图 8 - 19　部分内部硬件

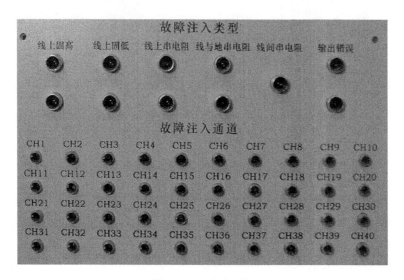

图 8 - 20　显示面板

该系统已经用于测试性试验,图 8 - 22 给出了某设备间线路的开路故障注入和

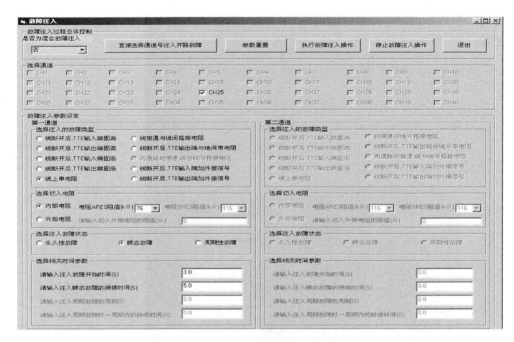

图 8 - 21　控制软件主界面

撤销过程中采集的信号波形。

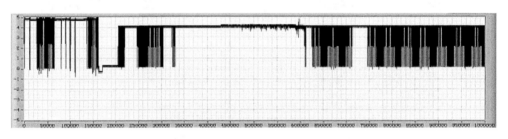

图 8 - 22　连线开路故障的注入与撤销的信号波形

8.3.3　便携式线路故障注入设备

上小节所述的自动化开关式故障注入需要专用的控制计算机,系统体积大,不能便携使用。为此,作者主持研制了一款支持 USB 接入控制的小型化的便携式线路故障注入设备。

8.3.3.1　设备的设计

便携式线路故障注入设备的工作原理示意图如图 8 - 23 所示。

设备硬件包括数据传输板、故障注入控制板、母板、通道选择板以及故障模拟板

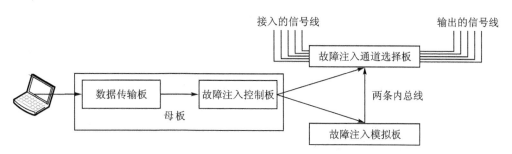

图 8 - 23　故障注入设备工作原理示意图

等。其中,母板上有数据传输板和故障注入控制板的插槽,通过母板实现数据传输板和故障注入控制板的电源管理和信号交互。其中数据传输板支持与计算机之间的 USB 热拔插连接。这里以数据传输板为例,进行设计原理说明。

数据传输板的工作原理示意图如图 8 - 24 所示。

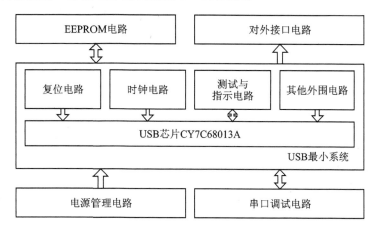

图 8 - 24　数据传输板工作原理示意图

数据传输板的核心是 USB 最小系统,配有 USB 芯片 CY7C68013A、复位电路、时钟电路、测试与指示电路以及其他外围电路;EEPROM 电路的作用是存储 USB 芯片的固件程序,USB 芯片要完成指定的功能需要通过执行固件程序来实现;对外接口电路将 USB 芯片的地线以及 PE 端口引出;电源管理电路将 USB 端口的 5 V 电压转换成 3.3 V;串口调试接口用于设备工作的调试。

设备在软件上包括运行在计算机中的控制软件,以及运行在数据传输板、故障注入控制板上的嵌入式程序。

8.3.3.2　设备的实现

便携式线路故障注入设备在非封装状态的硬件实现如图 8 - 25 所示,封装后的状态如图 8 - 26 所示,上位机的控制软件如图 8 - 27 所示。

图 8 - 25 硬件实现

图 8 - 26 封装后的状态

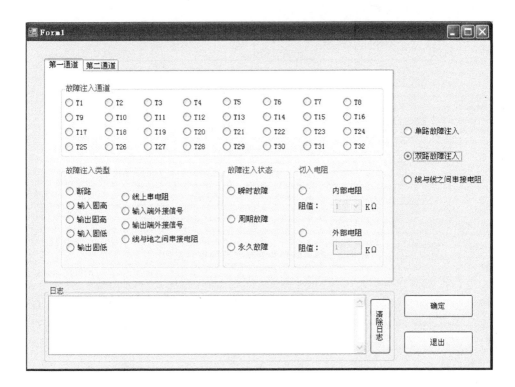

图 8 - 27 上位机界面

该设备已经用于测试性试验,图 8 - 28 给出了某设备间线路的短路故障注入和撤销过程中采集的信号波形。

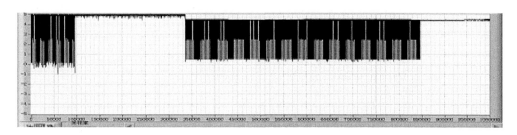

图 8 - 28　线路短路故障的注入与撤销的信号波形

8.3.4　总线故障注入设备

针对设备间的通信总线,通常采用总线故障注入设备完成故障注入。总线故障注入通常分为物理层故障注入、电气层故障注入和协议层故障注入。

物理层故障注入实现物理链路(导线、接口)断路、桥接和接地等故障的注入;电气层故障注入实现电压漂移、电压超差、占空比失真、噪声叠加、固高和固低等故障的注入;协议层故障注入实现地址错误、延时、数据替换、丢包、奇偶校验错误和通信连接不稳定等故障的注入。

目前在市场上可以买到商品化的总线故障注入设备,几乎可以覆盖航空装备使用的各类总线。

8.4　测试性试验件设计

测试性试验件是指为了方便注入和模拟故障而专门设计的特殊样机、特殊电路板或特殊组件,专用于测试性试验。

8.4.1　测试性试验件设计要求

8.4.1.1　一般要求

测试性试验件的一般要求包括:

① 应依据注入或模拟故障的需求设计和开发测试性试验件,以便顺利开展产品的测试性研制试验和验证试验工作;

② 测试性试验件在设计上应保持产品的功能、性能和测试性设计不发生变化,允许改变产品的组装方式和外观样式;

③ 试验件的测试点及对外接口的电气特性、兼容性等应与产品保持一致;

④ 可针对产品中部分不便于注入故障的单元进行试验件设计,如电源板、底板、具有不可见管脚集成电路的电路板、接口组件等;

⑤ 测试性试验件应为硬件故障注入或模拟提供相应的设置能力和接口;

⑥ 测试性试验件通常不能装配到交付产品中。

8.4.1.2 测试性试验件的研制程序

测试性试验件的研制程序包括:

① 获取产品的故障模式影响分析和测试性设计资料;

② 分析梳理出所有需要注入或模拟的故障,并分析故障的注入或模拟方法;

③ 对于缺少注入接口的故障,应结合产品电路图,确定必要的信号引出点、线路开路点、功能调谐点位置,设计信号引出、开路和调谐接口;

④ 在信号连接方式不变情况下,对产品各组件的电气连接方式进行必要的设计调整,便于对设置的信号引出点、开路点和功能调谐点进行访问;

⑤ 加工制造测试性试验件。

8.4.1.3 故障注入接口的设计要求

① 故障注入点通常添加在以下部位:
- 电源和负载之间的线路;
- 输入数据处理线路;
- 输出数据处理线路;
- CPU、DSP 和 FPGA 等芯片及外围线路;
- 边界扫描器件线路。

② 应尽可能将信号引出接口、线路开路接口和功能调谐接口利用引线布局到产品中便于访问的位置。

8.4.2 故障注入接口设计方法

这里介绍一种作者提出的故障直接注入接口设计的方法(发明专利号:ZL201410158015.0)。该方法采用双针与短路帽配合的方式实现故障注入接口,双针标配为 1 管脚和 2 管脚,然后利用短路帽插上和拔出 1、2 管脚实现相应的开路、短路故障注入。

结合某电源变换电路进行设计过程说明,该电路的原理图如图 8-29 所示。

(1) 确定故障模式和故障注入需求

根据原理图,确定电路板的元器件组成,并分析确定每个元器件的开路故障模式以及二端元器件的短路故障模式,确定故障模式的注入需求,梳理结果如表 8-1 所列。

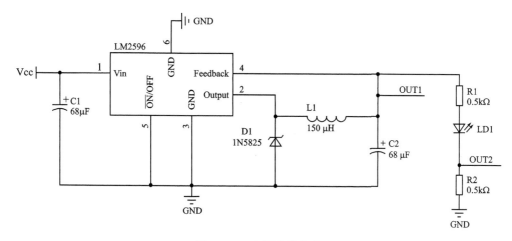

图 8 - 29　电源变换电路

表 8 - 1　电源处理模块的故障模式及注入需求

序　号	元器件	故障模式	故障注入需求
1	LM2596	LM2596 第 1 管脚开路	断开 LM2596 第 1 管脚与电容 C1 间的连接线
2	LM2596	LM2596 第 2 管脚开路	断开 LM2596 第 2 管脚与稳压二极管 D1 间的连接
3	LM2596	LM2596 第 3 管脚开路	断开 LM2596 第 3 管脚与地的连接线
4	LM2596	LM2596 第 4 管脚开路	断开 LM2596 第 4 管脚与电容 C2、电阻 R1 间的连接线
5	电容 C1	C1 开路	断开电容 C1 与地间的连接线
6	电容 C2	C2 开路	断开电容 C2 与地间的连接线
7	稳压二极管 D1	D1 开路	断开稳压二极管 D1 与地间的连接线
8	电感 L1	L1 开路	断开电感 L1 与电容 C2、电阻 R1 间的连接线
9	电感 L1	L1 短路	连接电感 L1 两端
10	电阻 R1	R1 开路	断开电阻 R1 与发光二极管 LD1 间的连线
11	二极管 LD1	LD1 开路	断开发光二极管 LD1 与电阻 R2 间的连接线
12	电阻 R2	R2 开路	断开电阻 R2 与地间的连接线

（2）确定故障注入接口形式与状态定义

根据故障模式及注入需求,确定管脚的电气位置以及无故障状态和故障状态的连接方式,梳理结果如表 8 - 2 所列。

表 8 - 2　故障注入接口形式与状态定义梳理结果

序　号	故障注入接口形式		状态定义	
	1管脚电气位置	2管脚电气位置	无故障状态	故障状态
1	钽电容 C1 正端	LM2596 第 1 管脚	插上短路帽	拔下短路帽
2	地	钽电容 C1 负端	插上短路帽	拔下短路帽
3	地	LM2596 第 5 管脚	插上短路帽	拔下短路帽
4	地	LM2596 第 3 管脚	插上短路帽	拔下短路帽
5	地	稳压二极管 D1 负端	插上短路帽	拔下短路帽
6	LM2596 第 3 管脚	稳压二极管 D1 正端	插上短路帽	拔下短路帽
7	电感 L1 第 1 管脚	电感 L1 第 2 管脚	插上短路帽	拔下短路帽
8	电感 L1 第 2 管脚	钽电容 C2 正端	插上短路帽	拔下短路帽
9	地	钽电容 C2 负端	拔下短路帽	插上短路帽
10	二极管 LD1 第 1 管脚	电容 R1 第 2 管脚	插上短路帽	拔下短路帽
11	电阻 R2 第 1 管脚	二极管 LD1 第 2 管脚	插上短路帽	拔下短路帽
12	地	电阻 R2 第 2 管脚	插上短路帽	拔下短路帽

（3）在电路原理图中增加故障注入接口

根据故障注入接口形式与状态定义梳理结果，在电路原理图中添加故障注入接口，如图 8 - 30 所示，其中 P1～P12 是故障注入接口。

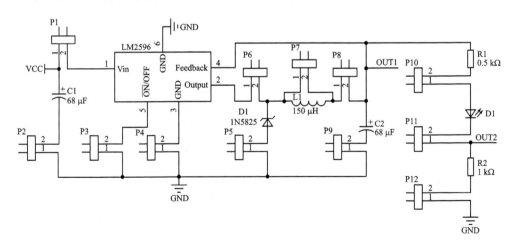

图 8 - 30　增加注入接口的电源变换电路

图 8 - 31 给出了该电路的原制版图,图 8 - 32 给出了增加故障注入接口之后的制版图。

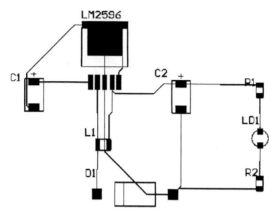

图 8 - 31 原制版图

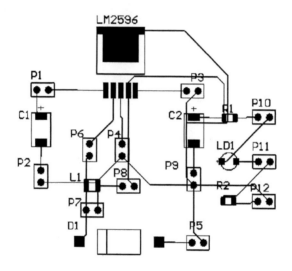

图 8 - 32 增加故障注入接口的制版图

第9章　测试性试验

9.1　测试性试验概述

9.1.1　测试性试验的含义

试验是指为了对研究、开发的系统、分系统和设备的性能或者能力进行评价而开展的数据获取或者能力验证的任何工作或活动。

广义上讲,测试性试验是指在装备研制、生产、使用过程中,为了确定和检验产品的测试性设计方案的诊断效果,发现产品中存在的测试性设计缺陷与不足,定性或者定量评估产品测试性水平,判定测试性水平是否满足规定要求,实现测试性增长或者熟化而进行的各种试验。

狭义上讲,测试性试验是在产品实物或者试验件上注入一定数量的故障来评价和验证产品 BIT 或者外部自动测试设备(ATE)的故障检测和隔离能力是否满足规定的要求,同时为测试性设计改进和能力增长提供依据。

根据狭义表述,测试性试验具有 3 个要素。

(1) 实物对象

测试性试验的对象是产品实物、试验件、样机或者半实物模型,而不是设计资料、数字仿真模型等。

(2) 故障注入

测试性试验的手段是注入和模拟故障,以使产品发生物理故障,来确认测试性设计的效果。

(3) 能力评估

测试性试验需要对测试性能力进行定量评估,并判别是否满足指标要求。

根据上述 3 个要素建立的测试性试验原理如图 9-1 所示,试验人员将故障注入到产品中,并根据产品和测试系统的反应,统计评估测试性能力。

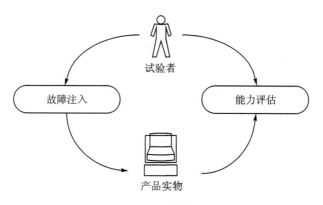

图 9 - 1　测试性试验原理

9.1.2　测试性试验的分类

测试性试验具有多种分类方式,按试验对象的不同,可以分为设备测试性试验、系统测试性试验;按试验场地的不同,可以分类为实验室试验、外场试验;按目的不同,可以分为测试性研制试验和测试性鉴定试验。根据 GJB 8895—2017 的规定,本文采用测试性研制试验与测试性鉴定试验的划分方式。

（1）测试性研制试验

测试性研制试验是指为确认产品的测试性设计特性和暴露产品的测试性设计缺陷,在产品的半实物模型、样机或试验件上开展的故障注入或模拟试验、分析和改进过程。

测试性研制试验的目的是确认测试性设计特性、设计效果和能力水平,发现测试性设计缺陷,以便采取必要的设计改进措施。测试性研制试验在最初提出时,称为测试性摸底试验,后来改名为测试性研制试验。

（2）测试性鉴定试验

测试性鉴定试验是指为确定产品是否达到规定的测试性要求,按选定的试验方案,进行故障抽样并在产品实物或试验件上开展的故障注入或模拟试验。

测试性鉴定试验的目的是考核产品的测试性能力能否符合规定的测试性定性要求和定量要求,并发现测试性设计缺陷。

9.1.3　测试性试验工作总体流程

虽然测试性研制试验和测试性鉴定试验的目的和主导方不同,但都是实物故障注入试验,因此在工作流程上具有共性,通常分为试验工作策划/总案制定、试验开展、试验总结 3 个阶段。

9.1.3.1　试验工作策划/总案制定阶段

在装备的总体层面,对测试性试验工作进行总体规划,明确试验工作要求或者规范、需要开展测试性试验的产品清单、明确试验方的任务分工、试验进度大体安排等。

9.1.3.2　试验开展阶段

根据试验的工作策划或者总案的安排,陆续开展各项测试性试验工作,每项测试性试验又包括如下的具体环节。

(1) 试验设计

试验设计是指对产品的故障模式进行确认,并制定出测试性试验大纲。

故障模式确认是对产品可靠性分析中的故障模式影响与危害性分析(FMECA)报告进行迭代完善和审查确认的过程。FMECA 报告是测试性试验设计的重要输入资料,产品研制单位应提交符合试验设计要求的 FMECA 报告,必要时,试验方可以参与 FMECA 报告的完善工作。

研制单位应组织 FMECA 报告的会议评审,评审的要点包括:

● 功能电路级故障模式的梳理情况;

● 故障模式的细致性、准确性和特征量化情况;

● 故障模式的传递关系情况。

评审通过的 FMECA 可以提交给试验方开展后续试验设计工作。评审不通过的 FMECA 报告需要根据评审意见再次进行迭代完善,并重新组织评审。

如果有相似产品外场使用中发生的故障模式,则以 FMECA 报告中的故障模式和外场故障模式作为备选故障模式库,否则仅以 FMECA 报告中的故障模式作为备选故障模式库。试验方根据规范要求的方法确定故障样本量,并从备选故障模式库中进行故障抽样,构建故障样本集,并在研制单位配合下确定每个故障样本的注入方法、检测与隔离判据等信息,并制定出测试性试验大纲。

测试性试验大纲的基本内容包括:

● 试验目的,确定试验类型与目的;

● 依据,对测试性试验依据的标准规范和文件进行说明;

● 受试产品说明,对受试产品的功能和结构组成、工作原理、技术状态、数量、测试性要求和试验考核内容进行说明;

● FMECA 报告状态和备选故障模式库说明;

● 试验方案,包括故障样本量确定方法,以及得到的故障样本量;

● 故障抽样方法,以及从 FMECA 抽样得到的故障样本集,样本集中各故障样本的注入用例、注入方法、成功故障后的特征、故障检测隔离的判据;

- 样本集中不能注入的故障样本的原因说明与检测隔离确认办法；
- 测试性参数评估与合格判定方法；
- 试验设备组成与交联关系，对试验所用设备组成、型号、数量、设备提供者及其与受试产品的基本交联关系进行说明；
- 试验环境条件要求；
- 受试产品完好状态要求，确定受试产品在测试性试验中故障注入前和撤销后应恢复到完好状态的要求；
- 试验的组织管理责任，确定测试性验证工作组的组成、人员数量与分工、试验场地、试验进度安排和试验质量管理措施等；
- 故障注入操作程序要求，确定测试性试验程序的编制要求；
- 测试性验证试验报告要求，确定测试性验证试验报告的编写与交付要求。

试验方应组织测试性试验大纲的会议评审，评审通过的测试性试验大纲作为试验后续工作的纲领，评审不通过的测试性试验大纲需要根据评审意见再次进行迭代完善，并重新组织评审。

（2）试验准备

试验准备是指制定出测试性试验程序，并完成试验环境的搭建。

试验方应该依据评审通过的测试性试验大纲，建立每个故障注入用例的具体试验操作程序，通常包括故障注入前的检测内容、故障注入过程、故障注入后的检测内容、故障撤销过程、故障撤销后的检测内容等，并明确所用的工具、设备等。

试验方还应在产品研制单位的配合下，完成试验环境的搭建，将试验的产品实物或者试验件、联调联试设备、故障注入工具和设备、测量测试设备等准备到位，并确认符合试验大纲规定的技术状态。

试验方可以根据需要确定是否组织试验程序或者试验准备工作的评审或者现场审查。

（3）试验实施

试验实施是指故障注入的具体试验过程。试验实施由试验方牵头，试验方人员和研制方人员联合组成试验小组，按试验程序要求，采用相应故障注入方法和工具依次完成各项故障注入操作和检测隔离结果确认，并采用规范化表格对试验过程进行记录和签字确认。

（4）结果分析与评估

结果分析与评估是指在试验实施完毕后，对记录的数据分析，按规定的方法进行测试性参数的评估计算，并判断是否满足指标要求。

试验方应完成结果分析与评估，并汇总通过试验发现的测试性设计缺陷，编制测试性试验报告，并提交给试验的委托方或者相关的管理单位。

试验报告的基本内容通常包括：

- 目的和依据；
- 受试产品说明；
- 试验组织和实施情况；
- 试验数据汇总；
- 试验结果；
- 问题与缺陷；
- 试验结论。

9.1.3.3 试验总结阶段

在各项测试性试验结束后，试验工作策划的主导方应组织开展整个装备的测试性试验工作总结，确认测试性试验工作的结果，分析存在的问题，并确定后续的工作安排。

9.1.4 测试性试验与设计改进

测试性研制试验的目的是评估测试性能力水平，发现测试性设计缺陷，指导测试性设计改进。因此，可以在设计改进后开展新一轮的测试性研制试验，确认改进的效果。

在工程应用中，常见的是两轮测试性试验情况。在开展首轮的测试性研制试验后，产品研制单位根据发现的测试性设计缺陷，制定设计改进方案，评审通过后落实到产品实物中；然后开展二轮的测试性研制试验，确认改进效果，验证测试性能力水平。

测试性鉴定试验的目的是确认产品的测试性设计是否满足指标要求。当测试性研制试验的技术途径和产品的技术状态符合测试性鉴定试验要求时，测试性鉴定试验可以直接采信测试性研制试验的结论。

9.2 测试性试验支持技术

9.2.1 样本量确定

测试性试验属于故障注入试验，样本量是指在试验中需要注入的故障样本数量。前面第 6 章和第 7 章详细论述了考虑风险的样本量确定方法、基于覆盖充分性的样本量确定方法，这些方法都可以应用在测试性试验中。

为了方便使用，这里给出上述方法的汇总表格如表 9 - 1 所列。

表 9-1　样本量确定方法汇总

序　号	代　号	方法名称	输　入	输　出
1	R01	二项分布的双方等风险定数试验方案	风险 指标规定值 指标最低可接受值	样本量 合格判定数
2	R02	二项分布的双方不等风险定数试验方案	生产方风险 使用方风险 指标规定值 指标最低可接受值	样本量 合格判定数
3	R03	二项分布的只考虑使用方风险定数试验方案	使用方风险 指标最低可接受值	多重样本量 多重合格判定数
4	R04	二项分布的最小样本量定数试验方案	使用方风险 指标最低可接受值	样本量
5	R05	二项分布的只考虑生产方风险定数试验方案	生产方风险 指标规定值	多重样本量 多重合格判定数
6	R06	二项分布的双方等风险截尾序贯试验方案	风险 指标规定值 指标最低可接受值	序贯试验图
7	R07	正态分布的标准方法	生产方风险 使用方风险 指标规定值 指标最低可接受值	样本量 合格判定数
8	R08	正态分布的近似方法	风险 指标值 偏差值	样本量
9	A01	不考虑故障率的覆盖充分性准则	结构划分 功能划分 测试划分	样本集,样本量
10	A02	考虑故障率的覆盖充分性准则	结构划分 功能划分 测试划分 关联故障率	样本量

　　在上述的方法中,R01、R02、R06 需要使用指标的规定值和最低可接受值,对只有一个指标值的情况不适用;R03、R05 的结果是样本量递增的无穷多试验方案,因此需要对样本量进行额外的限定;虽然 R04 得到的样本量最小,但不允许出现失败情况;R07、R08 是正态分布下的计算方法,存在计算误差。

当产品的故障检测率、故障隔离率同时验证时,对两个参数都使用风险类方法确定样本量,会存在样本量冲突的情况,尤其故障隔离率指标为 1 时,风险方法不再适用。对此,可以采取只根据故障检测率确定故障样本量的简化处理方法。

A01、A02 等方法是基于覆盖充分性的方法,不需要风险值和指标量值,只与产品的特性设计有关,对各类指标情况都适用。

9.2.2 故障抽样

9.2.2.1 故障层级选择

故障模式的层级关系原理如图 9-2 所示,最底层的是元器件级的物理故障模

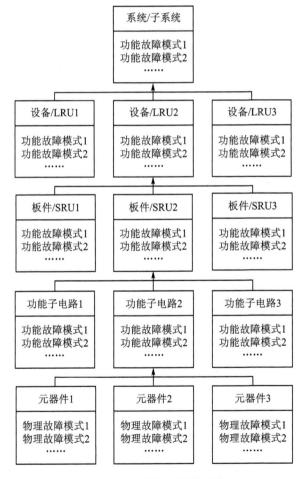

图 9-2 故障的层次性划分

式,元器件级故障模式的影响向上传递,可以抽象成数量较少的功能子电路级的功能故障模式,功能子电路级的功能故障模式的故障影响依次再向上传递,可以抽象数量更少的板件级、设备级和系统级的功能故障模式。

针对试验对象的结构层级,可以选择不同层级功能故障模式进行抽样。对于设备级测试性试验,通常选择功能子电路级的功能故障模式作为故障样本所在的层级进行故障抽样,根据抽中次数选择相应数量的元器件级物理故障模式作为具体的故障原因进行注入。对于系统级测试性试验,考虑试验成本约束,可以选择功能子电路级、板件级或者设备级的功能故障模式作为故障样本所在的层级进行故障抽样,并以相应的元器件级物理故障模式作为具体的故障原因进行注入。

9.2.2.2　抽样方法

在确定了样本量和故障抽样层级之后,可以抽取故障模式,构建故障样本集。故障抽样涉及到多种因素,包括样本量固定还是可以增大、样本量是否分配、一轮抽样还是多轮抽样、伪随机抽样还是准随机抽样、覆盖充分性是否应用等,形成的故障抽样方法有 20 多种,具体如表 9 - 2 所列,在应用中可以选择一种完成故障抽样。

表 9 - 2　故障抽样方法

序　号	代　号	方法特点
1	S01	样本量固定,样本量分配并覆盖所有结构单元,各单元备选故障集一轮抽样,伪随机抽样
2	S02	样本量固定,样本量分配并覆盖所有结构单元,各单元备选故障集一轮抽样,准随机抽样
3	S03	样本量固定,样本量分配并覆盖所有功能划分,各划分组备选故障集一轮抽样,伪随机抽样
4	S04	样本量固定,样本量分配并覆盖所有功能划分,各划分组备选故障集一轮抽样,准随机抽样
5	S05	样本量固定,样本量分配并覆盖所有测试划分,各划分组备选故障集一轮抽样,伪随机抽样
6	S06	样本量固定,样本量分配并覆盖所有测试划分,各划分组备选故障集一轮抽样,准随机抽样
7	S07	样本量固定,样本量分配并覆盖所有多特性划分组,各划分组备选故障集一轮抽样,伪随机抽样
8	S08	样本量固定,样本量分配并覆盖所有多特性划分组,各划分组备选故障集一轮抽样,准随机抽样
9	S09	样本量固定,样本量不分配,全备选故障集一轮抽样,伪随机抽样
10	S10	样本量固定,样本量不分配,全备选故障集一轮抽样,准随机抽样

序 号	代 号	方法特点
11	S11	样本量固定,样本量不分配,全备选故障集多轮抽样,伪随机抽样,结构覆盖充分性择优
12	S12	样本量固定,样本量不分配,全备选故障集多轮抽样,伪随机抽样,功能覆盖充分性择优
13	S13	样本量固定,样本量不分配,全备选故障集多轮抽样,伪随机抽样,测试覆盖充分性择优
14	S14	样本量固定,样本量不分配,全备选故障集多轮抽样,伪随机抽样,多特性覆盖充分性择优
15	S15	样本量可增大,样本量不分配,全备选故障集一轮抽样,伪随机抽样,结构覆盖充分性度量,增补结构未覆盖的故障样本
16	S16	样本量可增大,样本量不分配,全备选故障集一轮抽样,准随机抽样,结构覆盖充分性度量,增补结构未覆盖的故障样本
17	S17	样本量可增大,样本量不分配,全备选故障集一轮抽样,伪随机抽样,功能覆盖充分性度量,增补结构未覆盖的故障样本
18	S18	样本量可增大,样本量不分配,全备选故障集一轮抽样,准随机抽样,功能覆盖充分性度量,增补结构未覆盖的故障样本
19	S19	样本量可增大,样本量不分配,全备选故障集一轮抽样,伪随机抽样,测试覆盖充分性度量,增补功能未覆盖的故障样本
20	S20	样本量可增大,样本量不分配,全备选故障集一轮抽样,准随机抽样,测试覆盖充分性度量,增补测试未覆盖的故障样本
21	S21	样本量可增大,样本量不分配,全备选故障集一轮抽样,伪随机抽样,多特性覆盖充分性度量,增补多特性未覆盖的故障样本
22	S22	样本量可增大,样本量不分配,全备选故障集一轮抽样,准随机抽样,多特性覆盖充分性度量,增补多特性未覆盖的故障样本

在航空装备的测试性试验应用中,S01、S03、S09、S10、S17、S18、S19、S20、S21 和 S22 应用较多。

抽样方法 S21、S22 还有一种变形方法,该方法先选择特定结构层次的功能故障模式进行故障抽样,然后只考虑测试覆盖充分性进行样本增补,主要用于测试性研制试验。在测试性研制试验中,为了更好地确认特定类型测试(如 BIT)的设计效果,对功能子电路级的功能故障模式进行抽样建立样本集之后,对特定类型测试可检测但没有抽中的功能故障模式增补 1 个样本到样本集中。在故障检测与隔离能力量化评估时,增补的故障样本不列入指标评估样本,不影响指标评估结果,只用于设计效果确认和设计缺陷排查。对于测试性鉴定试验,重点考查测试性量化指标是否达标,因此无需考虑样本的增补。

9.2.2.3 故障样本集

通过抽样得到的故障样本集对开展测试性试验非常关键,通常在故障样本集中需要描述以下信息。

① 序号/样本编号:故障样本的序号或者编号;

② 结构单元:故障样本所在的结构层次单元名称或者标识符;

③ 故障样本/功能故障模式:故障样本的名称和(或)故障编码;

④ 故障原因/物理故障模式:导致功能故障模式发生的具体物理故障模式名称和(或)故障编码;

⑤ 故障注入方法/类型:采用的故障注入方法名称;

⑥ 注入位置/注入方式:物理故障模式的具体位置或者注入方式;

⑦ 故障注入成功判据:故障成功注入后可以测量到的信号量值或者观测结果;

⑧ 故障撤销成功判据:故障成功撤销后可以测量到的信号量值或者观测结果;

⑨ 设计的测试方法:针对该故障的已经设计实现的测试方法或者测试项目;

⑩ 故障检测/隔离指示判据:测试项目给出的具体的诊断输出指示或者结果;

⑪ 不可注入原因:当物理故障模式不可注入时,给出原因说明;

⑫ 样本类型:确认故障样本是抽样选择样本,还是补充样本。

上述信息通常采用表格进行描述,不同装备的样本集表格并不严格一致,表 9-3 给出一种样本集表格样式的示例。

表 9-3 样本集表格样式示例

样本编号	单 元	故障样本	故障原因	注入方法	注入方式	注入成功判据	撤销成功判据	设计的测试项目	故障检测隔离指示	不可注入原因	类 型

9.2.3 故障注入

9.2.3.1 故障注入流程

实施故障注入试验时,每次注入一个故障,进行故障检测、故障隔离,记录试验数据,修复产品到正常状态,然后再注入下一个故障,直到达到规定样本量为止,流程见图 9-3。

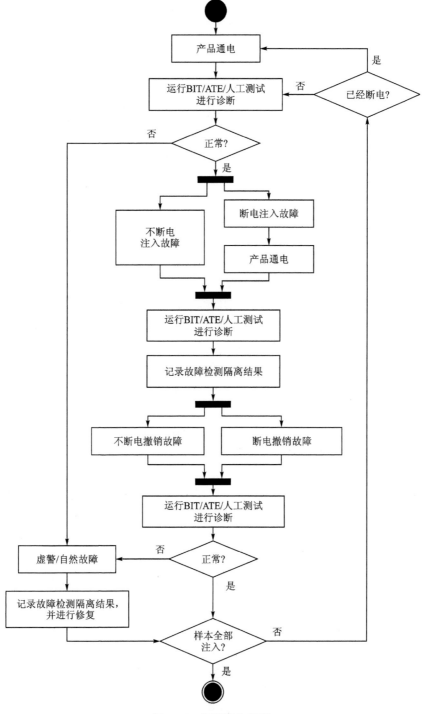

图 9 - 3 故障注入流程

具体步骤包括：

① 产品通电,并运行 BIT、ATE 或者人工测试进行故障诊断,确认产品是否存在自然故障或虚警;

② 如果产品存在自然故障或虚警,则记录相应的故障检测隔离结果,并进行修复,如果产品正常,则执行一次故障注入;

③ 故障注入有两种情形:第一种情形是对产品断电,然后注入故障,再对产品通电,第二种情形是无需对产品断电即可直接注入故障;

④ 故障注入后,运行 BIT、ATE 或者人工测试进行故障诊断,记录相应的故障检测隔离结果;

⑤ 撤销故障,与故障注入相同,也分为断电撤销(修复)和不断电撤销两种情形;

⑥ 撤销故障后,运行 BIT、ATE 或者人工测试进行故障诊断,若产品存在自然故障或虚警,则记录相应的故障检测隔离结果,并进行修复;

⑦ 判断故障样本集中的所有故障是否都已经注入,如果还有未注入的故障,则继续重复上述过程,直到所有故障都已经注入完毕。

9.2.3.2　故障注入方法

第 8 章详细说明了故障注入的各种方法,其中常使用的方法包括如下 5 种:

① 探针注入　采用探针式故障注入设备,在电路板上直接注入固高、固低、短路和相关的等效故障。

② 拔插注入　采用焊接工具,将元器件从电路板上解焊下来,或者将器件的管脚从电路板上焊开,注入开路故障和特殊的短路、信号注入故障。

③ 转接板注入　使用专门制作的转接板或者转接线缆,介入到电路板与母板插座之间,然后在转接板或者转接线缆上注入开路、短路等各种线路故障。

④ 软件注入　通过修改软件代码的静态注入方式,修改测量参数值或者判决逻辑,实现故障注入。

⑤ 总线注入　采用专用的总线故障注入设备,实现总线的物理层、电气层、协议层故障的注入。常用的总线故障注入器包括 RS232 总线、RS485 总线、CAN 总线、1553B 总线、AFDX 总线、ARINC429 总线和 FC 总线等的专用注入设备。

9.2.3.3　故障注入操作程序

对于每个故障样本,由于需要检验的测试项目不同,往往需要注入多次,每一次注入则称为一个故障注入用例或者试验用例。为了确保故障注入操作的规范性,对每个用例都需要确定严格的操作步骤,全部的故障注入用例组成整个试验的故障注入操作程序或者测试性试验程序。

一个故障注入用例的操作程序通常包括以下信息。

① 用例编号:故障注入用例的编号;

② 故障原因：故障注入用例对应的物理故障模式和（或）编号；

③ 故障样本：故障注入用例对应的功能故障模式和（或）编号；

④ 故障注入方法：故障注入用例的注入方法，从探针、拔插、转接板、总线、软件中选择一个；

⑤ 故障检测方法：针对该故障样本设计的测试方法，如周期 BIT、加电 BIT、启动 BIT、维修 BIT、外部测试设备和人工检查等；

⑥ 故障注入成功判据：故障注入成功后可以测量到的信号量值或者观测结果；

⑦ 故障检测判据：故障注入后，可确认故障被正确检测出来的判据；

⑧ 故障隔离判据：故障注入后，可确认故障被正确隔离出来的判据；

⑨ 故障撤销成功判据：故障成功撤销后可以测量到的信号量值或者观测结果；

⑩ 故障注入操作步骤：分步骤详细说明故障注入操作的连接、注入、测试、判别、撤销和确认的过程；

⑪ 所用试验设备：说明用例所需的试验设备和数量。

故障注入用例的信息通常采用表格描述，不同装备对表格的要求并不严格一致，表 9 - 4 给出一种用例表格样式的示例。

表 9 - 4　故障注入用例表

	用例编号	
故障样本	所属故障原因	
	所属故障样本	
	注入方法	□外总线　□ 转接板　□ 探针　□ 软件　□拔插　□其他
	检测方法	□周期 BIT　□加电 BIT　□启动 BIT　□维护 BIT □外部测试设备　□人工测试　□其他
判据	注入成功判据	
	检测判据	
	隔离判据	
	撤销成功判据	
故障注入	实现方法	
	执行步骤	
	试验设备与数量	

9.2.3.4　数据记录

在故障注入过程中,应对每个故障注入用例的检查隔离情况进行记录,记录表形式样例可以参见表 9 - 5 和表 9 - 6。

表 9 - 5　故障注入记录表

表格编号		样本编号		
试验日期		试验地点		
受试产品名称		受试产品型号		
试验件编号		故障模式名称		
BIT 结果查看方式				
注入前的 BIT 输出	□加电 BIT			
	□启动 BIT			
	□周期 BIT			
	□维修 BIT			
注入后的 BIT 输出	□加电 BIT			
	□启动 BIT			
	□周期 BIT			
	□维修 BIT			
撤销后的 BIT 输出	□加电 BIT			
	□启动 BIT			
	□周期 BIT			
	□维修 BIT			
结　论	□正确检测　　□未能检测　　□其他_____ □正确隔离　　□未能隔离　　□其他_____ 模糊度:_____			
试验人员		记录人员		
签字栏	试验方		承制方	
	年　　月　　日		年　　月　　日	

表 9-6　故障注入记录表

表格编号			样本编号		
试验日期			试验地点		
受试产品名称			受试产品型号		
试验件编号			记录人员		
故障注入	成功注入	□是		□否	
	注入后状态描述				
	注入失败原因				
故障检测	检测指示				
	正确检测	□是		□否	
故障隔离	隔离指示				
	隔离模糊组				
虚　警	是否虚警	□是		□否	
	虚警类型	□假报		□错报	
故障撤销	成功撤销,状态完好	□是		□否	
	撤销后状态描述				
	撤销失败原因				
其他评价内容					
试验人员					
备　注					
签字栏	试验方			承制方	
	年　　月　　日			年　　月　　日	

在测试性试验期间,产品可能会出现自然发生故障和虚警,相应的记录表格样式示例见表 9-7 和表 9-8。

表 9-7　自然发生故障和虚警记录表(1)

表格编号		样本编号	
试验日期		试验地点	
受试产品名称		受试产品型号	
试验件编号		故障模式命名	

续表 9 - 7

故障(虚警)现象	
故障(虚警)原因分析	
结　论	□自然发生故障 　□加电 BIT　□启动 BIT　□周期 BIT　□维修 BIT　□其他_____ 　□正确检测　□未能检测　□其他_____ 　□正确隔离　□未能隔离　□其他_____ 　模糊度：_____	□虚警
试验人员		记录人员	
签字栏	试验方		承制方	
	年　　　月　　　日		年　　　月　　　日	

表 9 - 8　自然发生故障和虚警记录表(2)

表格编号		样本编号	
试验日期		试验地点	
受试产品名称		受试产品型号	
试验件编号		记录人员	
发现方式	□加电 BIT □启动 BIT □周期 BIT □维修 BIT □人工检查 □外部测试设备 □其他_____		
最近一次注入故障与注入方法			
环境条件			

故障(虚警)现象	
故障(虚警)原因分析	
分 类	□自然发生故障： □责任故障 □非责任故障 故障模式：_____ □虚警

故障检测	检测指示	
	正确检测	□是 □否

故障隔离	隔离指示	
	隔离模糊组	

故障修理措施		

签字栏	试验方	承制方
	年 月 日	年 月 日

9.2.3.5 不可注入故障处理

对于选中的故障样本出现不可注入的情况,应统一组织会议审查,不可注入故障处理记录表样式参见表 9 - 9 和表 9 - 10。

表 9 - 9 不可注入故障处理记录表(1)

表格编号		样本编号	
受试产品名称		样本名称	
受试产品型号		记录人员	
不可注入原因	□注入后会破坏产品 □注入后无法撤销 □无法注入 □其他_____		
设计检测方法	□加电 BIT □启动 BIT □周期 BIT □维修 BIT □人工检查 □外部测试设备		
审查资料名单			

续表 9 - 9

审查结论	□BIT	□可正确检测,预期检测指示＿＿＿＿＿＿＿＿ □不能检测 □可正确隔离,预期检测指示＿＿＿＿＿＿＿＿ □不能隔离 隔离级别:＿＿＿＿＿＿ 模糊度:＿＿＿＿＿＿
	□外部 测试 设备	□可正确检测,预期检测指示＿＿＿＿＿＿＿＿ □不能检测 □可正确隔离,预期检测指示＿＿＿＿＿＿＿＿ □不能隔离 隔离级别:＿＿＿＿＿＿ 模糊度:＿＿＿＿＿＿
	□人工	□可正确检测　　□不能检测 □可正确隔离　　□不能隔离 隔离级别:＿＿＿＿＿＿ 模糊度:＿＿＿＿＿＿

审查组成员		
单　位	姓　名	签　字

签字栏	试验方	承制方
	年　　月　　日	年　　月　　日

表 9 - 10　不可注入故障处理记录表(2)

表格编号		样本编号	
受试产品名称		样本名称	
受试产品型号		记录人员	
不可注入原因	□注入后会破坏产品　□注入后无法撤销　□无法进行注入　□其他＿＿＿＿		
承制方确认	该故障样本不能被＿＿＿＿＿＿＿＿＿＿＿＿＿＿＿＿＿＿方法检测和(或)隔离,可直接作为不可检测和(或)不可隔离故障处理。		
签字栏	试验方	承制方	
	年　　月　　日	年　　月　　日	

9.2.4　参数评估与合格判定

全部故障样本注入完成后,需要进行数据汇总统计,表格样式可参见表 9 - 11。

表 9 – 11　故障数据汇总表

序号	故障数据类型	样本编号	样本描述	BIT						ATE			人工			备注
				检测			隔离		虚警	检测	隔离SRU	虚警	检测	隔离		
				加电BIT	周期BIT	维修BIT	LRU	SRU						LRU	SRU	

　　根据汇总的故障数量、检测数量、隔离数量，可以采用二项分布模型计算故障检测率、故障隔离率的点估计值和单侧置信下限，具体公式参见第 6 章相关内容。

　　故障检测率采用单侧置信下限进行判别，合格判据为：当故障检测率单侧置信下限值大于等于故障检测率最低可接受值，故障检测率合格；否则不合格。

　　对故障隔离率，当要求值为 1 时，采用点估计值进行判别。合格判据为：当故障隔离率点估计值等于故障隔离率要求值，故障隔离率合格；否则不合格。

　　当故障隔离率要求值小于 1 时，若试验得到的正确检测故障样本量小于最小样本量，则采用点估计值进行判别，合格判据同前；若试验得到的正确检测故障样本量大于或等于该最小样本量时，则采用单侧置信下限进行判别，合格判据为：当故障隔离率单侧置信下限值大于或等于故障隔离率最低可接受值，故障隔离率合格，否则不合格。

9.3　测试性研制试验案例

9.3.1　测试性研制试验(首轮)

9.3.1.1　试验设计

(1) 受试产品基本情况

　　某机载控制计算机是 LRU 级产品，包括 10 个 SRU 组件，需要通过试验确认的测试性要求是 BIT 的故障检测率不低于 95%。

　　研制试验采用的试验件编号为 S003、软件版本号为 V1.4，试验件是 S 型阶段可靠性首飞试验件，所需数量为 1 台。根据试验对象的 FMECA 报告，受试产品的功能子电路级的功能故障模式共 480 个。

（2）样本量

应用 A02 覆盖充分性准则,将功能子电路级的每个功能故障模式作为一个功能特性故障等价类,采用修正方法得到试验的故障样本量为 506 个。

（3）故障样本集

由于采用功能覆盖充分性准则,故障样本集包含了全部的功能子电路级的功能故障模式,样本集数据表的部分内容见表 9-12。使用的故障注入方法包括拔插注入、探针注入、转接板注入、软件注入和总线注入等。

（4）参数评估方法

确定采用点估计和单侧置信下限估计对 BIT 的故障检测率进行评估。

（5）试验组织管理

确定了试验工作小组成员、试验管理相关责任。

（6）制定试验大纲并进行评审

根据上述内容,试验方制定了测试性研制试验大纲,并组织了会议评审。

9.3.1.2　试验准备

（1）制定试验程序

根据测试性研制试验大纲,试验方制定了测试性研制试验程序,考虑到检测手段的差异,将 506 个故障样本细化为 670 个试验用例,明确了每个试验用例的详细操作过程。

（2）试验环境搭建

根据试验大纲,试验件进入试验方的试验场地,并搭建了试验环境。试验环境的主要设备包括:电源、探针故障注入器、示波器、调试仿真器、试验计算机的外围控制设备和测试设备。

9.3.1.3　试验实施

根据测试性研制试验程序,依次开展故障注入试验,并进行试验数据的记录和签字。

9.3.1.4　结果分析与评估

在故障注入试验完毕后,对各试验用例的检测隔离结果进行了汇总,部分数据见表 9-13。

表 9-12 故障样本集的部分数据

序号	故障样本编码	功能故障模式 编码	功能故障模式 名称	物理故障模式	故障注入类型	试验手段	故障注入成功判据	检测方法	检测指示/判据 BIT	检测指示/判据 内场测试设备	隔离指示/判据 BIT	隔离指示/判据 测试设备	不可注入原因	样本量(执行次数)
1	×××	××	主电源不能接入	X02 开路	插拔	将 X02 的 28V 输入焊开	注入前: VD1 的 1 管脚为高电平; 注入后: VD1 的 1 管脚电压为低电平	加电 BIT/ 维护 BIT/ 内场测试设备	加电 BIT 报: 电源故障; 维护 BIT 报: 左发电源故障	DF 数据不刷新	—	—	—	1
2	×××	××	备用电源不能接入	X03 开路	插拔	将 X02 的 24V 输入焊开	注入前: VD2 的 1 管脚高电平; 注入后: VD2 的 1 管脚电压为低电平	周期 BIT/ 内场测试设备	周期 BIT 报: 电机电源故障	DF 数据不刷新	—	—	—	1
3	×××	××	滤波器无输出	Z2 开路	插拔	将 Z2 的 2 管脚焊开	注入前: Z2 的 2 管脚高电平; 注入后: Z2 的 2 管脚电压为低电平	周期 BIT/ 内场测试设备	周期 BIT 报: 通道计算机故障	DF 数据不刷新	—	—	—	1
4	×××	××	滤波器无输出	Z3 开路	插拔	将 Z3 的 3 管脚焊开	注入前: Z2 的 2 管脚高电平; 注入后: Z2 的 2 管脚电压为低电平	加电 BIT/ 维护 BIT/ 内场测试设备	加电 BIT 报: 通道电源故障; 维护 BIT 报: 28VOR 电源故障	DF 数据不刷新	—	—	—	1
5	×××	××	滤波器无输出	Z1 开路	插拔	将 Z1 的 1 管脚焊开	注入前: Z1 的 1 管脚高电平; 注入后: Z1 的 1 管脚电压为低电平	周期 BIT/ 内场测试设备	周期 BIT 报: 通道计算机故障	DF 数据不刷新	—	—	—	1

表 9-13　试验数据汇总表的部分数据

序号	故障样本				BIT							内场测试设备				人工检查			
	故障数据类型	功能故障模式	物理故障模式	对应记录表编号	检测				隔离		虚警	检测	隔离		虚警	检测	隔离		虚警
					周期BIT	加电BIT	维护BIT	启动BIT	LRU	SRU			LRU	SRU			LRU	SRU	
1	注入故障	主电源不能接入	X02开路	×××-001															
2	注入故障			×××-002			√					√							
3	注入故障	备用电源不能接入	X03开路	×××-003		√													
4	注入故障			×××-004	√														
5	注入故障			×××-005								√							
6	注入故障	滤波器无输出	Z2开路	×××-006	√							√							
7	注入故障			×××-007			√												
8	注入故障	滤波器无输出	Z3开路	×××-008								√							
9	注入故障			×××-009															
10	注入故障			×××-010				√											

　　试验中共注入了 506 个故障样本(506 个物理故障模式,覆盖了 480 个功能故障模式),BIT 可以正确检测的故障样本为 414 个,故障检测率的点估计值为 81.81%,20% 置信度的单侧置信下限为 80.22%,没有达到指标要求值。

　　在试验中共发现测试性设计缺陷 102 条,主要问题包括 BIT 设计缺陷、测试设备设计缺陷和 FMECA 分析缺陷等。

　　试验方编制了测试性研制试验报告提交给受试产品研制单位和主机单位。

9.3.2　测试性设计改进

　　研制单位根据测试性研制试验发现的问题,进行设计改进分析,编制了设计改进方案报告并组织了评审。根据评审后的设计改进方案,研制单位对计算机的 BIT 软件进行了修改完善,并落实到计算机实物中。

9.3.3　测试性验证试验(回归)

9.3.3.1　试验设计

　　在研制单位完成实物的设计改进后,进行测试性验证试验的设计。试验件编号为 S003、软件版本号为 V2.1。

　　由于没有硬件改动,试验的故障样本量和故障样本集与首轮试验相同,没有变化。

　　试验方制定了测试性研制试验大纲,并组织了会议评审。

9.3.3.2　试验准备

　　试验方结合首轮试验的试验程序和试验件的设计改进情况,重新制定了研制试验程序,并完成了试验环境的搭建。

9.3.3.3　试验实施

　　根据测试性研制试验程序,依次开展故障注入试验,并进行试验数据的记录和签字。

9.3.3.4　结果分析与评估

　　在故障注入试验完毕后,对各试验用例的检测隔离结果进行了汇总。

　　在试验中,共注入了 506 个故障样本,BIT 可以正确检测的故障样本为 490 个,故障检测率的点估计值为 96.84%,20% 置信度的单侧置信下限为 96.21%,达到了指标要求值。

　　在试验中新发现测试性设计缺陷 4 条。

试验方编制了测试性研制试验报告,提交给受试产品研制单位和主机单位。

9.4　测试性鉴定试验案例

9.4.1　试验设计

(1) 受试产品基本情况

某机载管理设备是 LRU 级产品,包括 14 个 SRU 组件,BIT 的故障检测率要求是不低于 92%。

试验件的技术状态是定型状态,编号为 D002,软件版本号为 V2.2,所需数量为 1 台。根据试验对象的 FMECA 报告,受试产品的功能子电路级的功能故障模式共 624 个。

(2) 样本量

应用 R03 最低可接受值试验方案,使用方风险为 0.2,在计算得到的一系列试验方案中,选择了样本量大于 600 的方案(602,42)作为试验方案,其对应的故障样本量是 602。

(3) 故障样本集

采用 S10 方法建立故障样本集,对功能故障模式集进行准随机抽样得到故障样本集,覆盖了 438 个功能故障模式,功能覆盖充分度为 70.19%,其中还包含 22 个不可注入故障样本。样本集数据表的形式与表 9-12 类似,这里不再列出。

(4) 合格判定方法

根据合格判定数进行合格判定,同时评估故障检测率的点估计和单侧置信下限估计值。

(5) 试验组织管理

确定了试验工作小组成员、试验管理相关责任。

(6) 制定试验大纲并进行评审

根据上述内容,试验方制定了测试性鉴定试验大纲,并组织了会议评审。

9.4.2　试验准备

(1) 制定试验程序

根据测试性鉴定试验大纲,试验方制定了可注入样本的测试性鉴定试验程序,考虑到 BIT 检测手段的差异,将 580 个可注入故障样本细化为 746 个试验用例,明确了每个试验用例的详细操作过程。

(2)试验环境搭建

根据试验大纲,试验件进入试验方的试验场地,并搭建了试验环境。试验环境的主要设备包括:电源、探针故障注入器、示波器、万用表、调试仿真器、串口盒、转接板和综合测试设备。

(3)试验前审查

试验方组织试验前审查,对鉴定试验程序、不可注入故障是否可以检测、试验件技术状态、试验环境等进行综合审查。

9.4.3 试验实施

根据测试性鉴定试验程序,对可注入故障注入样本依次开展故障注入试验,并进行试验数据的记录和签字。

9.4.4 结果分析与评估

在故障注入试验完毕后,对各试验用例的检测隔离结果进行了汇总分析,具体数据表略。

试验中共注入了 580 个故障样本,结合 22 个不可注入故障的审查结果,BIT 可以正确检测的故障样本总数为 561 个,失败样本数为 41 个,小于合格判定数 42,试验结果为合格。

故障检测率的点估计值为 93.19%,20% 置信度的单侧置信下限为 92.35%。

在试验中共发现测试性设计缺陷 62 条,主要问题包括 BIT 设计缺陷、测试设备设计缺陷和 FMECA 分析缺陷等。

试验方编制了测试性鉴定试验报告并提交给委托单位。

第 10 章　测试性评估

10.1　测试性评估概述

10.1.1　测试性评估的含义

虽然测试性鉴定试验是鉴定故障检测率、故障隔离率能力水平的主要手段,但也有如下的不足和限制条件:

① 不能鉴定虚警率、平均虚警间隔时间等参量是否满足指标要求;

② 当缺少试验件时,无法开展试验;

③ 受到安装位置空间限制,不具备故障注入条件的产品;

④ 在装备使用阶段,涉及到飞行或者使用安全,或者包含火工品、易燃易爆组件、强电磁辐射等的危险性,不允许开展测试性试验。

因此,对上述情况需要采用替代的信息收集与评估方法对测试性能力进行评估检验,这类方法统称为测试性评估。

测试性评估是通过收集产品研制、试用或者使用阶段的测试性信息,评估或者评价产品的测试性能力水平,判断是否满足规定的测试性要求。测试性评估适用的测试性要求包括:故障检测率、故障隔离率、虚警率、平均虚警间隔时间以及测试性定性要求等。

10.1.2　测试性评估的分类

根据开展时机的不同,测试性评估可以分为测试性鉴定评估、作战试验测试性评估、在役考核测试性评估三类工作。

(1) 测试性鉴定评估

在性能鉴定时,对于难以开展测试性鉴定试验的产品和测试性要求,综合利用各种有关的测试性信息评估测试性设计是否满足规定的要求。

（2）作战试验测试性评估

在作战试验期间,收集装备作战使用与维修过程中形成的测试性信息,评估装备在作战试验状态下达到的测试性能力水平,确定是否满足规定的测试性要求,并识别测试性设计缺陷。

（3）在役考核测试性评估

在役考核期间,收集装备使用与维修过程中形成的测试性信息,评估装备在服使用条件下达到的测试性水平,确定是否满足规定的测试性要求。

10.1.3　测试性评估的共用技术

10.1.3.1　最小样本量确定

如果收集的测试性数据没有达到最小样本量,则参数的置信下限评估结果一定是不满足指标要求的,因此需要明确测试性定量要求对应的最小样本量。

当验证参数包括故障检测率、故障隔离率时,通常仅以故障检测率的最低值要求,根据第 6 章的公式(6-13)计算得到最小样本量。

通常要求在收集到的故障数据满足最小样本量要求的情况下,才能进行指标评估。如果收集的故障数据没有达到最小样本量,应考虑开展增补故障注入试验,以达到最小样本量要求。

虚警率和平均虚警间隔时间通常不考虑最小样本量要求。

10.1.3.2　数据判别准则

收集到的测试性信息通常是来自各类试验、试用、使用中的故障数据、检测数据、隔离数据和虚警数据等,需要通过数据判别确认有效数据和故障检测隔离结果。

（1）有效性判别

数据来源对象的技术状态应与评估工作对应的技术状态一致,技术状态不一致的原则上属于无效数据,应该剔除。

（2）故障检测判别

对于故障数据,根据数据的原始记录可以确认规定的手段,如 BIT、外部测试设备等,可以检测,给出报警信息的,作为故障正确检测处理。原始记录无法判别的,作为故障不能检测处理。

（3）故障隔离判别

对于故障数据,根据数据的原始记录可以确认规定的手段给出的报警信息满足规定模糊度要求的,作为故障正确隔离处理。原始记录无法判别的,作为故障不能隔离处理。

（4）虚警判别

对于规定手段,如 BIT、外部测试设备等,给出的报警信息,根据数据的原始记录确认是没有发生故障的,作为虚警处理。

（5）故障次数统计

对于测试性试验数据,每个注入故障,都按 1 次故障统计。对其他试验、试用、使用数据,按可靠性评估中的责任故障判别准则确定有效的故障数据和进行次数统计。

（6）虚警次数统计

每次发生的虚警,都作为 1 次虚警统计。

10.1.3.3　参数评估与合格判定

根据统计的故障数量、检测数量、隔离数量、虚警数量、累计运行时间,可以采用二项分布模型计算故障检测率、故障隔离率、虚警率的点估计值和单侧置信限,采用卡方分布计算平均虚警间隔时间的点估计值和单侧置信限,具体公式参见第 6.4 节相关内容。

故障检测率采用单侧置信下限进行判别,合格判据为:当故障检测率单侧置信下限值大于等于故障检测率最低值,故障检测率合格,否则不合格。

对故障隔离率,当故障隔离率要求值小于 1 时,采用单侧置信下限进行判别,合格判据为:当故障隔离率单侧置信下限值大于或等于故障隔离率最低值时,故障隔离率合格,否则不合格。当故障隔离率要求值为 1 时,采用点估计值进行判别。合格判据为:当故障隔离率点估计值等于故障隔离率要求值,故障隔离率合格,否则不合格。

对于虚警率,将故障指示成功率的单侧置信下限换算为虚警率的上限进行判别,合格判据为:当虚警率的上限值小于或等于虚警率要求的最大值时,虚警率合格;否则不合格。

对平均虚警间隔时间采用单侧置信下限进行判别,合格判据为:当平均虚警间隔时间的单侧置信下限值大于或等于平均虚警间隔时间要求的最低值,平均虚警间隔时间合格,否则不合格。

10.2　测试性鉴定评估

10.2.1　工作特点

测试性鉴定评估是在性能鉴定时开展的工作,是对没有开展测试性鉴定试验的产品,或者测试性鉴定试验不能检验的测试性要求的替补鉴定方法。

10.2.2　工作总体流程

测试性鉴定评估工作的总体流程与测试性鉴定试验工作的总体流程类似,包括工作策划/总案制定、鉴定评估开展和总结 3 个阶段。

10.2.2.1　工作策划/总案制定阶段

在装备的总体层面,应开展测试性鉴定评估工作的总体规划,明确评估工作要求或者规范,需要开展测试性鉴定评估的产品清单、测试性定性定量要求、进度安排和测试性鉴定评估工作组等。

10.2.2.2　鉴定评估开展阶段

当有多项产品需要开展测试性鉴定评估工作时,可以并行或者串行开展每个产品的测试性鉴定评估工作,每项测试性鉴定评估工作的具体流程如下。

(1) 鉴定评估的准备

测试性鉴定评估工作组应开展测试性鉴定评估的设计工作,明确样本量要求、数据来源要求、数据判别准则、数据收集表格、测试性数据评估与合格判别方法和测试性定性要求评估方法等,并制定测试性鉴定评估大纲。

测试性鉴定评估大纲的基本内容包括:
- 目的,对测试性鉴定评估的目的进行说明;
- 依据,对测试性鉴定评估依据的标准规范和文件进行说明;
- 产品说明,对评估产品的功能、结构、技术状态和测试性要求进行说明;
- 评估内容,对评估的测试性要求进行说明;
- 评估方案,确定评估的样本量要求、数据来源和类型、数据判别准则、收集表格、测试性参数评估方法与合格判据、定性要求评估方法;
- 评估组织与管理,确定测试性鉴定评估工作组的组成与分工、工作场所和进度安排等;

● 测试性鉴定评估报告要求,确定测试性鉴定评估报告的编写与交付要求。

测试性鉴定评估工作组应组织测试性鉴定评估大纲的会议评审,评审通过的测试性鉴定评估大纲作为后续工作的纲领,评审不通过的测试性鉴定评估大纲需要根据评审意见再次进行迭代完善,并重新组织评审。

(2) 鉴定评估的实施

测试性鉴定评估工作组按照测试性鉴定评估大纲,开展信息收集工作。应重点收集与整理产品及组成单元在试运行试验中的测试性信息,进行判别筛选,并将有效数据进行汇总记录到收集表格中。信息收集表格样式示例参见表 10 - 1。

表 10 - 1　信息收集表格样式示例

序　号	单元名称	数据来源	信息描述	是否虚警	检测手段			隔离级别	
					BIT	ATE	人工	LRU	SRU

当收集的数据量不满足最小样本量要求时,应考虑开展增补组件接口拔插或者工作状态设定的简单故障注入试验,后者收集符合定型状态的各种试验数据,以达到最小样本量要求。

此外,还需要针对测试性定性要求,获取相应的产品实物或者设计资料信息。

(3) 鉴定评估的结果判别

测试性鉴定评估工作组根据收集的有效数据,进行测试性参数评估与合格判定,具体方法见 10.1.3.3 小节。当收集的数据不满足最小样本量要求时,可以考虑延后测试性鉴定评估时机,继续收集数据,待满足最小样本量要求后再进行评估。在订购方允许的条件下,也可以引入修正后的相似产品数据、设计核查的仿真数据进行综合评估。

针对测试性定性要求,依据具体要求条款,根据获取的产品实物或者设计资料信息评估是否符合要求。

测试性鉴定评估工作组应编制测试性鉴定评估报告,报告的内容通常包括:

● 目的和依据;
● 产品说明;
● 评估组织和实施情况;
● 信息汇总;
● 评估结果;
● 设计缺陷;
● 评估结论。

10.2.2.3 总结阶段

在各项测试性鉴定评估工作结束后,应组织开展整个装备的测试性鉴定评估工作总结,确认测试性鉴定评估的结果,分析存在的问题,并确定后续的工作安排。

10.2.3 案 例

某机载成员系统测试性要求为:BIT 故障检测率不低于 90%,BIT 故障隔离率(1 个 LRU)不低于 90%,BIT 故障隔离率(2 个 LRU)不低于 95%,BIT 故障隔离率(3 个 LRU)为 100%,虚警率不高于 5%。该成员系统没有开展测试性验证试验工作,由测试性鉴定评估工作组组织开展上述指标的测试性鉴定评估。

(1) 鉴定评估的准备

测试性鉴定评估工作组开展鉴定评估的准备工作,明确根据 BIT 故障检测率确定最小样本量,取使用方风险 $\beta=0.2$,计算得到最小样本量为 16。确认以该成员系统和各组成设备的定型技术状态下开展的可靠性试验数据、联调联试数据、飞机试飞数据作为数据来源,确定了数据判别准则、测试性参数评估与合格判定方法,制定了测试性鉴定评估大纲并组织了会议评审。

(2) 鉴定评估的实施

测试性鉴定评估工作组根据飞机的故障报告分析纠正措施系统,对可靠性试验数据、联调联试数据、飞机试飞数据进行收集整理,收集到有效故障数据 78 次,BIT 虚警数据 1 次。故障数据满足了最小样本量要求,具体数据列表略。

(3) 鉴定评估的结果判别

通过对收集数据的统计,在 78 次故障中,BIT 正确检测 73 次,BIT 正确隔离到 1 个 LRU 故障 67 次,正确隔离到 2 个 LRU 的故障 6 次,正确隔离到 3 个 LRU 的故障 0 次,采用置信度 $C=0.8$ 进行评估。

BIT 故障检测率点估计值为 93.59%,单侧置信下限为 90.05%,满足指标要求。

BIT 故障隔离率(1 个 LRU)点估计值为 91.78%,单侧置信下限为 87.83%,不满足指标要求;BIT 故障隔离率(2 个 LRU)点估计值为 100%,单侧置信下限为 97.82%,满足指标要求;BIT 故障隔离率(3 个 LRU)点估计值为 100%,满足指标要求。

BIT 虚警率的点估计值为 1.35%,单侧置信上限为 3.99%,满足指标要求。

鉴定评估结论为 BIT 故障检测率、虚警率满足指标要求,故障隔离率部分指标不满足指标要求。

测试性鉴定评估工作组编制并提交了测试性鉴定评估报告。

10.3　作战试验测试性评估

10.3.1　工作特点

作战试验相当于用户对装备进行领先使用,以综合考评装备级的性能指标。在作战试验期间,也会产生测试性信息,也可以收集这些信息,并对作战试验条件下的测试性能力水平进行评估。

作战试验测试性评估的信息收集范围仅限于作战时间期间发生的数据。

10.3.2　主要工作环节

作战试验期间测试性信息收集与评估的主要环节如下。

(1)建立信息收集与评估工作组

建立专职的或者兼职的信息收集与评估工作组,负责作战试验期间实施测试性信息收集与评估工作。

(2)制定作战试验测试性评估大纲

信息收集与评估工作组负责制定单独的作战试验测试性评估大纲,或在装备作战试验大纲中,增加相关工作内容安排。

作战试验测试性评估大纲的基本内容包括:

- 目的,对测试性信息收集与评估的目的进行说明;
- 依据,对测试性信息收集与评估依据的标准规范和文件进行说明;
- 评估内容,对需要评估的测试性要求进行说明;
- 信息收集与评估方案,确定样本量要求、数据判别准则、汇总收集表格、测试性参数评估方法与合格判据;
- 组织与管理,确定测试性鉴定评估工作组的组成与分工、工作场所和进度安排等。

信息收集与评估工作组应组织作战试验测试性评估大纲的会议评审。

(3)测试性信息收集

信息收集与评估工作组应在作战期间及时准确地收集测试性信息,并进行汇总记录。测试性信息内容包括:

- 产品在使用和维修中的故障诊断信息、有关虚警的信息、人工测试程序与测试设备的使用信息等;

- 使用中发现的其他测试性问题；
- 装备的累计运行时间。

（4）测试性评估

信息收集与评估工作组根据收集的有效数据，进行测试性参数评估与合格判定，具体方法见 10.1.3.3 小节。当收集的数据不满足最小样本量要求时，可以不进行评估。

信息收集与评估工作组应编制单独的作战试验测试性评估报告，或者在装备的作战试验报告中增加相关内容。

作战试验测试性评估报告的内容通常包括：

- 目的和依据；
- 产品说明；
- 测试性信息收集与评估组织和实施情况；
- 信息汇总；
- 评估结果；
- 设计缺陷；
- 评估结论。

10.3.3 案 例

某装备的测试性要求如下：

电子系统：BIT 故障检测率不低于 93％，BIT 故障隔离率（1 个 LRU）不低于 90％，BIT 故障隔离率（2 个 LRU）不低于 95％，BIT 故障隔离率（3 个 LRU）为 100％，虚警率不高于 5％。

机电系统：BIT 故障检测率不低于 60％，BIT 故障隔离率（1 个组件）不低于 50％，BIT 故障隔离率（2 个组件）不低于 70％，BIT 故障隔离率（3 个组件）为 80％，虚警率不高于 5％。

按风险 $\beta = 0.2$，计算得到电子系统的故障最小样本量为 20，机电系统的故障最小样本量为 4。

在作战试验期间，信息收集与评估工作组收集的有效数据为：电子系统的故障次数为 102 次，机电系统的故障次数为 42 次，都满足故障最小样本量要求，可以进行参数评估，取置信度 $C = 0.8$。

（1）电子系统

通过对收集的电子系统数据进行统计，在 102 次故障中，BIT 正确检测 97 次，BIT 正确隔离到 1 个 LRU 故障 95 次，正确隔离到 2 个 LRU 的故障 1 次，正确隔离到 3 个 LRU 的故障 1 次，BIT 虚警次数 2 次。

BIT 故障检测率点估计值为 95.10%,单侧置信下限为 92.36%,不满足指标要求。

BIT 故障隔离率(1 个 LRU)点估计值为 97.94%,单侧置信下限为 95.64%,满足指标要求;BIT 故障隔离率(2 个 LRU)点估计值为 98.97%,单侧置信下限为 96.94%,满足指标要求;BIT 故障隔离率(3 个 LRU)点估计值为 100%,满足指标要求。

BIT 虚警率的点估计值为 2.03%,单侧置信上限为 4.27%,满足指标要求。

(2) 机电系统

通过对收集的机电系统数据进行统计,在 42 次故障中,BIT 正确检测 30 次,BIT 正确隔离到 1 个组件故障 18 次,正确隔离到 2 个组件的故障 7 次,正确隔离到 3 个组件的故障 3 次,BIT 虚警次数 1 次。

BIT 故障检测率点估计值为 71.43%,单侧置信下限为 63.97%,满足指标要求;

BIT 故障隔离率(1 个组件)点估计值为 60.00%,单侧置信下限为 50.64%,满足指标要求;BIT 故障隔离率(2 个组件)点估计值为 83.33%,单侧置信下限为 74.93%,满足指标要求;BIT 故障隔离率(3 个组件)点估计值为 93.33%,单侧置信下限为 86.27%,满足指标要求。

BIT 虚警率的点估计值为 3.23%,单侧置信上限为 9.35%,不满足指标要求。

(3) 评估结论

该装备的电子系统 BIT 故障检测率不满足指标要求,其余故障隔离率、虚警率等满足指标要求;机电系统的 BIT 故障检测率、故障隔离率满足指标要求,虚警率不满足指标要求。

10.4　在役考核测试性评估

10.4.1　工作特点

在役考核是指装备的正式在役使用条件,对装备的性能进行考核。在役考核测试性评估是指在装备在役考核期间,通过测试性信息收集,评估装备的测试性能力水平。

10.4.2　主要工作环节

在役考核测试性评估的工作过程与作战试验测试性评估基本相同,主要环节如下。

(1) 建立信息收集与评估工作组

建立专职的或者兼职的测试性信息收集与评估工作组,负责在役考核期间实施测试性信息收集与评估工作。

(2) 制定在役考核测试性评估大纲

信息收集与评估工作组负责单独的在役考核测试性评估大纲,大纲的基本内容包括:

- 目的,对测试性信息收集与评估的目的进行说明;
- 依据,对测试性信息收集与评估依据的标准规范和文件进行说明;
- 评估内容,对需要评估的测试性要求进行说明;
- 信息收集与评估方案,确定样本量要求、数据判别准则、汇总收集表格、测试性参数评估方法与合格判据;
- 组织与管理,确定测试性鉴定评估工作组的组成与分工、工作场所和进度安排等。

(3) 测试性信息收集

信息收集与评估工作组应在服役考核期间及时准确地收集测试性信息,并进行汇总记录。使用期间测试性信息内容包括:

- 产品在使用和维修中的故障诊断信息、有关虚警的信息、人工测试程序与测试设备的使用信息等。
- 对每个证实的故障,其信息应包括:测试的环境条件(使用中、基层级或中继级);测试方法(BIT、ATE 或人工);故障隔离的模糊度和产品层次;信息的显示与存储;BIT 与 ATE 检测结果的一致性。
- 对每个故障报警或指示而未证实的故障,其信息应包括:报警的类型(假报、错报);产生报警的频度;引起报警的原因;忽视报警的潜在后果;虚警对维修工作和装备使用的影响。
- 使用中发现的其他测试性问题。
- 装备的累计运行时间。

(4) 测试性评估

信息收集与评估工作组根据收集的有效数据,进行测试性参数评估与合格判定,具体方法见 10.1.3.3 小节。当收集的数据不满足最小样本量要求时,不进行评估。

信息收集与评估工作组应编制单独的在役考核测试性评估报告,或在装备在役考核报告中增加相关内容。

在役考核测试性评估报告的内容通常包括:

- 目的和依据;

- 产品说明；
- 测试性信息收集与评估组织和实施情况；
- 信息汇总；
- 评估结果；
- 评估结论。

10.4.3　案　例

可以参考 10.3.3 小节的案例。

参考文献

[1] GJB 2547A—2012.装备测试性工作通用要求[S].

[2] GJB 8895—2017.装备测试性试验与评价[S].

[3] 田仲,石君友. 系统测试性设计分析与验证[M]. 北京：北京航空航天大学出版社,2003.

[4] 石君友. 测试性设计分析与评价[M]. 北京：国防工业出版社,2011.

[5] 石君友. 测试性试验验证中的样本选取方法研究[D]. 北京：北京航空航天大学,2004.

[6] 李郑. 测试性验证样本充分性评价软件设计[D]. 北京：北京航空航天大学,2007.

[7] 刘骝. 测试性建模设计分析技术与软件设计研究[D]. 北京：北京航空航天大学,2007.

[8] 陈帅. 基于 EDA 的 BIT 虚警仿真分析技术研究[D]. 北京：北京航空航天大学,2008.

[9] 张鑫. 基于状态图的 BIT 系统仿真技术研究[D]. 北京：北京航空航天大学,2010.

[10] 纪超. 便携式线路故障注入系统研制[D]. 北京：北京航空航天大学,2011.

[11] 张彤. 考虑随机特性的 BIT 虚警仿真分析方法研究[D]. 北京：北京航空航天大学,2013.

[12] 石君友,康锐. 基于 EDA 技术的电路容差分析方法研究[J]. 北京航空航天大学学报,2001, 27(1)：121-124.

[13] 石君友,康锐,田仲. 测试性试验中样本集的测试覆盖充分性研究[J]. 测控技术,2004,23 (12)：19-21.

[14] 石君友,康锐. 基于通用充分性准则的测试性试验方案研究[J]. 航空学报,2005,26(6)：691- 695.

[15] 石君友,康锐,田仲. 基于信息模型的测试性试验样本集充分性研究[J]. 北京航空航天大学学报,2005,31(8)：874-878.

[16] 石君友,康锐,田仲. 测试性试验中样本集的功能覆盖充分性研究[J]. 电子测量与仪器学报, 2006,20(3)：23-27.

[17] 石君友,田仲. 机内测试定量要求的现场试验验证方法研究[J]. 航空学报,2006,27(5)：883- 887.

[18] 石君友,刘骝,李郑,等. 测试性验证辅助软件(TVAS)设计与实现[J]. 测控技术,2007,26 (7)：58-60.

[19] 石君友,李郑,刘骝,等. 自动控制故障注入设备的设计与实现[J]. 航空学报,2007,28(3)： 556-560.

[20] 石君友,陈帅,徐庆波,等. 样本集充分性度量数据建模与软件设计[J]. 测控技术,2008,27 (10)：65-68.

[21] 石君友,李郑,骆明珠,等. 故障注入控制软件的设计与实现[J]. 测控技术,2008,27(4)： 65-67.

[22] 石君友,田仲. 测试性研制阶段数据评估验证方法[J]. 航空学报,2009,30(5)：901-905.

［23］石君友,龚晶晶,徐庆波. 考虑多故障的测试性建模改进方法[J]. 北京航空航天大学学报, 2010,36(3)：270-273.

［24］石君友,张鑫,邹天刚. 多信号建模与诊断策略设计技术应用[J]. 系统工程与电子技术, 2011,33(4)：811-815.

［25］石君友,纪超,李海伟. 测试性验证技术与应用现状分析[J]. 测控技术,2012,31(5)：29-32.

［26］石君友,王璐,李海伟,等. 基于设计特性覆盖的测试性定量分析方法[J]. 系统工程与电子技术,2012,34(2)：418-423.

［27］石君友,王风武. 通断式多态系统扩展测试性建模方法[J]. 北京航空航天大学学报,2012,38(6)：772-777.

［28］李海伟,石君友,刘泓韬. 基于状态图的周期 BIT 故障检测与虚警抑制仿真[J]. 北京航空航天大学学报,2013,39(7)：983-989.

［29］陈龙,石君友,刘衍. 测试性建模分析的工程化应用方法研究[J]. 测控技术,2014,33(S)：36-39.

［30］崔巍巍,石君友. 一种测试性新试验方案确定方法研究[J]. 测控技术,2014,33(S)：33-35.

［31］石君友,李金忠. 一种电路机内测试的虚警仿真方法：中国,201010103319.9[P]. 2010-01-28.

［32］石君友,李海伟,王璐. 一种基于状态图的机内测试建模仿真方法：中国,201110160582.6[P]. 2011-06-15.

［33］石君友,王风武,侯文魁. 一种测试性一阶相关性综合模型建立方法：中国,201110217872.X[P]. 2011-08-1.

［34］石君友,纪超. 一种能同时对两路信号线进行故障注入的方法：中国,201110349147.8 [P]. 2011-11-8.

［35］石君友,吕凯悦. 一种能模拟多种故障的故障注入模拟板：中国,201110349702.7 [P]. 2011-11-8.

［36］石君友,刘泓韬,侯文魁. 一种数字电路板在线测试的固高固低故障注入电路及方法：中国, 201210116280.3 [P]. 2012-04-19.

［37］石君友,王晓天,安蔚然. 一种支持故障直接注入的测试性试验电路板制作方法：中国, 201410158015.0 [P]. 2014-04-18.

［38］石君友,陈龙,王晓天. 一种考虑端口交联关系的 D 矩阵合成方法：中国,201310401512.4 [P]. 2013-09-6.

［39］MIL-STD-471A Maintainability Verification / Demonstration / Evaluation[S]. 1978.

［40］MIL-STD-471A Interim Notice 2,Demonstration and Evaluation of Equipment/System Built-In Test/External Test /Fault Isolation/Testability Attributes and Requirements[S]. 1978.

［41］MIL-HDBK-2165 Testability Handbook For Systems And Equipment[S]. 1995.

［42］Shi Junyou,Li Jinzhong. Method of automated BIT false alarms simulation based on EDA [C]. Proceedings of 2011 6th IEEE Conference on Industrial Electronics and Aplication,August 4,2011.

［43］Wang Fengwu,Shi Junyou. Method of diagnostic tree design for system-level faults based on dependency matrix and fault tree[C]. Proceedings of 2011 6th IEEE Conference on Industrial Electronics and Aplication,August 4,2011.

[44] Shi Jouyou,Lee Haiwei. A simulation method for POBIT fault detection using state flow[C]. 2012 3rd Annual IEEE Prognostics and System Health Management Conference,July 2,2012.

[45] Shi Jouyou,Zhang Tong. A data pre-processing method for testability modeling based on first-order dependency integrated model[C]. 2012 3rd Annual IEEE Prognostics and System Health Management Conference,July 2,2012.

[46] Shi Junyou,Lv Kaiyue. Simulation method of fault diagnosis tree evaluation[C]. 2012 3rd Annual IEEE Prognostics and System Health Management Conference,July 2,2012.

[47] Wang Lu,ShiJunyou. An extend dependency matrix generation method using structure information[C]. 2012 3rd Annual IEEE Prognostics and System Health Management Conference, July 2,2012.

[48] Lin Xiegui,Shi Junyou. An integrated simulation method for built-in test system based on stateflow[J]. Chemical Engineering Transactions, 2013,33(S): 595-600.

[49] Lv kaiyue,Shi Junyou. Design of automatic line fault injection equipment and verification of BIT detection capability[J]. chemical engineering transactions. 2013,33(S): 259-264.

[50] Shi Junyou, An Weiran. A design of simulation and analysis platform of BIT false alarm considering stochastic characteristics[C]. Proceedings of 2014 Prognostics and System Health Management Conference,December 18,2014.

[51] Chen Long, Shi Junyou. A method for dependency matrix combination based on port connection relationship[C]. Proceedings of 2014 Prognostics and System Health Management Conference,December 18,2014.

[52] Shi Junyou, Wang Xiaotian. Design for Probe-Type Fault Injector and Application Study of PHM Case[C]. 2013 8th World Congress on Engineering Asset Management,2013.

[53] Shi Junyou, Cui Weiwei. A Comprehensive Method of Fault Detection and Isolation based on Testability Modeling Data[C]. ICPHM, 2015.

[54] Deng Yi, Shi Junyou. An Extended Testability Modeling Method Based on the Enable Relationship between Faults and Tests[C]. Proceedings of 2015 Prognostics and System Health Management Conference,2015.

[55] Shi Junyou, Li Wenzhe. A demonstration of build-in test design verification for a typical avionic power circuit using Matlab Stateflow[C]. Reliability Systems Engineering (ICRSE),September 8,2017.

[56] Shi JunYou, Lin XieGui. A key metric and its calculation models for a continuous diagnosis capability base dependency matrix[J]. METROLOGY AND MEASUREMENT SYSTEM, 2012,10(3): 509-520.

[57] Cui Yiqian, Shi Junyou, Wang Zili. An analytical model of electronic fault diagnosis one xtension of the dependency theory[J]. Reliability Engineering and System Safety, 2015,133(1): 192-202.

[58] Shi JunYou, Chen Long. A New Hybrid Fault Diagnostic Method for Combining Dependency Matrix Diagnosis and Fuzzy Diagnosis Based on an Enhanced Inference Operator[J]. Circuits Syst Signal Process, 2016,35(1): 1-28.